青年精神醫學

陳友凱　黃德興
主編

匯智出版

序

　　為甚麼要編寫一本關於青年精神健康的書？青年精神健康究竟是甚麼東西？青年階段與其他人生階段是否有很大分別？

　　這是思考青年精神健康議題時，我們經常提出的一些根本性問題。這些問題非常重要，必須正視和找出答案。這些答案對回應青年人的精神健康需要，十分有價值。

　　今天的青年人正面對着前所未有的挑戰，當我們仍擔心工業化與城市化對青年人的影響，新一代的青年人已經進入數碼化的年代。他們透過手提電話進入虛擬世界，在彈指間接收外界聲音和影像。龐雜的資訊令大腦長期處於刺激狀態，影響着青年大腦的發育。在這網上資訊充斥的年代，我們不禁會問，作為數碼原住民的青年，是否比上一代數碼移民活得快樂，活得健康，或活得更有智慧？近年的醫療健康研究告訴我們，這一代的青年人與上一代比較，身軀也許更粗壯，但應付壓力的能力，卻遠遠比不上上一代，並且欠缺生命的韌性。

　　本書只有一個目的，就是向那些關心青年人精神健康的讀者，分享我們對青年精神健康的看法和心得。青年階段是一個脆弱的人生階段，青年人經歷着神經生理與心理社會的轉變，容易出現各種精神障礙。我們期望讀者能設身處地代入青年人的成長環境，明白他們遇到的困難和掙扎。我們希望告訴讀者一個好消息，處理青年精神障礙的治療方案很多，而且安全有效，只是青

年人大多不願意向專業機構尋求協助。究其原因,污名化是其中之一;以 18 歲作為分界線,人工化地將精神健康服務分為兒童與青年服務、成人服務,便大大破壞了服務的延續性,欠缺「青年友善」的特質。因此,為青年人提供專門化的青年精神健康服務顯得十分重要。唯有將青年精神健康服務推向專業化,青年人才不會對服務卻步,青年人的精神健康才有出路。

　　本書的特色是「簡快易明」,但卻不失討論的深度;我們會以圖表、個案研究與亮點,闡釋每一章的主題,務求令不同背景的讀者,都可以進入討論。跨專業是本書其中一個重要主題,這個主題會貫穿整本書。此外,各章內容會互相指涉,目的是鼓勵對話,讓擁有不同訓練、來自不同背景的讀者和臨床工作者,能夠以全面及多元角度,了解青年精神健康這個重要課題。

　　本書的企劃宗旨,是做到以青年為本,並反映青年人的心聲 (是的,本書的幾位作者都是青年人)。我們誠意邀請你,加入我們的探索行列,一起尋覓甚麼是「最好的」青年精神健康服務,以及如何更好地倡導青年精神健康。

鳴謝

我們十分感謝香港大學李嘉誠醫學院臨床醫學學院精神醫學系臨床團隊、研究團隊及社區服務團隊各同事的寶貴貢獻，當中包括迎風（*headwind*）、思動計劃（Mindshift）、心之流（Flow Tool）、呢一代 Teen 青研究（HKYES）及賽馬會平行心間計劃（LevelMind@JC）的同事，他們慷慨的學術支援，銘感至深。作為編者與作者，我們感激每一位作者的共同協作，他們不懈的努力，共同完成本書。我們也要感謝精神醫學系的研究員及行政人員的協助，其中包括岑瑋倫、陸志文、蘇芷尉及孫伊南博士。

目錄

第三部分　　介入方法與個案研究

第四部分　　未來的挑戰

作者

陳啓泰　香港大學李嘉誠醫學院臨床醫學學院精神醫學系臨床副教授

陳喆燁　香港大學李嘉誠醫學院臨床醫學學院精神醫學系臨床副教授

陳友凱　香港大學李嘉誠醫學院臨床醫學學院精神醫學系包玉星基金講座教授

李允丰　領康香港精神科專科醫生

許麗明　香港大學李嘉誠醫學院臨床醫學學院精神醫學系副教授

黎鎮麟　青山醫院兒童及青少年精神科副顧問醫生

林嫣紅　香港樹仁大學輔導及心理學系助理教授

廖清蓉　青山醫院法醫精神科顧問醫生

呂世裕　香港大學李嘉誠醫學院臨床醫學學院精神醫學系臨床副教授

彭詩穎　香港大學李嘉誠醫學院臨床醫學學院精神醫學系研究助理

蘇芷尉　香港大學李嘉誠醫學院臨床醫學學院精神醫學系項目主任 / 輔導員

黃清怡　大埔醫院精神科副顧問醫生

王名彥　香港大學李嘉誠醫學院臨床醫學學院精神醫學系博士後

黃秀雯　香港大學李嘉誠醫學院公共衛生學院研究助理教授

黃德興　香港大學李嘉誠醫學院臨床醫學學院精神醫學系臨床教授

葉錫霖　青山醫院成人精神科副顧問醫生

1

青年精神健康策略的重要性

陳友凱

摘要

在過去數十年，青年精神健康的課題漸漸引起社會大眾與研究員的關注，原因是大部分精神障礙的發病年齡在 25 歲以下，為青年人提供及早介入服務，實在刻不容緩。「青年」是指生命中某個階段，當中涉及獨特的社會心理及神經生理發展過程，需要採取獨特的策略和方法進行評估和治療。青年階段是人生的「關鍵階段」，大腦會漸趨成熟，大腦的獎賞系統會驅使青年人投入冒險活動。青年人的判斷力亦會受到大腦生理變化的影響，容易患上各種精神障礙。精神障礙的發病通常涉及一籃子風險因素，其中包括學業壓力、親子不和、家庭矛盾、同儕關係欠佳等。基於心理、社會、關係與系統等因素，青年人普遍不願意尋求專業協助。面對青年人的精神健康問題，及早偵測與及早介入顯得特別重要。此外，精神健康去污名化也常被忽略。公共倡議、學校為本的精神健康推廣計劃，有助青年人對精神健康加深認識，並以正確的態度面對精神健康議題。我們須讓青年人掌握求助途徑，並推動精神健康服務向着常態化、無障礙的方向發展。

關鍵字：青年精神健康，青年

引言

　　一般來說，年輕人都重視自己的身體健康，對於精神健康，卻往往沒有受到應有的重視。眾所周知，大部分精神障礙的發病年齡在 25 歲以下[1]；本書會以「生命歷程」（life course）的角度，闡述精神健康與精神障礙這議題。以「生命歷程」角度了解精神健康，有助我們檢視不同精神障礙與人生階段的關係[2]。人的生命是一個動力進化過程，從幼兒階段進入童年階段，從青年階段進入成年階段，從中年階段進入老人階段，個體會經歷神經生理及社會心理的進化和轉變；每一階段有它的強項，有它的內在脆弱性，也有它獨特的壓力源。採用「生命歷程」的角度去研究精神健康，有助建立更為細緻的精神健康理論框架，並提升我們對精神健康的理解深度認識。因此，實在有需要從「生命歷程」的角度去研究青年精神健康，當中涉及大腦的變化、心理社會角色的發展。[2]

　　須注意的是，青年精神障礙的發病時間與尋求協助的時間，中間存在一定落差[3]。大部分神經發展障礙（neurodevelopmental disorders）都出現於童年階段，但神經退化障礙（neurodegenerative disorders）卻在老年階段才出現。在兩個階段中間，精神障礙可以在青年或成年階段任何時間出現。流行病學數據告訴我們，精神障礙發病時間的分佈並不平均，大部分精神障礙的病發時間集中於 25 歲以前。因此，在精神健康策略上，有需要將資源集中投放在 12 至 25 歲的群組，為他們提供積極的預防與介入服務，原因是青年階段是精神障礙發病的高峰期。[1]

整體人口的精神財富

　　精神健康不是一些口號或遙不可及的理想，精神健康涉及社會的基本運作。社會經濟的發展實在有賴整體人口的精神健康。市民的認知和情緒資源，會影響整體社會的經濟發展。因此有學者提出「精神財富」（mental wealth）的概念，指出社會經濟要成功發展，整體人口的認知和情緒管理能力必須提升。社會應培養和累積兒童及青年的「精神財富」，讓他們全面發展；唯有每個市民都擁有「精神財富」，社會才會向着繁榮昌盛的方向邁進。如果個人沒有「精神財富」，社會的發展亦會停滯不前。

　　如果整體人口的精神健康欠佳，便會衍生出貧困、罪惡與露宿者現象。青年人的精神健康狀況與社會的經濟表現息息相關。世界經濟論壇指出，當年輕人出現了精神健康問題，便難以參與生產或職能活動（變成所謂的尼特族 NEET[5]），並對社會構成長遠的成本負擔。此外，世界的急速轉變，亦對這一代的年輕人帶來衝擊，無論是工作方向或工作保障，都威脅着年輕人的精神健康，容易出現壓力和焦慮。

「青年」階段

　　甚麼是「青年」？「青年」是一種液態分類，「青年」一詞，至今仍沒有清晰的定義，沒有一個被所有人認同和接受的定義。過去的研究會將 10 至 19 歲的個體，定義為「少年」（adolescents）；15 至 24 歲的個體，則定義為「青年」（youth）。聯合國把「少年」與「青年」合併，將介乎 10 至 24 歲的個體統稱為「年輕人」（young people）。[6] 在過去的文獻中，「青年」是指特定的年齡群組，「青年」的定義會受到環境因素所影響，特別是人口統計、

經濟及社會文化。本書的所有篇章，「年輕人」與「青年」會交替使用，指由兒童至成人中間的轉接階段。這階段的最大特徵是由依賴漸漸變為互相依賴。青年階段始於青春期的身體變化，青年階段的完結則是步入成年，並擔起成年的角色與責任。

大腦發育與青年階段的脆弱性

近年腦神經科學的發現，有助我們明白青年人的生命發展歷程。大腦在出生以後，仍會不斷發展，直至 25 至 30 歲的成年階段。[7] 在生命的發展歷程中，大腦會經歷一個又一個的「關鍵階段」（critical periods）。[8] 所謂「關鍵階段」，是指大腦在某些時期會開放某特定時窗，並進入高度的可塑模式。[8] 在「關鍵階段」發生的一切，對大腦會造成永久的影響。[8] 當「關鍵階段」結束，時窗便會關閉；其後發生的一切，都不會對大腦產生永久的「設定」作用。[8] 其中一個著名的例子，是音素（phoneme）的發展，音素是聲音的基本單位，不同語言有不同的音素。在我們 1 歲以前，音素的發展仍處於「關鍵階段」，可被模造；但到了 1 歲左右，音素的發展便進入關閉狀態。[9] 大腦處理外界聲音的功能，便完成「設定」過程，大腦會把某些聲音與某種語言的音標掛鈎，在往後的日子，我們只會按照「設定」的音素分類，接收外界的聲音。一旦「關鍵階段」結束，要改變音素會變得異常困難；這解釋了為何「關鍵階段」結束以後，學習第二種語言會這麼困難。不同大腦系統會有不同的「關鍵階段」。在生命早期，大腦會集中發展基本的知覺運算；到了 12 至 25 歲，大腦卻會聚焦於高階認知與社交認知的發展，大腦會重新建立模組，讓個體掌握重要的社會功能。[10] 對一些較脆弱的青年人，這些模組的改變或會構成精神障礙的風險。

在模組的更替過程中，大腦會出現多種神經和生物變化。大腦會針對多餘的突觸進行修剪，令神經網絡更富特異性，讓不同網絡發揮不同功能。[11] 不同的神經網絡會朝着專門化的方向發展。隨着髓鞘（myelin sheaths，大腦神經元的外膜）漸趨成熟，突觸（synapse，神經元傳遞信息的部分）的傳遞速度會有所提升，信號的均勻度和一致性都會得到大幅改善。[11] 當抑制元件（inhibitory components）步向成熟，大腦便能夠進行複雜的表徵過程，對複雜環境作出更細緻的回應，也讓個體面對複雜和矛盾處境時，有更多反應的選擇。[11]

「神經可塑性」（plasticity）是一個重要的概念。「神經可塑性」是指當個體學習和掌握一種新技巧，大腦的神經元也會隨之出現神經生理變化。[7] 透過學習、自主和掌握新的經驗，我們可以改變大腦的網絡，令大腦更具彈性和適應力。如果大腦的神經迴路發展不良，便會削弱大腦的「神經可塑性」。神經元增生（neuronal proliferation）、突觸修剪（synaptic pruning）、突觸重新佈線（synaptic rewiring）及暴露於惡劣環境，都會對大腦產生影響，並引致青年人作出衝動的決定和選擇。[7]「神經可塑性」這個重要課題，我們會在第二章再深入討論。

功能性磁振造影技術（fMRI）顯示，大腦在青年階段會出現明顯變化，「社交大腦」（social brain）的白質與灰質比例會出現改變。「社交大腦」是大腦其中一個重要網絡，「社交大腦」有助我們進行社交活動。[12] 由青年階段步向成年階體，當個體處理社交任務時，中腦的邊緣系統會出現變化。[12] 當「社交大腦」漸趨成熟，促性腺荷爾蒙（gonadotropin-releasing hormones）會令性荷爾蒙及促腎上腺皮質荷爾蒙（adrenocorticotropic hormones）分泌增多，並強化青年人的性動機與性行為，讓生殖系統進入成

熟狀態。[13]

　　青年階段也是神經傳導系統在刺激與抑制功能上進行微調的階段。[15] 在發展階段，多巴胺的分泌會出現變化，驅使青年人追求新鮮事物。[17] GABA（神經系統中抑制神經傳遞的物質）在青年階段出現下降，亦可能與青年人的衝動增加及抑制反應變差有關。[18] 此外，前額葉對邊緣系統能發揮從上而下的抑制作用，當中麩胺酸（glutamate，中樞神經系統中一種興奮性神經遞質）扮演了重要的調節角色。[19] 一些青年人未能控制自身的衝動行為，亦可能與麩胺酸的分泌有關。[19]

　　除了內在化學，外在社會因素也會對青年人的成熟過程構成威脅。年輕人容易受到朋輩壓力的影響，開始對酒精使用或使用物質感到興趣，容易變成成癮行為。此外，青年人也面對不少人際關係的壓力，例如朋輩欺凌、網絡成癮等，這一切都會對「社交大腦」產生影響，加上青春期出現的荷爾蒙變化，突觸出現修剪，突觸重新佈線，都會對青年階段的發展帶來衝擊。

　　青年階段經歷的心理社會事件，是重要的情景脈絡資訊，影響着年輕人日後的社會認知發展。精神障礙的出現，會深刻改變個體的生命歷程，並帶來長遠的負面影響。這些扭曲的經驗，會在「關鍵階段」凝固下來；縱然「關鍵階段」結束，仍會對個體往後的精神健康，帶來揮之不去的影響。

　　正因為青年階段是精神障礙出現的高峰期，為青年人提供及早檢測與及早治療顯得十分重要。長遠來說，可以避免精神障礙給年輕人帶來負面影響。[20] 可惜的是，精神健康往往不受到青年人所重視。根據香港精神健康調查[21]，18 至 25 歲被診斷患上精神障礙的青年人中，只有 20% 接受任何正式的精神健康介入治療。這數字遠遠低於 25 歲以上群組，成人中有 33% 曾接

受精神健康介入治療。[22] 青年人不願意尋求協助的原因有很多，青年人對自己的精神狀況欠缺覺察，這是原因之一。另一原因是青年人尚未完全進入成人的角色，願意為自己的精神健康負上全責。[23] 進入青年階段，年輕人需要在心理和社會角色上進行調節，當中包括身份的建立、關係的建立，為自己的精神幸福負上責任，也是成長的任務之一。[23] 當青年人的精神健康狀況轉差，會驅使青年人與正常的發展軌跡脫軌，並帶來其他深遠影響 [24]；在這一切生命躁動中，要辦別早期的精神障礙症狀，實在不容易。[22]

青年人對傳統的精神健康服務，往往望而卻步。[22] 傳統的精神健康服務，跟隨身體醫學系統，按年齡將病人分類；以 18 歲作為分界線，將 18 歲以下的病人歸入兒童及青年精神科，到了病人 18 歲後，再轉到成人精神科。[25] 這種按年齡分類、不按大腦發育或精神健康脆弱性分類的服務系統，往往錯過為青年人提供適時介入與治療的良機。此外，在兒童及青年精神科，也充斥着大量發展障礙個案，分薄了為青年人提供的資源，間接拖長了服務輪候時間。加上未能締造「青年友好」的服務文化，都令青年人對傳統的精神健康服務十分抗拒。成人精神科只是為病人提供一般照護，亦未能針對青年人的需要，提供適切照護，這也是讓青年人不願求助的原因。因此，實在有需要按着不同年齡層提供專門化的精神健康服務，這樣才能吸引青年人向精神健康服務機構求助。

這一代青年人處於一個不一樣的年代，他們的生活風格與心理社會狀況往往與上一代不同。[24] 青年人喜歡擁抱新事物 [25]，而智能電話的普及，亦令青年人與上一代人的生活模式出現嚴重分野。[26] 據說每十年便會出現世代範式的更替，這些轉變往往

在短時間發生。[26] 而新一代青年人的求助模式，亦與上一代大不同，我們必須正視這些變化。

種種跡象顯示，過去十年間，本地青年面對的精神困擾有增無減，且涉及不同的年齡層，加上新冠肺炎疫情及社會事件的影響，令青年人的精神狀況進一步惡化。面對前路風高浪急，我們應如何回應青年人精神健康的急切需要呢？

要對症下藥，必須了解青年人所面對的問題，哪些是對青年人的精神健康產生不利影響的風險因素？研究發現，學業壓力、父母或家人不和、朋輩關係差劣、別人的傷害，都會對青年人的精神健康構成負面影響。[28] 這些因素不是單獨發揮作用的，而是互為影響，並進一步強化壓力的來源。不同年齡的青年人面對的壓力會有所不同，處於青年早期階段的青年人（約 12 至 13 歲），他們與雙親或家人的關係、彼此的衝突，是他們的主要壓力來源。但隨着年齡增長，這些壓力會有所下降。進入青年後期後，學業、工作或事業方面的壓力，卻會對青年人產生較大影響，在往後的日子並有增無減。[28] 不同階段會有不同的壓力源，原因是「生命歷程」出現的階段性轉變。當青年人年齡漸長，他們的自主能力、對生命的控制能力會有所增加；與父母發生衝突時，他們可以不那麼受到影響。但當青年人進入青年後期階段，當要對自己的人生承擔更大的責任時，學業和事業的壓力便會成為焦點。[28]

在各種壓力源中，人際關係給青年人帶來的心理壓力最大，當中包括人際關係的衝突、家人或朋友不和、給家人或朋友排斥。[28] 人際關係帶來的壓力，亦與青年人的精神健康轉差息息相關。其次，青年人也面對學業的壓力。[28] 學業的壓力源可能與文化因素有關；一般來說，亞洲人較強調學業成績的重要性，青

年人在耳濡目染下，容易對自己產生嚴苛的要求，受學業壓力的影響。一些研究員曾將新加坡青年與加拿大青年作出比較，發現前者相較後者，他們的學業壓力常處於較高水平。[29] 此外，韓國學生完成學校功課的時間，是美國學生的兩倍；相反地，美國學生花在休閒活動的時間（例如結交朋友），是韓國學生的兩倍。[30] 由此可見，亞洲青年面對的學業壓力，相較於西方國家的青年較為沉重。研究員發現一個現象，就是亞洲青年與父母相處，普遍缺乏滿足感；但亞洲父母對子女的學業期望，卻經常處於高水平。在此消彼長下，亞洲青年會更容易受到學業壓力的影響。[31]

此外，社會經濟地位的因素也不可忽略。據統計，處於較低社會經濟地位的年輕人，他們患上情緒障礙的比率，是社會經濟地位較高的年輕人的 2.49 倍。[32] 這些人口特徵與青年精神健康的關係非常密切，值得我們加以注視。

追求新穎與冒險行為

要了解青年精神健康的各種風險因素，不可不提大腦獎賞系統對青年人精神健康的影響。進入青春期的年輕人，受荷爾蒙與神經傳導物的驅使，會嘗試一些新穎的冒險行為，並會作出一些衝動的決定。[7] 在邊緣系統中，伏隔核（nucleus accumbens）對大腦的獎賞功能影響最大；伏隔核在青春期會變得特別活躍，驅使青年人憑着衝動行事；或不顧後果使用尼古丁、物質和酒精，最後出現成癮問題。在青年階段，獎賞系統的變化會削弱神經傳導物質製造快感作用，參與冒險行為可以刺激這些神經傳導物。[7]

人類除了追求食物、性及睡眠，也重視與人的連繫，青年

人也不例外。青年人除了重視基本的生理需要，也非常重視社交連繫。從進化角度，社交連繫有助強化人類生存的能力。功能性磁振造影技術的研究顯示，當年輕人感到被接納，大腦邊緣系統的反應會特別強烈。當青年人感到被拒絕，這些網絡的反應也會異常活躍。由此可見，社會關係對青年人來說非常重要 [33]；當發生人際衝突，青年人的心理健康也會大受影響，構成巨大的心理壓力。

獎賞系統驅使青年人追求新穎的體驗，各種冒險活動，例如過山車、機動遊戲或恐怖電影，每年都吸引成千上萬的青年參與。[33]

為何青年人相較於成年人，沒有能力控制自己的衝動？要了解這個現象，必須從神經解剖學的觀點探討。大腦的前額葉（frontal-lobe），在延遲滿足上扮演了重要的角色，前額葉有助我們壓抑衝動，並且強化專注能力，聚焦於長遠的行為後果。[7] 可惜的是，處於青年階段的年輕人，他們的前額葉仍未發展成熟，未能壓抑獲得即時滿足的衝動。因此，青年人會不顧後果，參與各種冒險行為。此外，大眾傳媒也是推手，當大眾傳媒不斷美化冒險行為，年輕人便對這種衝動文化耳濡目染，會不計後果投入各種冒險行為之中。[7]

除了衝動的特質，青年人的另一個特徵是缺乏自我肯定。進入青年階段的年輕人，往往渴望擺脫父母或監護人的控制，尋求獨立自主。青年人會刻意與父母保持距離，轉為依賴社交群體的支持，並從同儕身上獲得肯定。對年輕人來說，同儕比一切都重要。基於對同儕關係的重視，青年人亦容易受到同儕的影響。當年輕人遇到問題，他們會選擇向同儕求助，不願意尋求專業協助。在青年階段，青年人的自我身份仍未確立，並且缺乏自我肯

定；缺乏自我肯定會給青年人帶來壓力，也會驅使他們向外界尋求協助。

障礙出現、服務空隙與需要評估

青年階段是各種精神障礙的萌發期。研究發現，15 至 18 歲的年輕人，較容易出現抑鬱與自殺念頭。[28] 進入青春期，青年人亦容易出現各種精神困擾，例如思覺失調、情緒障礙、飲食障礙及物質濫用等。[34] 及早偵測和及早介入是青年精神健康的重要課題。研究發現，為患上思覺失調的青年人提供及早介入服務，能有效改善他們的生活質素，並提升適應力，亦有助減低復發的機會。[34]

雖然及早偵測和及早介入獲得不少文獻支持，但在實踐上卻遇到不少困難，我們會分為個人、社會、人際及系統四個層面去討論。[35] 個人層面方面，青年人普遍對精神健康缺乏認識，亦不懂得如何求助；此外，青年人對傳統的精神健康服務亦普遍存在負面印象。至於社會層面方面，害怕尷尬、害怕被別人標籤，也成為年輕人拒絕求助的主要原因；此外，同儕、父母及家人對精神健康的接納和重視程度，也會影響年輕人的求助動機。至於人際層面方面，年輕人對精神健康專業人員的不信任，害怕被指責、害怕私隱遭到侵犯，也構成了求助的障礙。至於系統層面方面，青年人在財政上並不獨立，要付費接受專業服務，對他們來說是一筆沉重的財政負擔；此外，地理和交通上距離、缺乏時間等，亦會造成求助的阻撓。[35]

面對青年精神健康問題日益嚴重，我們可以如何作出積極和實質回應？第一，可以透過公眾倡議或學校為本的心理教育計

劃,讓年輕人對精神健康和精神疾病加深認識,並掌握求助途徑[35];第二,讓年輕人親身接觸服務,體驗治療關係,明白機構對私隱與自主的重視[35];第三,與校園建立緊密連繫,無論是小學、中學或大學院校,都可以獲得唾手可得的精神健康服務。最後,在服務收費上,要考慮年輕人的負擔能力,收費必須是年輕人可負擔的。[35]因此,只要掃除上述系統和流程上的障礙,只要除去青年人對精神健康的偏見和誤解,並讓青年精神健康服務推向常態化,香港青年的精神健康問題是有出路的。

亮點

- 青年階段是一個獨特的發展階段,青年人會經歷不一樣的心理社會和神經生物歷程,我們有需要採用不同的方法處理青年人的精神困擾。

- 青年階段是一個關鍵階段,大腦會漸趨成熟;獎賞系統的變化,會驅使青年人追求冒險行為,並影響他們的判斷能力,容易誘發各種精神障礙。

- 精神障礙的病發高峰期一般在 25 歲以下,病發原因與學業壓力、父母或家庭不和、朋輩關係出現問題等風險因素有關。

- 學校為本的精神健康推廣計劃或公共倡儀,有助精神健康服務邁向去污名化;亦有助年輕人克服求助的心理障礙,主動與服務機構接觸。

- 精神健康服務必須讓年輕人容易獲得,不應讓財政或流程的問題成為求助障礙;此外,也應為初發的精神障礙青年患者提供及早辨識和及早介入的服務。

參考文獻

1. Kessler RC, Amminger GP, Aguilar-Gaxiola S, Alonso J, Lee S, Ustün TB. Age of onset of mental disorders: a review of recent literature. Curr Opin Psychiatry. 2007;20(4):359-364.

2. Koenen KC, Rudenstine S, Susser E, Galea S. A life course approach to mental disorders. Oxford University Press, Oxford, UK; 2014.

3. Wang PS, Angermeyer M, Borges G, et al. Delay and failure in treatment seeking after first onset of mental disorders in the World Health Organization's World Mental Health Survey Initiative. World Psychiatry. 2007;6(3):177–185.

4. Beddington J, Cooper,C, Field J, et al. The mental wealth of nations. Nature. 2008; 455:1057–1060.

5. Department of Education. 17- to 18-years olds not in education, employment or training (NEET). Available from: https://www.gov.uk/government/publications/neet-and-participation-local-authority-figures [Accessed 25 March 2022]

6. United Nations Department of Economic and Social Affairs. Definition of Youth. Available from https://www.un.org/esa/socdev/documents/youth/fact-sheets/youth-definition.pdf [Accessed 25 March 2022]

7. Arain M, Haque M, Johal L, Mathur P, Nel W, Rais A, et al. Maturation of the adolescent brain. Neuropsychiatr Dis Treat. 2013;13(9):449–61.

8. Cisneros-Franco JM, Voss P, Thomas ME, de Villers-Sidani E. Critical periods of brain development. Handb Clin Neurol. 2020;173:75–88.

9. Friedmann N, Rusou D. Critical period for first language: the crucial role of language input during the first year of life. Curr Opin Neurobiol. 2015;35:27–34.

10. Larsen B, Luna B. Adolescence as a neurobiological critical period for the development of higher-order cognition. Neurosci Biobehav Rev. 2018;94:179–195.

11. Spear LP. Adolescent neurodevelopment. J Adolesc Health. 2013;52(2) Suppl 2:S7–S13.

12. Blakemore SJ. Development of the social brain in adolescence. J R Soc Med. 2012;105(3):111–116.

13. Sisk CL, Foster DL. The neural basis of puberty and adolescence. Nat Neurosci. 2004;7(10):1040–1047.

14. Green MF, Horan WP, Lee J. Nonsocial and social cognition in schizophrenia: current evidence and future directions. World Psychiatry. 2019;18(2):146–161.

15. Keshavan MS, Giedd J, Lau JY, Lewis DA, Paus T. Changes in the

adolescent brain and the pathophysiology of psychotic disorders. Lancet Psychiatry. 2014;1(7):549–558.

16. Cloninger CR. A unified biosocial theory of personality and its role in the development of anxiety states. Psychiatr Dev. 1986;4(3):167–226.

17. Zald DH, Cowan RL, Riccardi P, et al. Midbrain dopamine receptor availability is inversely associated with novelty-seeking traits in humans. J Neurosci. 2008;28(53):14372–14378.

18. Silveri MM, Sneider JT, Crowley DJ, et al. Frontal lobe γ-aminobutyric acid levels during adolescence: associations with impulsivity and response inhibition. Biol Psychiatry. 2013;74(4):296–304.

19. Gleich T, Lorenz RC, Pöhland L, et al. Frontal glutamate and reward processing in adolescence and adulthood. Brain Struct Funct. 2015;220(6):3087–3099.

20. Fuhrmann D, Knoll LJ, Blakemore SJ. Adolescence as a Sensitive Period of Brain Development. Trends Cogn Sci. 2015;19(10):558–566.

21. Lam LC, Wong CS, Wang MJ, et al. Prevalence, psychosocial correlates and service utilisation of depressive and anxiety disorders in Hong Kong: the Hong Kong Mental Morbidity Survey (HKMMS). Soc Psychiatry Psychiatr Epidemiol. 2015;50(9):1379–1388.

22. Gulliver A, Griffiths KM, Christensen H. Perceived barriers and facilitators to mental health help-seeking in young people: a systematic review. BMC Psychiatry. 2010;10:113.

23. Erikson EH. Childhood and society. New York: Norton; 1950.

24. Patton GC, Sawyer SM, Santelli JS, et al. Our future: a Lancet commission on adolescent health and wellbeing. Lancet. 2016;387(10036):2423–2478.

25. Arnett JJ. Emerging adulthood. A theory of development from the late teens through the twenties. Am Psychol. 2000;55(5):469–480.

26. Chadda RK. Youth & mental health: Challenges ahead. Indian J Med Res. 2018;148(4):359–361.

27. Kelley AE, Schochet T, Landry CF. Risk taking and novelty seeking in adolescence: introduction to part I. Ann N Y Acad Sci. 2004;1021:27–32.

28. Kim KM. What makes adolescents psychologically distressed? Life events as risk factors for depression and suicide. Eur Child Adolesc Psychiatry. 2021;30(3):359–367.

29. Ang RP, Klassen RM, Chong WH, et al. Cross-cultural invariance of the Academic Expectations Stress Inventory: adolescent samples from Canada and Singapore. J Adolesc. 2009;32(5):1225–1237.

30. Lee M, Larson R. The Korean 'Examination Hell': Long hours of studying, distress, and depression. J Youth Adolesc. 2000;29(2):249–71.

31. Crystal DS, Chen C, Fuligni AJ, et al. Psychological maladjustment and academic achievement: a cross-cultural study of Japanese, Chinese, and American high school students. Child Dev. 1994;65(3):738–753.

32. Lemstra M, Neudorf C, D'Arcy C, Kunst A, Warren LM, Bennett NR. A Systematic Review of Depressed Mood and Anxiety by SES in Youth Aged 10–15 Years. Can J Public Health. 2008;99(2):125–9.

33. Giedd JN. Adolescent brain and the natural allure of digital media. Dialogues Clin Neurosci. 2020;22(2):127–33.

34. Patton GC, Hetrick SE, McGorry P. Service responses for youth onset mental disorders. Curr Opin Psychiatry. 2007;20(4):319–324.

35. Radez J, Reardon T, Creswell C, Lawrence PJ, Evdoka-Burton G, Waite P. Why do children and adolescents (not) seek and access professional help for their mental health problems? A systematic review of quantitative and qualitative studies. Eur Child Adolesc Psychiatry. 2021;30(2):183–211.

I

青年階段：人生階段的轉變

編者話

　　青年階段是一個獨特的人生階段。在這階段，青年人會經歷急速和劇烈的轉變。在這一部分，我們會從不同角度探討青年階段的變化，其中包括神經生理轉變（第二章）和心理社會轉變（第三章）。此外，我們也會從文化角度（第四章），討論青年階段出現的變化。最後，我們會從青年自身的角度（第五章），討論香港青年的生活處境。

2

神經生理轉變

陳友凱　黃德興

摘要

　　青年階段是精神病的主要萌發期。個體由兒童階段進入成年階段，中間經歷青年階段。大腦亦會漸漸邁向成熟，並提升可塑性。這些轉變會促進個體在智能、思維及情緒上的發展，並適應環境的要求。青年階段是一個關鍵階段，大腦的可塑性會大幅提升，並受到環境的影響和模造。異常的發展和不利的環境因素，都會令神經生理產生病變。本章會探討這個敏感階段的可塑性，以及神經可塑性與精神病變的關係。我們也會談到基因及環境因素如何增加青年人患上精神病的風險。這些因素的互動，都與青年精神障礙息息相關。

關鍵字：青春期，神經發育，神經可塑性，敏感階段，基因脆弱性，環境壓力

引言

　　在青年階段，無論是生理或行為，都會出現急速轉變。在

生理方面，身體的變化最早出現於 11 至 12 歲，其中包括身體形態及身高的轉變，身體及臉部會長出體毛。至於行為方面，在這關鍵階段，青年人的大腦會經歷重大發育轉變，這有助青年人改善自我控制、規劃、問題解決及決定能力，上述過程會持續至 20 至 25 歲。由兒童至成年階段，特別是青年階段（10 至 19歲），大腦網絡會出現大規模的功能重組。

　　大腦皮質下的範圍，特別是邊緣系統及獎賞系統，很早便已發展起來。大腦進入青年階段後，會出現不平衡的發展現象，所指的是腦皮質下大致已發展成熟，但前額葉範圍卻仍未充分發展。[1] 這種不平衡的發展現象，可以解釋青年人為何容易出現情緒反應及冒險行為，例如暴力、自毀、攜帶武器、濫藥及不安全性行為等。擴散張量影像（DTI）研究發現，荷爾蒙會對青春期的大腦白質（white matter）的發展及連接功能產生影響。這解釋了為何青年人不能控制衝動及冒險行為。[2] 這種生理不平衡現象，驅使青年人尋求感官刺激；在自我調節上，也會出現不成熟的表現。大部分青年人都可以從對照顧者的依賴，過渡至自給自足；但在轉變過程中，也有些青年人會出現異常狀態，並出現各種精神障礙。

　　很多精神病的萌發病，都在青春期與成年早期階段；73.9%患上精神病的成年人，都在 18 歲前確診，50% 更出現於 15 歲以前。[3] 大腦進入青年階段後，會經歷大規模重組，這大大增加大腦的可塑性。但大腦可塑性的提升，卻是一把兩刃的刀；它一方面驅使大腦邁向成熟，但另一方面卻讓大腦處於脆弱狀態，容易出現各種異常表現，例如對環境產生過敏反應。藉着多體素模式分析（MVPA），Dosenbach 等人發現，個體的神經成熟度，可以影響實際年齡的表現差異，比率達 55%。[4] 扣帶島蓋網

絡（cingulo-opercular networks）及額頂控制網絡（frontoparietal control networks）功能連接的改變，對成熟水平的影響最為明顯。[4] 青年人的神經成熟度，與專注力息息相關；缺乏專注力的青年，與正常成長曲線作比較，會呈現明顯的表現差異。[5] 當大腦的髓鞘纖維（myelinated fiber）網絡漸趨成熟，大腦便會變得整全，這有助執行複雜的認知功能。[5] 上述神經發育過程有可能出現異常轉變，並增加青年人患上精神病的風險。[5]

可塑性

當青年人進入青春期，神經可塑性會大幅提升。青年人在邁向成熟的過程中（由兒童階段過渡到成人階段），大腦會經歷重大轉變，神經可塑性有助個體面對新的經驗，以及適應發展上的挑戰。

當進入青春期，大腦會出現大幅度的突觸修剪（synaptic pruning），大約有 40% 突觸會被剪除，並導致灰質的整體容量減少。[6] 個體由兒童階段開始，灰質容量會不斷增加，到了約 11 至 12 歲，達至高峰；當個體進入青春期，灰質（gray matter）的容量便會出現下降。在兒童階段，神經元會不斷增生，並引致突觸的密度得到提升；但當進入青春期，大腦便開始移除不常用或不成熟的突觸（即突觸修剪），並對大腦的功能網絡作出微調。這些改變有助大腦在效率及精確度上得到提升。大腦額葉灰質的改變，稱為「額葉活化」（frontalisation）；「額葉活化」能發揮衝動控制及情緒調節的作用。[6] 額頂（prefrontal region）及頂葉（parietal region）灰質容量的減少，亦令信息運算、執行功能及工作記憶（WM）有所提升。[7] 隨着灰質淨容量下降，大腦會出

現髓鞘化（myelination），整體白質容量會相對增加。當個體進入兒童及成年階段，白質會同步增長；到了青年階段，髓鞘化的迴路會邁向成熟，大腦的運算速度亦會提升。大腦額葉與頂葉的髓鞘化，能提升工作記憶的表現。[8] 白質整體的容量增長，會改善認知彈性（cognitive flexibility）、工作記憶、社交認知及社會道德判斷能力。[9] 此外，前額葉皮質（PMC）、頂葉及顳葉、基底核（basal ganglia）、邊緣系統（limbic system）神經核容量的擴張，亦有助提升自我主導及目標為本的組織能力，以及提升日常行為的控制能力。[2]

因着大腦的成熟轉變，大腦的可塑性會得到提升。這種可塑性的提升，有助個體在認知、情緒及智能上愈趨進步。但這種提升，亦會讓青年人暴露於高風險處境，發展出各種心理障礙。在大腦的發育和轉變過程中，某些個體會出現一些變異，並引致精神病的出現。有理論認為，精神分裂與過度突觸修剪有關[10]；而灰質的流失，亦與思覺失調症狀和認知能力下降成正比。[10] 簡言之，大腦可塑性的增加，會讓青年人容易陷入異常的發展模式，並出現精神病變。

敏感階段

流行病學的研究發現，大約有 74% 的精神病出現於 25 歲以下[3]，這反映出青年階段是一個脆弱階段，亦是一個容易誘發精神病的窗口。大腦可塑性的提升，會增加環境對大腦的影響，特別是對大腦神經迴路的影響。神經可塑性取決於經驗，因此青年階段的經歷十分重要。在生命歷程中，青年會吸收從環境及經驗而來的信息，神經迴路亦會因此而出現改變。在這階段，小清蛋

白陽性（PV）迴路漸趨成熟，令抑制影響減弱（即減低神經迴路的刺激或抑制平衡）。從經驗產生的強烈突觸刺激，會改變神經迴路。透過突觸修剪，不成熟、沒有效率的突觸會被移除；而抑制網絡則會再次變得強而有力，其他刺激只會對個體產生微弱影響。發生在青年及成年初期階段的事件，會在記憶中被深刻表徵。在一項研究中，35歲的參加者比較容易回憶起發生在青年階段的自傳性記憶（例如音樂、書籍及社會事件）。[11] 這些研究為大腦的可塑性提供了證據，反映出經驗可以提升大腦的可塑性，並對青年的大腦發展產生影響。這個過程有助大腦的微調作用，亦有助個體適應周遭環境。此外，環境也可能透過信息傳遞，對大腦產生影響，其中有些影響是負面的，這些影響會令個體在發展和行為上變得脆弱，容易患上精神病。

某些神經迴路對環境刺激較為敏感，青年人面對這些刺激，較容易出現突顯反應。荷爾蒙在青春期扮演十分重要角色，例如睪丸酮（testosterone）便與社交學習有關，睪丸酮的升高會讓處於青春期的男女把焦點轉移至社交及情感上，令社交運算增多，有關社會地位的反饋受到重視。[5] 處於青春期的個體，會對身份地位的肯定變得敏感；處於這階段的青年人，容易出現一系列與社交認知有關的病徵（例如自我批判、重視社會地位與價值等）。[5] 在這關鍵階段，生殖系統會漸趨成熟，性腺體荷爾蒙（gonadal steroid hormones）會突然升高，大腦會出現高密度的腺體受體，令神經網絡對生理轉變變得敏感。雌激素（estrogens）的上升，則會令年輕女性容易受到壓力的影響。除了荷爾蒙，基因傾向也會對個體產生影響，影響哪些環境刺激會被個體內化。[12]

狀況	遺傳度
重性抑鬱症 (MDD)	37%[13]
廣泛性焦慮症 (GAD)	31.6%[14]
躁狂抑鬱症 (BD)	80-85%[15]
飲食障礙 (EDs)	厭食症 (AN) 58%；暴食症 (BN) 41%[16]
精神分裂症	81%[17]

表 1　重性抑鬱症、廣泛性焦慮症、躁狂抑鬱症、飲食障礙及精神分裂症的遺傳度

基因	功能	相關情況
5-HTTLPR	影響血清素回收	• 5-HTTLPR S and L (g) 等位基因攜帶者，對環境的刺激會出現高度敏感；當遇上逆境時，會有較高風險發展成抑鬱症或焦慮症 [18,28] • 5-HTTLPR L/L 基因型與抑鬱的風險有關，擁有這些基因型的個體，不論生活經驗如何，患上抑鬱症的風險都會較高，會出現較固定的結果 [19]
BDNF Met66Val	影響大腦不同區域中腦源性神經營養因子的活動	• Val66Met 基因中的 Met 等位基因，會降低腦源性神經營養因子的活動；海馬體中低水平的腦源性神經營養因子，與抑鬱症有關 [20] • Val66Met 基因中的 Met 等位基因，與壓力的高敏感度有關，亦會減低海馬體中腦源性神經營養因子的水平。上述基因與躁鬱症有關 [29] • Val66Met 基因中 Met 等位基因，會引致海馬體與中樞神經系統中腦源性神經營養因子水平降低。這些等位基因與飲食障礙或暴食症有關 [18,21]

DRD2	影響多巴胺受體的活動，並反過來影響壓力反應	• DRD2 TaqIA 多態性會影響多巴胺受體的活動，與躁鬱症有關 [22]
DRD4	影響多巴胺受體的活動，並反過來影響壓力反應	• DRD4 VNTR 7R 等位基因會減低 G 蛋白偶聯受體對多巴胺的反應，這些等位基因與躁鬱症有關 [22] • DRD4 VNTR 7R 等位基因與躁鬱症有關，擁有上述基因的個體，其躁鬱症會提早 2.7 年出現 [22]
MAPK3	MAPK3 會引致斑馬魚的神經發育出現改變	• 大腦中整體 MAPK3 基因的表達與精神分裂症有關 [23]
C4A 與 C4B	高 C4A 基因拷貝數與精神分裂症病人的神經纖維網收縮形成正比關係（相較於健康控制組）	• 在精神分裂症病人身上，C4A 與 C4B 的 mRNA 會呈現較高水平 [10]

表 2 基因及相關情況，基因令個體容易受到環境壓力所影響

　　某些個體會因為基因的構造，處於較脆弱的狀態，並容易誘發精神病。雙生子的研究發現，從複雜病因學（complex aetiology）的角度來看，精神病與基因構造存在很大關聯。

　　表 1 列出不同種類精神病的基因風險，表列由中至高的遺傳度，例如重性抑鬱症（MDD）的遺傳度是 37%，而躁狂抑鬱症（BD）的遺傳度則介乎 80 至 85%。

　　不同的基因與不同的精神健康狀況有關。抑鬱症、躁狂抑鬱症、飲食障礙及精神分裂亦與基因息息相關，表 2 列出了基因與各種精神障礙的關係。研究發現，基因與大腦互動，可以誘發各種精神障礙。明白基因對青春期神經發展的影響，有助加深

我們對基因脆弱性的了解，明白為何某些青年個體容易出現精神
障礙，亦有助科學家和臨床工作者建立各種精神障礙的生物指標
（biomarkers），以便對精神病作出精確診斷和介入。環境因素對
青年發育扮演重要的角色，基因與環境的互動，會增加某些個體
患上精神病的風險。

環境壓力

　　正如前文提到，青春期是一個敏感階段。在這期間，大腦
會對環境產生敏感反應，壓力更會對個體的精神健康產生負面
影響。由於青年人對壓力的反應較為強烈，壓力對他們的影響
亦較大。大腦的下丘腦 - 垂體 - 腎上腺軸（HPA）會釋出促腎上
腺皮質激素釋放激素（CRH），刺激垂體釋放促腎上腺皮質荷爾
蒙（ACTH），並反過來引發腎上腺對壓力刺激產生反應，釋放
出皮質醇（cortisol）。在青春期，由於睪丸酮與雌激素的湧動，
促使下丘腦 - 垂體 - 腎上腺軸的活動增多。當個體面對壓力，皮
質醇的釋放亦會增加。個體在青春期會經歷不同的壓力源，其中
包括學業、家庭及同儕關係。學業上，當個體要準備入讀大學或
就業，會引致壓力增加。而社交上，青年人開始建立戀愛及社群
關係，他們會離開家庭，獨立生活。這些不同的壓力源，都會增
加青年人的壓力反應。皮質醇會刺激身體，產生生理轉變，這些
轉變有助人類面對威脅，提升生存機會；但皮質醇過度分泌，會
損害神經生物系統。長期啟動下丘腦 - 垂體 - 腎上腺軸，亦會令
海馬體的神經新生減弱，損害大腦的認知功能，並引致中腦多巴
胺系統過度啟動，變得異常敏感，有可能引發各種思覺失調的症
狀。海馬體細胞的死亡，亦與抑鬱症發病有關。

　　當青年人遇上逆境，可能會誘發神經系統出現病變，從而引致各種精神障礙。在生命的早期階段，當個體遇上原生家庭的逆境（例如威脅或匱乏），或社交圈子的逆境（例如被人拒絕），神經系統便會出現改變。[24,25] 某些逆境經驗會對身體構成威脅（例如身體虐待或性虐待），並引致與恐懼相關的神經迴路（例如杏仁核與海馬體）出現變化。如果逆境涉及匱乏經歷（例如缺乏社交支援），負責社交認知的聯合皮質（association cortices）亦會受到影響和衝擊（聯合皮質是指前額葉、頂下小葉皮質（inferior parietal cortices）及顳上回皮質（superior temporal cortices）的大腦部分）。[25] 如果逆境涉及拒絕（例如負面的同儕互動、重複的同儕拒絕），背側前扣帶迴（dorsal anterior cingulate）的相關活動亦會增加，並有可能出現抑鬱或社交焦慮的症狀。[24] 缺乏社交支持，亦會引致皮質醇過度分泌。社交支持與背側前扣帶迴皮質（dACC）相關，當個體面對情緒與壓力，社交支持可以控制背側前扣帶迴皮質的活動[26]；缺乏社交支持則會增加背側前扣帶迴的活動，並引致大腦調節壓力的能力減弱。[26] 當個體面對社交壓力，身體的皮質醇反應亦會增加。一些不利大腦生長的環境，例如缺乏社交支持、生長於有問題的家庭、社會經濟地位較低，都會對大腦的結構與功能產生負面影響。研究發現，低收入家庭的兒童，他們的海馬體灰質會減少[27]，並與神經內分泌活動失調有關（精神分裂與抑鬱症便是其中例證）。大腦的前扣帶迴皮質區（pACC）負責調節情緒及處理壓力；社會地位較低的個體，他們的前扣帶迴皮質區灰質含量會較低。至於那些成長於不利環境的個體，當他們面對負面社交刺激（例如兇惡臉孔），他們的杏仁核反應亦會增加[26]，這在抑鬱及焦慮症青年患者群組中能充分反映。[19] 今天的社會崇尚瘦身，並以瘦身作為美麗的標準；當青年

人不停接觸瘦身的觀念，並內化瘦身理想，便會構成各種心理壓力。對瘦身的期望，與飲食障礙息息相關。

不是每個青年人面對壓力時，都會發展成精神障礙。很多青年人由兒童階段到成年階段，都能成功跨過。很少負面因素是單獨發揮作用的，環境因素會否被內化，基因及生理因素也會發揮一定作用。正如上文談到，5-HTTLPR 基因的 S 等位基因，對環境的敏感反應有關。當擁有 S 等位基因的個體遇上逆境，他們會較容易發展成抑鬱症。[18] 但如果這些基因攜帶者得到正面的父母教養，他們患上抑鬱症的風險也會降低，不會出現精神病變。[28] 基因與環境的互動，在躁狂抑鬱症的病因學上頗為明顯。Met 基因、腦源性神經營養因子多態性（polymorphism）及環境壓力，都與躁狂抑鬱症有關。[29] 上述變數發揮互動作用，會引致病情變得嚴重。[29] 擁有 Met 基因的個體，同時擁有腦源性神經營養因子基因 Val66Met 中基因型（Met/Met 或 Val/Met）的個體，他們會較容易患上躁狂抑鬱症。[29] 這些基因型攜帶者會對壓力較為敏感，並容易引發病變。壓力可減弱腦源性神經營養因子的活動，亦會令海馬體的活動降低，這等因素與躁鬱症的出現息息相關。[29] 正如表 2 所示，有些人經歷壓力事件後，會較容易出現精神病，但那些擁有較高抗壓水平的人，卻不容受到壓力環境所影響。

亮點

- 處於青年階段的年輕人，其大腦會具有高度可塑性；基因與環境的互動，會對青年人的神經生理發展產生影響，決定個體是否容易患上精神病。

- 這些情景脈絡因素，加上與個體差異（例如基因差異），會調節精神病出現的機率，其關聯性十分複雜。

- 情景脈絡因素的互動，不是線性進行的，而是雙向互動，並受到年齡因素所影響；我們須建立多層次模型，才能全面了解青年患上精神病的主要原因。

- 大量證據顯示，青年階段是精神病的萌發期；唯有建立精確的精神病病理學模型，才可以釐清青年階段的神經發展、如何誘發各種精神障礙。

- 青年神經精神醫學可以更新和提升我們對精神病的了解。

參考文獻

1. Sharma S, Arain, Mathur, Rais, Nel, Sandhu et al. Maturation of the adolescent brain. Neuropsychiatric Disease and Treatment. 2013;:449.

2. Asato M, Terwilliger R, Woo J, Luna B. White Matter Development in Adolescence: A DTI Study. Cerebral Cortex. 2010;20(9):2122-2131.

3. Kim-Cohen J, Caspi A, Moffitt T, Harrington H, Milne B, Poulton R. Prior Juvenile Diagnoses in Adults With Mental Disorder. Archives of General Psychiatry. 2003;60(7):709.

4. Dosenbach N, Nardos B, Cohen A, Fair D, Power J, Church J et al. Prediction of Individual Brain Maturity Using fMRI. Science. 2010;329(5997):1358-1361.

5. Allen NB, Fair DA, Leve LD, Niell C, Sabb F. A Developmental Science Perspective on Vulnerability and Intervention for Youth Mental Health. In Uhlhaas PJ, & Wood SJ, eds. Youth Mental Health: A Paradigm for Prevention and Early Intervention. Cambridge: MIT Press; 2020. P. 49-62.

6. Spessot AL, Plessen KJ, Peterson BS. Neuroimaging of Developmental Psychopathologies: The Importance of Self-Regulatory and Neuroplastic Processes in Adolescence. Annals of the New York Academy of Sciences. 2004;1021(1):86–104.

7. Tamnes CK, Walhovd KB, Dale AM, Østby Y, Grydeland H, Richardson G, et al. Brain development and aging: Overlapping and unique patterns of change. NeuroImage (Orlando, Fla). 2013;68:63–74.

8. Nagy Z, Westerberg H, Klingberg T. Maturation of White Matter is Associated with the Development of Cognitive Functions during Childhood. Journal of cognitive neuroscience. 2004;16(7):1227–33.

9. Barrasso-Catanzaro C, Eslinger PJ. Neurobiological Bases of Executive Function and Social-Emotional Development: Typical and Atypical Brain Changes: Neurobiological Bases of Executive Function. Family relations. 2016;65(1):108–19.

10. Keshavan MS, Nallur SV. Biological Mechanisms Underlying Risk for Emerging Psychopathology in Youth. In Uhlhaas PJ, & Wood SJ, eds. Youth Mental Health Health: A Paradigm for Prevention and Early Intervention. Cambridge: MIT Press; 2020. p. 121-134.

11. Fuhrmann D, Knoll LJ, Blakemore S-J. Adolescence as a Sensitive Period of Brain Development. Trends in cognitive sciences. 2015;19(10):558–66.

12. Knudsen EI. Sensitive Periods in the Development of the Brain and Behavior. Journal of cognitive neuroscience. 2004;16(8):1412–25.

13. Fernandez-Pujals AM, Adams MJ, Thomson P, McKechanie AG, Blackwood DHR, Smith BH, et al. Epidemiology and Heritability of Major Depressive Disorder, Stratified by Age of Onset, Sex, and Illness Course in Generation Scotland: Scottish Family Health Study (GS:SFHS). PloS one. 2015;10(11):e0142197–e0142197.

14. Gottschalk MG, Domschke K. Genetics of generalised anxiety disorder and related traits. Dialogues in clinical neuroscience. 2017;19(2):159–68.

15. Barnett J, Smoller J. The genetics of bipolar disorder. Neuroscience. 2009;164(1):331-343.

16. Thornton L, Mazzeo S, Bulik C. The Heritability of Eating Disorders: Methods and Current Findings. Behavioral Neurobiology of Eating Disorders. 2010;:141-156.

17. Sullivan P, Kendler K, Neale M. Schizophrenia as a Complex Trait. Archives of General Psychiatry. 2003;60(12):1187.

18. Hankin BL, Jenness J, Abela JRZ, Smolen A. Interaction of 5-HTTLPR and Idiographic Stressors Predicts Prospective Depressive Symptoms Specifically Among Youth in a Multiwave Design. Journal of clinical child and adolescent psychology. 2011;40(4):572–85.

19. Miguel-Hidalgo J. Brain structural and functional changes in adolescents with psychiatric disorders. International Journal of Adolescent Medicine and Health. 2013;25(3):245-256.

20. Xia L, Yao S. The Involvement of Genes in Adolescent Depression: A Systematic Review. Frontiers in Behavioral Neuroscience. 2015;9.

21. Gratacòs M, González JR, Mercader JM, de Cid R, Urretavizcaya M,

Estivill X. Brain-Derived Neurotrophic Factor Val66Met and Psychiatric Disorders: Meta-Analysis of Case-Control Studies Confirm Association to Substance-Related Disorders, Eating Disorders, and Schizophrenia. Biological psychiatry (1969). 2007;61(7):911–22.

22. Kennedy K, Cullen K, DeYoung C, Klimes-Dougan B. The genetics of early-onset bipolar disorder: A systematic review. Journal of Affective Disorders. 2015;184:1-12.

23. Gusev A, Mancuso N, Won H, Kousi M, Finucane HK, Reshef Y, et al. Transcriptome-wide association study of schizophrenia and chromatin activity yields mechanistic disease insights. Nature genetics. 2018;50(4):538–48.

24. Aldridge JM, McChesney K. The relationships between school climate and adolescent mental health and wellbeing: A systematic literature review. International journal of educational research. 2018;88:121–45.

25. Ryan R, O'Farrelly C, Ramchandani P. Parenting and child mental health. London Journal of Primary Care. 2017;9(6):86-94.

26. Akdeniz C, Tost H, Streit F, Haddad L, Wüst S, Schäfer A, et al. Neuroimaging Evidence for a Role of Neural Social Stress Processing in Ethnic Minority–Associated Environmental Risk. JAMA psychiatry (Chicago, Ill). 2014;71(6):672–80.

27. Hanson J, Chandra A, Wolfe B, Pollak S. Association between Income and the Hippocampus. PLoS ONE. 2011;6(5):e18712.

28. Little K, Olsson CA, Whittle S, Macdonald JA, Sheeber LB, Youssef GJ, et al. Sometimes It's Good to be Short: The Serotonin Transporter Gene, Positive Parenting, and Adolescent Depression. Child development. 2019;90(4):1061–79.

29. Hosang GM, Uher R, Keers R, Cohen-Woods S, Craig I, Korszun A, et al. Stressful life events and the brain-derived neurotrophic factor gene in bipolar disorder. Journal of affective disorders. 2010;125(1):345–9.

3

心理社會轉變

許麗明

摘要

　　本章會討論從青春期後期，過渡至成年早期，被稱為「成年萌發期」的主要特徵。在這階段，大腦會漸趨成熟，青年人會學習建立親密關係及互相支持，並鞏固現有的友誼。青年人也會學習家庭為本的社化，並掌握求偶及傳宗接代的社交技巧。在這階段，個體會經歷角色轉變及自我身份的發展。這些轉變涉及心理、個人及社會向度。有些青年面對這階段的轉變，會出現身份危機，自我感或會受到威脅。一些風險因素，例如自閉症譜系障礙、生長於寄養家庭環境、司法監管、接受特殊教育服務及嚴重的精神障礙，都會對這階段的發展構成影響。很多嚴重的精神障礙都在 25 歲以前病發；早年發病的精神障礙，其預後亦會較差。可惜的是，現在的醫療、精神健康及社會服務模式，都未能精準回應「成年萌發期」的需要。因此，我們應該將青年精神健康服務的焦點，放在為仍未發展出精神障礙的青年，為他們提供服務，並盡量減低「成年萌發期」的風險因素，幫助青年走進健康的成長軌跡。

關鍵字：成年萌發期，發展軌跡，脆弱人口，早發精神障礙，預防為本策略

從青春期至成年期出現的轉變

從青年階段過渡至成年階段，我們可以稱這中間階段為「成年萌發期」（emerging adulthood）。「成年萌發期」是指青春期後期至成年早期。在這階段，青年須學習承擔成年的責任。Hochberg 與 Konner[1] 指出，「成年萌發期」的特徵包括：大腦漸趨成熟；青年人會學習建立親密關係，並互相支持；青年人也會鞏固現有的友誼；青年人會掌握求偶及傳宗接待的社交技巧。這個關鍵的轉接期主要涉及兩個構念：一個屬於主觀範疇，另一屬於客觀範疇。前者涉及組織家庭、建立成熟關係、學習服從規範等；而後者則涉及身份角色的轉變、身體轉變、法律地位的轉變等。[2] 在過程中，青年人要學習接納和適應這些轉變。一個重大轉變，是由學習環境進入工作場所，這涉及身份角色與責任的轉變，青年人要學習重新規劃人生。這個階段的另一特徵，可統稱為「意志年頭」（volitional years）[3]，個體會在愛情、工作、世界觀及自我身份這些範疇上，進行自我探索。在這階段，個體亦開始發展自己的性格特質，並學習把自己打造成一個自給自足的個體。此外，個體也會建立成熟與委身的關係，學習承擔成年人的角色與責任。在這階段，個體會接受教育和職場訓練，並努力達至一定的水平，為未來的職場生活打好基礎。近年，無論是社會經濟或社會規範都出現了重大轉變，年輕人的學習期亦大幅延長，青年人對原生家庭的經濟依賴變得愈來愈重要。青年人會花更多時間去探索職業方向。對進入婚姻及父母角色，也出現了大幅延遲。[4]

轉變產生的影響

　　從青年階段踏入成年階段，在這中間階段會出現重要的階段性轉變，對青年人的工作、婚姻及家庭生活，帶來深遠的影響。第一，青年人會經歷社會角色的轉變。青年人須適應新角色帶來的挑戰，無論是自尊的建立或自信的建立，都會帶來新的挑戰。[5] 第二，青年人須學習建立親密關係，與同儕互相支持，並鞏固現有友誼。第三，青年人會經歷家庭為本的社化過程，有些青年會參與政治，並在政治上有所醒覺。第四，青年人會發展新的關係，建立起新的身份，最終成為一個整全的成年人。身份的建立牽涉多個維度。在時間與空間的長流中，青年人會進行自我身份的確立，這是心理維度上的轉變。在個人維度上，青年人會建立行為與性格特徵，邁向個體化。在社會維度上，青年人會渴望獲得社區的肯定，建立社會身份角色。青年人在建立身份與角色的過程中，會觸及上述維度，漸漸建立起一個穩定的自我身份。總體來說，個體的行為與性格會漸趨穩定，並會獲得社區認可的社會角色。身份探索充滿了實驗性和探索性，身份建立是青年階段的里程碑。有些青年人會因為多重身份的矛盾，感到困惑，並為此而掙扎。

青年人在過渡階段面對的挑戰

　　一些因素會對自我發展構成障礙，其中包括時間因素、不良的學業環境、高昂的生活開支等。在自我發展的過程中，青年人或會出現身份危機，特別是下列群組：來自新移民背景的青年、獨生子女、崇尚集體文化的青年。其次，某些青年可能受到集體自我（collective self）的影響，偏向孝順父母及服從父母，

這會妨礙他們建立自我感（sense of self）。缺乏自我感的青年，偏向跟從父母的指令去過生活，卻缺乏個人意見及批判思考。

脆弱人口面對的額外挑戰

在「成年萌發期」，大腦會漸趨成熟，並與環境產生複雜互動。過程中，個體會建立起認知、情感及社交能力。但來自經濟匱乏背景的青年人，他們的成長歷程會較為複雜，其中包括：自閉症譜系障礙的青年人[6]、寄養家庭長大的青年人[7]、司法監管的青年人、患有嚴重精神障礙的青年人。[8] 經濟匱乏會影響青年人的身體、智力及情感功能的發展，阻礙他們進入成年角色，削弱他們在學業上的成功機會，職場路上會構成障礙，獨立生活會變得困難重重。

值得注意的是，很多精神障礙（例如抑鬱症與焦慮症）的高峰期都介乎青年階段與成年階段之間，即「成年萌發期」。當精神病從青春期延續至成人階段，會為青年人帶來非常高的精神健康風險。青年人處於精神病狀態，會難以控制衝動及作出適當的自我調節[9]，會呈現出種種不成熟的表現。此外，精神病狀態也會影響青年人的社交及情緒表達能力，令青年人出現發展遲緩，削弱他們在教育、關係、健康、獨立及自我照顧方面的能力。

在「成年萌發期」出現精神障礙，會令青年人的發展轉差，例如未能完成高中、失業、參與犯罪活動、濫藥、意外懷孕等。[10,11] 在「成年萌發期」，有些青年會嘗試服用各種物質，物質使用的次數會大增。

精神健康的關聯性、影響結果與介入

發展階段出現的轉變,反映出個體在個人、社會及文化維度上出現了重大轉變,這些轉變會促成精神健康的改變,並引致精神病變。[10] 在青年群組中,大學生相較同齡同伴,會有較大機會出現心理問題,例如患上抑鬱症或焦慮症。[12] 此外,家庭功能的失衡,再加上受到邊緣群組的影響,令青年人容易從事犯罪活動,可能在社交、情緒及行為方面出現問題。研究發現,擁有健康家庭背景的青年人(23 歲或以下),他們出現社交、情緒及行為問題的機會會較低,或會較遲出現問題,他們亦會較有能力抗拒犯罪誘惑。[13] 類似的行為模式,亦呈現於其他精神障礙(例如抑鬱症、早發情緒障礙)。嚴重或重複出現的情緒障礙,大多數與家庭或生理風險有關。[14] 值得留意的是,如果精神障礙在人生晚期出現,則反映出個體的童年精神健康風險處於低水平。此外,18 歲或以下(無論男性或女性),如果曾出現抑鬱症的病徵,他們的生活滿足感都會較低。如果女性早年患上抑鬱症,她們的事業滿足感也會較低。[15]

有四分三的心理、情緒與失調個案,他們的發病年齡在 24 歲以下。[16] 當精神障礙在「成年萌發期」發生,早期發病與後期發病比較,前者的風險更高。[17] 因應大部分精神失調都是早年發病,我們須要對早期介入有基礎了解,對不同深淺程度的精神障礙,提出適切的臨床建議 [18],以確保青年人面對轉變時,可以獲得良好的基層照顧。[19]

讓我們從質性研究角度,了解面對精神障礙的青年人,他們如何看待這些轉變?患病後,他們如何與社區融合?[20] 他們的父母又會如何看待他們的疾病?[21] 作為臨床工作者,我們又可以為他們提供甚麼協助?現有針對精神障礙提供的服務(甚至精神

健康和社會服務模型），大多為滿足兒童及青年人口而設。換句話說，今天青年人接受的精神健康服務，其實是為 0 歲至 18 歲的兒童而設。其次，受精神困擾的青年人，最終會轉介至成人精神健康服務。但青年人的生理、行為、社會和文化模式，實在有別於兒童或成年人。此外，由兒童精神健康照護模型，直接過渡至成人精神健康照護模型，這種安排對青年患者並不恰當。上述服務模型並沒有全面回應青年個體的差異性，也沒有顧及「成年萌發期」的挑戰。在成人精神健康照護模型中，主要的服務對象是成人，成人是醫生的服務對象。這些對象擁有固定的生活模式和生活習慣。成年病人曾受過不同慢性疾病煎熬，他們今天的健康狀況，其實是早年累積的結果。但這種分析架構，對處於「成年萌發期」的青年並不恰當。當我們為青年提供精神健康服務，宜採用預防為本的範式。醫護人員宜熟習導致青年人出現精神問題的可能成因，並針對青年人的處境，提供精神健康照護及社會服務的建議。為青年人提供精神健康服務的基本原則，是盡量減低青年人的精神健康風險，並增強他們的優勢及社會資源，讓他們朝着整全精神健康的目標進發。總的來說，「成年萌發期」是一個契機，讓我們對現有服務作出革新，為青年人建立一個整全的介入模式。在青年人出現病態情況前，提供預防與介入。我們可以把服務聚焦於青年的「生命歷程健康發展」（LCHD）。本章所討論的知識和技巧，有助我們針對「青年萌發期」特徵，設計適切的服務和介入手法。

亮點

- 在「成年萌發期」，青年會經歷心理、個人及社會轉變。
- 這階段相關的風險因素，會嚴重影響青年人日後的發展軌跡。
- 服務提供者應聚焦於減低精神病的風險因素，並提供及早介入服務。

參考文獻

1. Hochberg ZE, Konner M. Emerging Adulthood, a Pre-adult Life-History Stage. Frontiers in endocrinology (Lausanne). 2019;10:918–918.

2. Žukauskienė R, Kaniušonytė G, Nelson LJ, Crocetti E, Malinauskienė O, Hihara S, et al. Objective and subjective markers of transition to adulthood in emerging adults: Their mediating role in explaining the link between parental trust and life satisfaction. Journal of social and personal relationships. 2020;37(12):3006–27.

3. Wood D, Crapnell T, Lau L, Bennett A, Lotstein D, Ferris M, Kuo A. Emerging Adulthood as a Critical Stage in the Life Course. In Halfon N, Forrest C, Lerner R, Faustman E, editors. Handbook of Life Course Health Development [Internet]. New York City: Springer, Cham; 2017. p. 123-143. Available from https://doi.org/10.1007/978-3-319-47143-3_7

4. Shek DT, Dou S, Cheng MN. Transition from adolescence to emerging adulthood. In Hupp S, Jewell J, editors. The Encyclopedia of Child and Adolescent Development [Internet]. New Jersey: Wiley; 2020. p. 1-10. Available from https://doi.org/10.1002/9781119171492.wecad325

5. Yang S, Ng PY, Chiu R, Li SS, Klassen RM, Su S. Criteria for adulthood, resilience, and self-esteem among emerging adults in Hong Kong: A path analysis approach. Children and youth services review. 2020;119:105607.

6. Hendricks DR, Wehman P. Transition From School to Adulthood for Youth With Autism Spectrum Disorders: Review and Recommendations. Focus on autism and other developmental disabilities. 2009;24(2):77–88.

7. Courtney ME. The Difficult Transition to Adulthood for Foster Youth in the US: Implications for the State as Corporate Parent and commentaries. Social policy report. 2009;23(1):1–20.

8. Osgood DW. On your own without a net the transition to adulthood for vulnerable populations. Chicago: University of Chicago Press; 2005.

9. Walker JS, Gowen L. Community-based Approaches for Supporting Positive Development in Youth and Young Adults with Serious Mental Health Conditions [Internet]. Portland: Portland State University; 2011. Available from https://pdxscholar.library.pdx.edu/cgi/viewcontent.cgi?article=1116&context=socwork_fac

10. Schulenberg JE, Sameroff AJ, Cicchetti D. The transition to adulthood as a critical juncture in the course of psychopathology and mental health. Development and psychopathology. 2004;16(4):799–806.

11. Schulenberg J, Maggs J. A developmental perspective on alcohol use and heavy drinking during adolescence and the transition to young adulthood. Journal of Studies on Alcohol, Supplement. 2002;(s14):54-70.

12. Dyrbye LN, Thomas MR, Shanafelt TD. Systematic review of depression, anxiety, and other indicators of psychological distress among U.S. and Canadian medical students. Academic medicine. 2006;81(4):354–73.

13. Roisman G, Masten A, Coatsworth J, Tellegen A. Salient and Emerging Developmental Tasks in the Transition to Adulthood. Child Development. 2004;75(1):123-133.

14. Fergusson D, Woodward L. Mental Health, Educational, and Social Role Outcomes of Adolescents With Depression. Archives of General Psychiatry. 2002;59(3):225.

15. Howard AL, Galambos NL, Krahn HJ. Paths to success in young adulthood from mental health and life transitions in emerging adulthood. International journal of behavioral development. 2010;34(6):538–46.

16. Kessler R, Berglund P, Demler O, Jin R, Merikangas K, Walters E. Lifetime Prevalence and Age-of-Onset Distributions of DSM-IV Disorders in the National Comorbidity Survey Replication. Archives of General Psychiatry. 2005;62(6):593.

17. Moffitt T, Caspi A. Childhood predictors differentiate life-course persistent and adolescence-limited antisocial pathways among males and females. Development and Psychopathology. 2001;13(2):355-375.

18. McGorry PD, Mei C. Early intervention in youth mental health: progress and future directions. Evidence-based mental health. 2018;21(4):182–4.

19. Toulany A, Stukel TA, Kurdyak P, Fu L, Guttmann A. Association of Primary Care Continuity With Outcomes Following Transition to Adult Care for Adolescents With Severe Mental Illness. JAMA Network Open. 2019; 2(8): e198415.

20. Jivanjee P, Kruzich J, Gordon LJ. Community Integration of Transition-

Age Individuals: Views of Young with Mental Health Disorders. The journal of behavioral health services & research. 2008;35(4):402–18.

21. Jivanjee P, Kruzich JM, Gordon LJ. The Age of Uncertainty: Parent Perspectives on the Transitions of Young People with Mental Health Difficulties to Adulthood. Journal of child and family studies. 2009;18(4):435–46.

4

文化角度

陳啓泰

摘要

我們可以從文化角度探討精神醫學，其中包括定義、理論與文化症候群。流行文化、次文化、反主流文化、網絡文化及數碼文化，都可以反映千禧世代青年的文化特色。在青年精神健康領域中，文化更與大腦、精神健康、精神障礙、風險和保護因素、調解與調和因素以及相關機制等息息相關。文化的重要性可說不言而喻。文化可以視為一種情景脈絡化的現象，對精神醫學的整合與診斷產生影響，更會對不同持份者的介入和治療方式發揮影響作用。

關鍵字：文化，精神醫學，青年精神健康，青年文化，千禧年，文化神經科學，介入

引言

文化中某些領域和現象，例如種族、族群、宗教、社會經濟背景等，基於相關的現象、媒介和介入，會有助我們了解青年

人的精神健康。青年精神健康是一種文化現象，青年人擁有不同
的身份、價值、態度及信念，文化可以幫助我們判別青年精神健
康的病徵。我們可以按照不同文化背景，對精神健康病徵進行情
景脈絡化。文化也可以作為一種媒介，引導我們採取適切的介入
模式。從事精神健康工作，我們須對文化因素保持一定的敏感
度。當我們與青年人建立關係，或為他們提供心理治療，我們亦
須考慮文化元素。

風險因素與保護因素

文化身份有助個體與群組建立連繫和歸屬感。文化身份亦
有助個體了解自身的歷史與文化，以及文化實踐。[1]有些社會與
文化因素，例如家庭背景、社交支援、就業，屬於精神障礙的風
險因素。至於與兒童及青年相關的社會文化風險因素則包括：不
穩定的照顧、家庭衝突、社區解體、歧視與邊緣化、暴露於暴力
中。保護因素則包括堅實的家庭、良好的依附關係、社區連繫、
充足的消閒機會及正面的文化經驗。[2]

青年人會否出現自殺傾向，往往涉及很多文化方面的因
素。Hjelmeland[3]曾羅列青年人自殺的一系列風險因素，其中包
括自我傷害、身體患病、抑鬱、缺乏社交網絡、家庭成員曾參與
自殺行為等。須注意的是，個體會否出現自殺傾向，有很多文化
因素，不可只憑性別、年齡及一般因素作出判別。[3]從文化的角
度，一些表面上屬於風險因素的東西，在另一些社區卻形成了保
護因素。例如在高收入家庭，婚姻往往是一個保護因素；但對一
個穆斯林女性來說，婚姻卻可能是一個風險因素。這種文化現象
在孟加拉及巴基斯坦進行的研究中尤為明顯。[3]

移民也可以是一個精神健康的風險因素；但對另一個個體來說，卻可以成為一個精神健康的保護因素，這往往取決於移民者的背景與移民的理由。因工作或教育原因移民到外國，可以視為一個保護因素，因為這會增加移民人士的工作和教育機會，可以提升他們的生活質素。但對另一些被迫融入陌生社區、面對種族歧視的少數族裔來說，移民卻成為了一個精神健康的風險因素。對難民或尋求庇護的人來說，移民更可能構成創傷經驗，有較大機會引發精神病。[4]

文化與大腦

文化神經科學（Cultural Neuroscience）是一門綜合科學，它處於科學譜系的另一端。文化神經科學糅合了文化心理學（Cultural Psychology）與神經科學的理論和研究方法。文化神經科學有助我們了解人與大腦的互動關係，並進一步了解不同的認知過程、文化相似及文化差異等議題。

文化神經科學涉及基礎層次的認知過程研究，其中包括知覺、注意力、算術及語言發展。近期的研究發現，知覺領域（例如客體運算、色彩分辨與味覺）存在文化差異。[5] 行為研究發現，針對視覺場境進行解碼，西方人與東南亞人存在文化差異。[5] 至於數字運算，不同文化背景的人，牽涉的神經程序也有明顯差異。此外，用於數學計算的大腦底層流程也存在文化差異，不同國家教授數學的方式會有所不同。[5] 不同文化的人，他們用於處理語言的神經區域大致相同，大多涉及額下迴（inferior frontal gyrus）及左顳葉顳上迴（left superior posterior temporal gyrus）；但閱讀中文文字或閱讀英文文字所啟動的大腦區域會有

所不同，原因可能是中文與英語的語義及拼寫方式不同[5]，閱讀英語與西方字母需要將視覺形式與聲音作出連繫，但閱讀象形文字語言（logographic languages），則需要將視覺形式與意義連繫。[5]

　　文化神經科學也會研究高層次的認知過程，其中包括情緒推斷、歸因、信念推斷、了解自我及社交互動等。高層次的認知過程也存在文化差異。[5]屬於同一文化圈的人，當他們彼此進行情緒辨認、情緒交流、溝通或表達時，表現會較好。從進化的角度來看，來自同一文化圈的成員，如果他們的情緒表達和情緒敏感度得到提升，亦會增加整個群族的生存機會。[5]東南亞國家的人比較看重處境因素，並會利用處境因素解釋人們行動背後的原因；但在美國，普及價值則主導着人們的思想，兩者會啟動不同的大腦區域。[5]此外，東南亞文化較看重別人的感受；但美國人較看重對信念的推斷，因此能夠與別人保持適當的認知距離。[5]至於如何看待自我，東方文化與西方文化也會有所不同，西方人視自我為獨立個體，所以可以與別人保持適當距離；但東方人則視自我為互相依賴的個體。由此可見，東方人與西方人的社交互動模式不盡相同。在基因差異上，東方人的血清素轉運體短等位基因（short allele of the serotonin transporter gene）出現的頻率會較為顯著。最後，東方文化較重視家庭團結及社交網絡，會較容易受壓力及創傷經驗的影響。[5]

　　文化因素與大腦因素的互動，形成了青年人獨特的文化體驗，並對青年人如何建構意義、建構表徵、孕育個人及集體身份產生影響。[6]文化也會對基因表達、身體及行為產生影響，並最終會在青年人的精神健康反映。文化過程、社會認知及社會連繫與基因及大腦的成熟過程息息相關。文化與大腦的互動，會對青

年人的心理韌性、精神障礙風險產生影響。[6] 由此可見，個體會否暴露於環境風險因素，會否培養出心理韌性，文化都扮演了重要的調和角色。

中介因素

青年大腦的成熟和成長，會受到環境與社會心理因素所影響。雖然性荷爾蒙對大腦發育的影響，仍有待更多研究資料確認；但現今的研究發現，一些病態行為存在性別差異。意外死亡、自殺、濫藥及暴力行為，在男性中較為突出和普遍。而情緒、焦慮及飲食障礙，則大多涉及女性。[7] 青春期、大腦結構及青年的抑鬱症狀，三者是有關聯的。在年輕女性中，腦下垂體（pituitary gland）體積的增大，腎上腺功能初現（adrenarche），與抑鬱症症狀有所關連，發揮居間角色，並引致其他問題的出現，例如內化症狀、抑鬱症與思覺失調等。[7]

運作機制

須留意的是，除了文化，某些大腦運作機制，即大腦的成熟過程，例如灰質流失與突觸修剪，也會導致精神障礙的出現。過快的大腦成熟過程，過大的灰質流失，與青年人出現思覺失調有關。[7] 青年人在精神分裂早發階段，會出現認知缺損，與上述過程息息相關。過度的突觸修剪，會影響青年人的思想及情緒，例如焦慮，並誘發各種精神障礙的出現，這解釋了精神障礙為何會在青年發育期容易出現。

文化作為青年精神健康現象

　　Dogra[8] 等人曾列出了一系列與青年精神健康相關的文化與社會因素，其中包括：社會經濟匱乏、曾遭受歧視、創傷、移民、被迫移民、戰爭、精神病經驗、家庭結構與照顧者的改變、性別期望、邊緣社群的身份感覺等。[8] 至於甚麼青年群組會容易出現精神障礙？年齡扮演了重要的角色，在較年長的青年群組中，出現情緒與濫藥的機會較高。[8] 不同性別群組會出現不同的精神障礙，年輕女性偏向內化問題，容易出現情緒與焦慮相關障礙。年輕男性則有較大機會出現行為與濫藥相關問題。宗教也會對青年人的精神健康產生影響，特別是當年輕人的宗教觀有別於家人的宗教觀。[8] 總體來說，提供青年友好的治療服務，並在機構與政策層面，鼓勵青年人多參與，會有助服務的改善。成為青年友好的機構，應是精神健康服務持續追求的目標。[9]

文化作為青年精神健康介入

　　文化活動，例如音樂與藝術，有助提升青年人的精神健康。音樂欣賞或參與音樂治療，會對青年人的身體與心理進程產生裨益。這些活動涉及大腦新皮質，並啟動與快感及社會連結有關的神經傳導物質，亦可減低壓力荷爾蒙。[10] 中國書法治療作為藝術治療的分支，是一種具成本效益、能產生放鬆、具穩定情緒作用的一種非藥物治療，中國書法治療涉及運動控制及視覺空間的圖像化，是一種結合文化、行為治療與康復治療的介入模式。[11] 針對中國書法治療的元分析發現，中國書法治療能明顯減低思覺失調及焦慮症狀，對青年患者效果更為明顯。除了發揮生理與心理的好處，中國書法治療可以減低精神健康的標籤化。中

國書法治療能回應青年人的創傷經驗,並發揮社區為本的精神健康服務精神。[11] 藝術與文化是呈現生命中具挑戰性議題的適切空間,可以轉移參加者的視線。

文化敏感對青年介入治療十分重要,為社會少數族裔提供介入服務,文化敏感顯得特別重要。一些跨文化因素會對介入治療構成障礙,其中包括不能接觸醫療設施、收入不平等、失業、缺乏教育、精神病與精神治療被標籤化等。[11] 針對兒童及青年精神障礙的介入模式,離不開藥物治療及各種心理治療,後者包括:家庭治療、依附為本治療、遊戲為本治療、認知行為治療、心理動力治療等。[12] 在提供介入治療的過程中,臨床工作者須對治療對象及家庭的文化背景有一定的敏感度,這樣才可以提供具文化敏感度的治療,多元文化治療(multicultural therapy)便是其中一個例子。[12]

此外,為青年人提供精神健康介入與治療,建立「青年友好文化」(youth-friendly culture)十分重要。「青年友好文化」有助鼓勵青年人參與服務,並從中獲得滿足。[13] 要讓精神健康服務變得「青年友好」,須在不同層面融入青年人的文化特色,包括組織層面、環境層面及服務提供者層面。[13] 科技平台是一個容易接觸青年人的平台。在空間設計上,可以把場地從「安全空間」變成「勇敢空間」。焦點可以放在由兒童階段至成年階段的「過渡時期」(transitional age)。服務和活動應多採用青年人的語言(例如用輔導員的稱謂),並且多聘用年輕職員。[13] 服務和活動要展現歡迎和接納的態度,呈現與年輕人溝通的誠意,並要定時向年輕人發放有用資訊。

青年精神健康文化的持份者

Minas[14] 曾倡議對精神健康文化作出改革,在議題設定、問題診斷、政策發展、政治決定、執行及評估上,應盡量邀請不同持份者的參與,其中包括決策者、提供本科生訓練及研究生訓練的精神健康臨床工作者、給予兒童支持的老師及家庭成員等。要做到文化革新,必須讓不同持份者參與在過程中。另一個精神健康文化改革的重要步驟,是改善使用者接觸服務的途徑,要做到少數族裔、非英語社群都容易獲得服務。[14]

亮點

- 文化處於我們的知覺及對壓力的反應之間,文化會影響我們如何經歷病徵及病徵的呈現,對精神健康服務的提供和使用習慣也會受到文化因素影響。
- 文化因素與發展中的大腦互動,令那些基因較脆弱的青年容易出現精神障礙。
- 規劃青年精神健康介入服務,或進行服務設計時,必須對小眾的次文化及邊緣文化具敏感度,這樣才可締造更佳的治療成效。

參考文獻

1. Westermeyer, J. Developmental Aspects of Cultural Psychiatry. In: Bhugra, D, Bhui, K. Textbook of Cultural Psychiatry. 2nd ed. Cambridge: University Press; 2018. p. 132-142.

2. Patel V, Flisher AJ, Hetrick S, McGorry P. Mental health of young people: a global public-health challenge. Lancet. 2007 Apr 14;369(9569):1302-1313. doi: 10.1016/S0140-6736(07)60368-7. PMID: 17434406.

3. Hjelmeland, H. Cultural Aspects of Suicide. In: Bhugra, D, Bhui, K. Textbook of Cultural Psychiatry. 2nd ed. Cambridge: University Press; 2018. p. 482-492.

4. Moussaoui, D. Globalization and Mental Health. In: Bhugra, D, Bhui, K. Textbook of Cultural Psychiatry. 2nd ed. Cambridge: University Press; 2018. p. 78-84.

5. Ames, D.L., Fiske, S.T. Cultural Neuroscience. Asian J Soc Psychol. 2010; 13(2): 72-82. doi: 10.1111/j.1467-839X.2010.01301.x

6. Mehta, U.M., Wood, S.J., Bella-Awusah, T., Konrad, K., Liu, C.H., Patton, G.C., Susser, E., Yang, L.H. Biological, Psychological, and Sociocultural Processes in Emerging Mental Disorders in Youth. In: Uhlhaas, P.J., Wood, S.J. Youth Mental Health: A Paradaigm for Prevention and Early Intervention. Cambridge: The MIT Press; 2020. 79-99.

7. Wood, S.J., Reniers, R.L.E.P., Diaz-Arteche, C., Pantelis, C. Adolescent brain development and implications for mental health. In: Yung, A.R, Cotter, J., McGorry, P.D. Youth Mental Health Approaches to Emerging Mental Ill-Health in Young People. London: Routledge; 2021. p. 13-31.

8. Dogra, N, Vostanis, P, Karnik, N. Child and Adolescent Psychiatric Disorders. In: Bhugra, D, Bhui, K. Textbook of Cultural Psychiatry. 2nd ed. Cambridge: University Press; 2018. p. 317-328.

9. Hawke, L.D., Mehra, K., Settipani, C., Relihan, J., Darnay, K., Chaim, G., Henderson, J. What makes mental health and substance use services youth friendly? A scoping review of literature. BMC Health Services Research. 2019; 19: 1-16. doi: 10.1186/s12913-019-4066-5.

10. Miranda, D. The role of music in adolescent development: much more than the same old song. International Journal of Adolescence and Youth. 2013; 18(1): 5-22. doi: 10.1080/02673843.2011.650182.

11. Chu, KY., Huand, CY., Ouyang, WC. Does Chinese calligraphy therapy reduce neuropsychiatric symptoms: a systematic review and meta-analysis. BMC Psychiatry. 2018; 18: 62. Doi: 10.1186/s12888-018-1611-4.

12. Malhi, GS, Byrow, Y. Affective disorders coloured by culture: why the pigment of depression is more than skin deep. In: Bhugra, D, Bhui, K. Textbook of Cultural Psychiatry. 2nd ed. Cambridge: University Press; 2018. p. 232-243.

13. Glover, A, Karnik, N, Dogra, N, Vostanis, P. Child Psychiatry across Cultures. In: Bhugra, D, Bhui, K. Textbook of Cultural Psychiatry. 2nd ed. Cambridge: University Press; 2018. p. 503-515.

14. Minas, H. Developing effective mental health services for multicultural societies. In: Bhugra, D, Bhui, K. Textbook of Cultural Psychiatry. 2nd ed. Cambridge: University Press; 2018. p. 417–431.

5

青年角度

王名彥　蘇芷尉

摘要

在二十一世紀，全球的年輕人面對的挑戰有增無減，有些挑戰更變得愈來愈複雜。就如前幾章談到，在青年階段，年輕人會出現神經生物、認知、身體及心理社會方面的改變。而我們身處的環境，更出現了前所未有的轉變，這是現代青年從未碰見過的，其中包括：抗爭與動亂、公共健康危機（例如新冠肺炎疫情）、經濟環境危機等。這些轉變，都在數碼科技高速增長下發生。這現象不是香港獨有，而是在世界每個角落發生。

進入二十一新世紀，給青年人的精神健康預防與治療，可說進步了不少；但青年人尋求協助的步伐，仍是差強人意。我們有需要為年輕人推出新穎的服務，這些服務必須具本土特色，才可以推動青年人尋求協助，把握治療的黃金機會，及早接受介入治療。服務的有效性和效率性固然重要，但能否吸引青年人接受這些服務，則更為重要。我們須明白青年人的需要和訴求，並且從青年人的角度設計服務，這是服務邁向成功的關鍵。在這一章，我們也會討論到青年精神健康的跨診斷模型，並闡釋早期介入、數碼醫療等議題。

關鍵字：青年精神障礙，延遲出現的成年萌發期，早期介入服務，尋求協助

引言

今天的青年人擁有健康的身體，但在精神健康領域上仍停留在脆弱的狀態，這引起不少社會人士的關注。在過去十年間，社會開始思考應否為青年人提供專門化的精神健康服務。正如前文提到，大多數精神障礙的發病期在 25 歲以前[1]，容讓青年人在青年階段出現精神健康問題，這對個人或社會都會構成深遠的影響，並付出沉重的代價。本地流行病學的數據顯示，青年人在所有群組中是較少尋求協助的一群（情況與世界其他地方相似）。[2] 2019 年發生的社會事件，2020 年爆發的新冠肺炎疫情，對青年人的精神健康的影響十分明顯（患上抑鬱症或創傷後壓力症候群的青年人的數字不斷增加）。[3,4] 如何鼓勵青年人積極尋求精神健康服務，成為了不容忽視的社會議題。

精神健康服務的空隙及未滿足的需要

毫無疑問，青年階段是一個非常脆弱的成長階段，青年人容易受到精神健康問題的影響。但本地的精神健康服務，仍未顧及這個特殊群組，只是聚焦於年幼的小童、成人或長者身上。硬性地將服務分割為 18 歲以下和 18 歲以上的服務。在服務設計上，也沒有顧及過渡的問題。在服務過渡時期，容易出現退出服務的情況；青年人會選擇中止治療，他們的精神健康狀況亦有可能轉差。

在香港，傳統醫管局的精神健康服務會分為兩個分支：（1）

兒童及青少年科，專門照顧由出生至 18 歲的個體；（2）普通成人精神科，服務對象是 18 至 65 歲的個體。現存的青年精神健康服務，出現了下列問題：第一，公共醫院精神科的輪候時間頗長，輪候時間介乎 1 至 98 週（按病人病情的急切性安排預約服務）[5]；第二，這些服務大多未能展現「青年友善」的特質，往往阻礙了青年人尋求協助的動機[6]；第三，服務十分分割，以 18 歲為服務界線，大大增加了青年人適應新服務的難度。本土進行的研究，也反映出服務過渡問題，往往令服務出現割裂現象。[7]

上述情況並不是香港獨有，其他高收入國家也存在同樣問題。當病人到了 16 至 18 歲，臨床工作者便須作出決定，是否讓青年人從「兒童及青少年精神健康服務」（CAMHS）轉介到「成人精神健康服務」（AMHS），這種安排確實引起不少問題。

針對服務過渡問題的本土研究很少[7]，海外的研究可以幫助我們進一步了解上述情況。這些研究發現，不少青年人及其家人都表示，他們受到服務過渡問題所困擾[8]；青年人的臨床需要，也未受到成人精神健康服務的適切回應。此外，不少青年人仍未準備好迎接服務轉變，會出現焦慮、恐懼與不安，服務持續性成疑。[9]也有一些青年人認為，精神健康服務的主事人對他們漠不關心。關於服務過渡出現的問題，其他研究也提出了不少精闢的論點[10-12]：第一，處於青年階段的青年，重視「自主」（autonomy），亦抗拒被標籤，因此渴望管理自己的問題，不假他人；第二，由於青年人對成人精神健康服務不了解，感覺不確定，於是抗拒接受服務；第三，青年人不想向臨床工作者重複述說自身經歷，特別是關於壓力和創傷經歷；第四，進入成人精神健康服務，等同於「病人身份」（illness identity）的轉變，這種轉變會帶來抗拒；第五，其他過渡問題，例如轉換居所、轉換生活

環境、患病等。

　　基於上述原因，青年人會拒絕接受精神健康服務。但一些研究也發現，有時問題可能出自「成人精神健康服務」的主事人身上。他們會拒接某些個案的轉介，例如神經發展障礙（neurodevelopmental disorders）個案；只是一些出現嚴重精神問題的個案，例如思覺失調，才較容易成功接納。[13] 這些出現輕微至中等程度病徵的個案，如未能成功轉介，會對他們的精神健康構成威脅，令精神健康轉差的風險增高。一個系統性回顧研究[14]反映，縱使能夠成功過渡，由「兒童及青少年精神健康服務」過渡到「成人精神健康服務」帶來的經濟負擔，也會對案主及家人的經濟狀況，構成重大壓力。

　　醫院管理局提供的精神健康服務中，思覺失調服務計劃（EASY）屬於先行者。思覺失調服務計劃成立於 2001 年，針對的是首發的精神病患者，為潛在患者提供早期介入服務。其後，思覺失調服務計劃的服務對象更從青年（15 至 25 歲）擴展至 64 歲的成年。服務年齡層的拓展，有助解決服務斷層。但思覺失調服務計劃只是針對思覺失調患者，其他精神障礙患者卻未能受惠。

　　除了公立醫院與私人服務，青年人亦可以透過下列兩項社區服務獲得精神健康服務，其中包括兒童及青少年服務中心（ICYSCs）及精神健康綜合社區中心（ICCMW）。精神健康綜合社區中心為 6 歲至 24 歲青年提供預防、發展、支援及治療服務。[15] 根據香港社會福利署的資料，精神健康綜合社區中心的服務範圍包括：治療小組、個案工作、個案管理及同儕支援服務，對象是那些 15 歲或以上、懷疑受精神問題困擾人士，及精神康復者。[15] 精神健康綜合社區中心在香港歷史悠久，每一個社區都

設有分區中心，讓大眾容易獲得相關服務。但青年人向這些跨部門設施尋求協助，仍屬少數。

不願尋求精神健康協助的理由

Busiol[16] 發現，香港學生寧願向自身的社交網絡尋求協助，也不願向「外來者」尋求幫助。Ahorsu 等人 [17] 的研究也支持 Busiol[16] 的論點，當青年人面對情緒困擾，一些因素會阻礙青年人尋求協助，其中包括：個人是否願意分享、對關係的信任度、問題的性質、對服務的假設是否認同。研究發現，當青年人向服務機構尋求協助時，他們會感到羞恥，並害怕向別人暴露自己的弱點，會感到不自在。此外，青年人也害怕失去面子，害怕被標籤；青年人會擔心自己的問題會對別人構成騷擾，青年人也會考慮到助人者是否可信。除了上述原因，青年人是否擁有精神健康素養，是否明白精神健康的重要性，亦會影響他們的求助動機。最後，青年人是否知道這些服務設施的位置，是否清楚服務範圍，也會影響他們的求助行為。[18]

個案研究

在以下部分，我們會利用兩個獨立個案，闡釋如何透過線上精神健康服務與青年人接觸。

個案 1：青年 X

青年 X 是一個 17 歲、外向的男性，自小在學校表現突出。香港中學文憑考試對很多學生來説，一向是主要壓力來源，但這卻是進入大學必經之路。X 和大多數高中生一樣，

正忙於預備香港中學文憑考試。由於 2020 年出現了新冠肺炎疫情，香港教育局宣佈所有面授課程都要暫停，改為在家透過視像上課。很多學生（包括 X）並不習慣這種彈性上課模式；不能與同學見面，人際連繫也變得十分薄弱。X 於是陷入了情緒低落中。兩個月後，X 的情緒狀況變得更加低落，他難以集中精神，對過往感興趣的事物（例如線上遊戲）失去興趣。X 感覺異常疲倦，也失去食慾，體重下降了 10 磅。X 的父母十分擔心 X 的情況，於是把他帶到醫管局的門診服務接受精神健康評估，最後被確診患上抑鬱症。精神科醫生指出，學習模式的改變和公開考試帶來的壓力，對 X 的精神健康構成影響；加上缺乏同儕的溝通和支持，加速了抑鬱症的病發。精神科醫生把 X 轉介至醫管局的心理服務組，接受心理支援服務。由寫轉介信，進行服務登記，到接受服務，輪候時間竟長達 12 個月。漫長的輪候時間只會令 X 的抑鬱問題轉差。由於 X 不抗拒接受心理支援服務，與父母商討後，決定接受私人執業的心理學家提供的服務。

個案 2：青年 Y

青年 Y 是一個 20 歲少女，在中環一間公司任職會計。2018 年，香港經歷了社會動盪，市民利用抗議方式向政府提出反對意見。在 Y 工作的地點，也發生了抗議活動。因此，Y 被迫留家工作，不能回到工作地點上班。自社會事件發生後，她經常出現閃回，腦海中浮現警察與示威者在中環發生衝突的畫面，這個畫面也會在她的夢中出現。自此以後，她不能踏足中環，一想到中環便感到害怕，身體也出現了一連串症狀，例如流汗、心悸、肌肉繃緊及頭痛。這些症狀持續

了半年之久；最後，她決定到公立醫院尋求精神科醫生的協助，並確診患上創傷後壓力症候群。針對她的情況，醫生提供了藥物治療及心理治療。Y 對親身到醫院接受精神科服務十分抗拒，她選擇了透過線上平台與心理學家會面，Y 認為這種精神健康服務模式較適合她。

青年精神健康服務設計案例

要讓學生認識精神健康的重要性，並鼓勵他們尋求協助，我們可以採用一些心理教育策略。透過小組活動，可以讓學生明白自己的精神健康需要，並鼓勵他們尋求協助。在設計介入計劃時，可以邀請同儕參與；合作模式有助推動青年人對精神健康服務保持開放和接納態度。Patalay 等人 [19] 的研究發現，在一個由大學生親自教導的精神健康計劃，70% 的大學生都表示樂在其中。線上平台也可以移除青年人尋求協助的障礙。Chan 及其團隊 [18] 也發現，20% 受訪者寧願在線上表達他們的困惱，也不願主動尋求協助。互聯網是接觸青年人的理想平台，透過線上關係，可以向面對危機的青年人伸出援手。此外，社交平台也是連繫隱蔽青年的有效渠道，香港大學精神醫學系推出的「迎風」，香港賽馬會慈善信託基金支持的「Open 噏」，都是從青年角度出發的成功精神健康服務模型。

亮點

- 有效的介入方式固然重要，但「青年友好」亦十分重要。
- 在檢討現有服務時，須從青年人角度，評估現有青年精神

健康服務的空隙；檢討過程中，青年人的參與亦十分重要。

• 須放下將服務分為 18 歲以上和 18 歲以下的服務觀念，這些服務界線只會阻礙服務過渡，妨礙服務的整合。

• 青年為本的推廣計劃，讓青年人分享尋求精神健康服務的正面經驗，這是推廣社區精神健康服務的有效方法。

參考文獻

1. Kessler R, Amminger G, Aguilar-Gaxiola S, Alonso J, Lee S, Ustun T. Age of onset of mental disorders: a review of recent literature. Current Opinion in Psychiatry. 2007;20(4):359-364.

2. Lam L, Wong C, Wang M, Chan W, Chen E, Ng R et al. Prevalence, psychosocial correlates and service utilisation of depressive and anxiety disorders in Hong Kong: the Hong Kong Mental Morbidity Survey (HKMMS). Social Psychiatry and Psychiatric Epidemiology. 2015;50(9):1379-1388.

3. Ni M, Yao X, Leung K, Yau C, Leung C, Lun P et al. Depression and post-traumatic stress during major social unrest in Hong Kong: a 10-year prospective cohort study. The Lancet. 2020;395(10220):273-284.

4. Wong SMY, Hui CLM, Wong CSM, Suen YN, Chan SKW, Lee EHM, Chang WC, & Chen EYH. Mental Health Risks after Repeated Exposure to Multiple Stressful Events during Ongoing Social Unrest and Pandemic in Hong Kong: The Role of Rumination: Risques pour la santé mentale après une exposition répétée à de multiples événements stressants d'agitation sociale durable et de pandémie à Hong Kong: le rôle de la rumination. Canadian Journal of Psychiatry. 2021;66(6), 577–585.

5. Hospital Authority. Waiting Time for New Case Booking at Psychiatry Specialist Out-patient Clinics [Internet]. Hong Kong: Hospital Authority; 2021 [cited 2022 Jan 31]. Available from: https://www.ha.org.hk/visitor/sopc_waiting_time.asp?id=7&lang=ENG

6. Food and Health Bureau. Mental Health Review Report [Internet]. Hong Kong: Food and Health Bureau, 2017 [cited 2022 Jan 30]. 243 p. Available from:https://www.fhb.gov.hk/download/press_and_publications/otherinfo/180500_mhr/e_mhr_full_report.pdf

7. Pin T, Chan L, Chan C, Fung H, Foo K, Li L et al. Clinical transition for adolescents with developmental disabilities in Hong Kong: A

pilot study. Hong Kong Physiotherapy Journal. 2015;33(2):97.

8. Appleton R, Connell C, Fairclough E, Tuomainen H, Singh S. Outcomes of young people who reach the transition boundary of child and adolescent mental health services: a systematic review. European Child & Adolescent Psychiatry. 2019;28(11):1431-1446.

9. Dunn V. Young people, mental health practitioners and researchers co-produce a Transition Preparation Programme to improve outcomes and experience for young people leaving Child and Adolescent Mental Health Services (CAMHS). BMC Health Services Research. 2017;17(1).

10. Hendrickx G, De Roeck V, Maras A, Dieleman G, Gerritsen S, Purper-Ouakil D et al. Challenges during the transition from child and adolescent mental health services to adult mental health services. BJPsych Bulletin. 2020;44(4):163-168.

11. Hovish K, Weaver T, Islam Z, Paul M, Singh S. Transition experiences of mental health service users, parents, and professionals in the United Kingdom: A qualitative study. Psychiatric Rehabilitation Journal. 2012;35(3):251-257.

12. McNamara N, Coyne I, Ford T, Paul M, Singh S, McNicholas F. Exploring social identity change during mental healthcare transition. European Journal of Social Psychology. 2017;47(7):889-903.

13. McNicholas F, Adamson M, McNamara N, Gavin B, Paul M, Ford T et al. Who is in the transition gap? Transition from CAMHS to AMHS in the Republic of Ireland. Irish Journal of Psychological Medicine. 2015;32(1):61-69.

14. Barr N, Longo C, Embrett M, Mulvale G, Nguyen T, Randall G. The transition from youth to adult mental health services and the economic impact on youth and their families. Healthcare Management Forum. 2017;30(6):283-288.

15. Social Welfare Department. Integrated Children and Youth Services Centres (ICYSCs) [Internet]. Hong Kong: Social Welfare Department; 2021 [cited 2022 Jan 30]. Available from: https://www.swd.gov.hk/en/index/site_pubsvc/page_young/sub_centreserv/id_integrated4/

16. Busiol D. Help-seeking behaviour and attitudes towards counselling: a qualitative study among Hong Kong Chinese university students. British Journal of Guidance & Counselling. 2015;44(4):382-401.

17. Ahorsu DK, Sánchez Vidaña DI, Lipardo D, Shah PB, Cruz González P, Shende S, et al. Effect of a peer-led intervention combining mental health promotion with coping-strategy-based workshops on Mental Health Awareness, help-seeking behavior, and wellbeing among

university students in Hong Kong. International Journal of Mental Health Systems. 2021;15(1).

18. Chan M, Li TM, Law YW, Wong PW, Chau M, Cheng C, et al. Engagement of vulnerable youths using internet platforms. PLOS ONE. 2017;12(12).

19. Patalay P, Gondek D, Moltrecht B, Giese L, Curtin C, Stanković M, et al. Mental health provision in schools: Approaches and interventions in 10 European countries. Global Mental Health. 2017;4.

II

障礙出現與個案研究

編者話

在這一部分，我們會介紹青年階段常見的精神障礙，並提供綜觀概覽。每一章會介紹一種精神障礙，並扼要地陳述相關的流行病學資料及臨床事實。我們會討論到的精神障礙包括：神經發展障礙（第六章）、情緒障礙（第七章）、焦慮症（第八章）、思覺失調（第九章）、強迫症（第十章）、創傷後壓力症候群（第十一章）、人格障礙（第十二章）、失眠與其他睡眠問題（第十三章）、飲食障礙（第十四章）、藥物與酒精使用（第十五章）、自殺與自殘（第十六章）及網絡遊戲障礙（第十七章）。我們會解釋這些障礙為何會在青年階段出現，並檢視一些治療這些障礙的最新方法。每一章會附上個案研究，讓讀者了解如何在真實的臨床環境、實踐實證為本的青年精神健康服務。

6

神經發展障礙

黃秀雯

摘要

神經發展障礙（NDDs）是一種神經障礙，這種障礙會對患者的情感、運動、社交及語言功能產生影響。近年神經發展障礙的發病率不斷持續上升，並與其他精神障礙產生共病性。神經發展障礙擁有很高的遺傳性，基因對神經發展障礙扮演了重要的影響角色。孕前、產前及產後的健康問題，都是神經發展障礙的風險因素。神經發展障礙的治療通常會按照病人處於不同發展階段度身訂造；如果能夠針對神經發展障礙的一些特定病徵提供治療，成效會更顯著。新冠肺炎疫情對神經發展障礙也會產生影響，我們在文章下半部深入討論；我們也會述及如何透過科技作為介入模式，治療神經發展障礙。

關鍵字：神經發展障礙，專注力不足 / 過度活躍症，自閉症譜系障礙

引言

神經發展障礙（NDDs）是一種異質性情況，在不同發展領域出現延遲或干擾現象，其中包括運動、社交、語言及認知領域。根據精神疾病診斷與統計手冊第五版（DSM-5）的資料，神經發展障礙包括智力障礙、溝通障礙、自閉症譜系障礙（ASD）、專注力不足 / 過度活躍症（ADHD）、特定學習障礙及運動障礙。[1] 神經發展障礙在兒童及青年群組中十分普遍，神經發展障礙在全球的殘障人口中佔很大份額。[2] 與神經發展障礙相關的臨床病徵及失能現象，在生命早期已經浮現，且對兒童的日常功能產生影響，長遠來說更會影響成年期的生活質素。[3]

神經發展障礙在精神疾病診斷與統計手冊第三版（DSM-3）中，屬於發展障礙的部分。到了精神疾病診斷與統計手冊第四版（DSM-4），則被列入廣泛性發展障礙中，其中包括自閉症、亞斯伯格症候群及自閉相關障礙。時至今日，神經發展障礙被視為不正常的腦部發展、智力障礙、學習及溝通障礙、專注力不足 / 過度活躍症及妥瑞症組成的多方發展障礙。在精神疾病診斷與統計手冊第五版（DSM-5）及國際疾病分類第十一版（ICD-11）中[5]，上述發展障礙都歸入神經發展障礙這個類別，表 1 列出不同神經發展障礙的診斷特徵。

針對神經發展障礙的流行病學研究發現，神經發展障礙在世界各地並不罕見。在美國，3 至 17 歲人口中，便有 17% 患有神經發展障礙，即 6 個小孩便有 1 個患有此病。[6] 不同種類的神經發展障礙有不同的發病率，自閉症譜系障礙的比率較低，智力障礙、學習障礙與專注力不足 / 過度活躍症的比率則較多。根據全球的統計數字，自閉症譜系障礙估計介乎人口的 0.08%（95%CI: 0.0-1.5%） 至 9.3%（95%CI: 7.2-11.8%）[7]；智力障礙估

	智力障礙	溝通障礙	自閉症譜系障礙	專注力不足 / 過度活躍症	特殊學習障礙	運動障礙
發病率（%）	1%	5–10%	0.08–9.3%	3.4%	5–10%	不適用
可能風險因素	年齡相關的風險（懷孕期、產前、產後因素）終身風險（基因、暴露於有毒物質）					
病徵	在概念、社交及實際領域，出現智能與適應上的功能缺損	出現語言、說話或溝通上的缺損	• 在相互社交溝通上呈現持續缺損 • 出現限制性、重複性的行為、興趣或活動	• 不能專心 • 衝動 • 過動	在閱讀、書寫或數學領域出現困難	不正常或不由自主的身體動作
治療	行為管理	言語治療、認知行為治療	應用行為分析	心理教育、行為治療、藥物治療	特殊學習需要訓練	心理教育、習慣反向訓練、藥物治療

表 1 神經發展障礙的主要診斷特徵

計達 3.2%（95%CI: 2.5-3.9%）[8,9]；專注力不足 / 過度活躍症則達 3.4%（95%CI: 2.6-4.5%）。[8,9] 與其他精神障礙類似，神經發展障礙在球的發病率正不斷升高，可能原因包括：診繼定義與研究方法的改變、地域或生態位置的差異。但無論如何，不同的研究都反映，神經發展障礙在不同時間的發病率都有所增長。[10-12]

神經發展障礙與其他身體或精神障礙的共病性可說十分明顯 [13,14]，一半患有自閉症譜系障礙的兒童，在某程度上也出現了專注力不足 / 過度活躍症的病徵。[15] 在專注力不足 / 過度活躍症及自閉症譜系障礙的群組中，也出現了高水平的運動障礙。[16] 我們實在需要對些神經發展障礙患者多給關注，並為他們提供適切的照護。[17]

為何神經發展障礙會在青年階段出現

雖然不同的神經發展障礙會呈現不同的症狀，但所有神經發展障礙有一個共通的地方，就是會對神經發展過程造成干擾。神經發展障礙的共同危機因素可以分為兩大類：分別是與年齡相關的風險因素（孕前、產前及產後因素）及與整個生命相關的風險因素（基因、暴露於有毒物質等）。[18] 影響孕前的神經發展因素包括：父母年齡、血親的精神健康狀況等；至於產前與產後的干擾因素，則可以分為內在因素與外在因素。前者包括產前照顧不足、高風險懷孕；後者則包括感染、暴露於有毒物質、創傷及不適應新生兒的誕生。[18] 這等因素中，基因扮演了重要的角色。神經發展障礙有很高的遺傳性 [19]，過去的研究發現，多種神經發展障礙都與相同的基因及分子有關；不同的神經發展障礙，可以在同一個兒童或青年身上出現。[20] 由於牽涉共同基因，不同神經

發展障礙與其他神經發展產生的影響，會存在共變（covariation）風險。Taylor 等人 [21] 發現，自閉症譜系障礙的基因風險，與語言障礙及溝通障礙有關。另一個在瑞典進行的研究，檢視了 16,858 個雙胞胎，發現單合子雙胞胎及二合子雙胞胎，在罹患自閉症譜系障礙、專注力不足／過度活躍症、發展協調及運動障礙上，存在十分高的一致性比率，反映出神經發展障礙存在很高基因風險。[22]

當今治療神經發展障礙的方法

我們可以按照神經發展障礙的不同發展階段，為患者提供不同的治療介入方法。在發病的早期階段，基因介入是最有效的治療模式，而且愈早介入效果愈好；可以透過控制基因展現的時間窗口，發揮治療效果。[23] 在病情的後期階段，可以利用跨專業的介入模式，針對神經發展障礙的行為病徵進行介入，這些行為病徵通常令家人或照顧者感到難以適應。要處理病人的嚴重病徵，則要考慮採用藥物治療，例如情緒穩定劑、鎮靜及安眠類藥物及抗精神病藥等。隨機對照研究顯示，情緒穩定劑、鎮靜及安眠類藥物、抗精神病藥及第二代抗精神病藥（例如阿立哌唑（aripiprazole）及利培酮（risperidone））對神經發展障礙能產生明顯效用，可抗衡神經發展障礙的病徵（例如攻擊性、破壞行為及自閉症譜系障礙患者的麻木無情、智力障礙等特質）。[24] 雖然抗精神病藥物可以發揮一定效能，但藥物的副作用和長遠影響仍備受關注。一些非藥物的介入治療，亦可以用於治療神經發展障礙，其中包括針對患者行為問題的介入手法，例如行為分析（APA）、認知訓練、自信培育及支持計劃、環境改造、社交技

巧訓練、溝通為本介入、腦神經反饋、靜觀及運動介入等。[25,26]
由於神經發展障礙具一定複雜性，何種介入方法最為有效，至今
仍未有定論。但針對神經發展障礙特定病徵的介入模式，例如透
過運動練習減低專注力不足／過度活躍症的認知病徵[27]，透過行
為介入改善自閉症兒童的睡眠習慣，卻有一定研究支持。[28]

　　由於新冠肺炎疫情，傳統的面對面照護服務須大幅縮減，
因此未能滿足神經發展障礙兒童、青年及家人的服務需要。[29]採
用遠程醫療（telehealth），可以讓患者與家人持續獲得服務，並
填補疫情期間的服務空隙。遠程醫療科技有助強化醫護人員與患
者的溝通，並回應患者的教育與職業需要。[30]一個系統性研究檢
視了 42 個過去所做研究，證實遠程醫療對診斷和評估神經發展
障礙具一定效能，並符合成本效益；特別是當社會處於危機，為
患者提供遙距服務會十分合適。[31]另一組研究則集中於科技為本
的介入模式，例如流動電話應用程式、平板電腦、網上遊戲、視
像、機械人和虛擬實境等，利用電腦化測試，為多種神經發展障
礙提供評估與治療。超過一半有關成效的研究反映，這些科技為
本的介入模式具正面的臨床效能。[32]此外，不少研究發現，透過
虛擬實境和穿戴科技，為神經發展障礙患者提供治療，不但有助
提升患者在社交和認知上的適應能力，更可以調節患者的情緒，
虛擬實境和穿戴科技可能是未來治療神經發展障礙的新方向。[33]
這些新科技產生的成效，確實令人感到鼓舞。但須注意的是，上
述研究項目的數目仍十分少，樣本不多；在作出成效推論時，仍
須謹慎小心。

個案研究

John 今年 9 歲，與父母同住，他自幼便行為活躍，經常在家中到處奔跑，停不下來。每次母親帶他參加興趣班，或到餐廳喝茶，他都不能安坐超過 5 分鐘。John 有空餘時間時，會與朋友為伴，並熱衷參加跑步、羽毛球及單車等課外活動。

John 衝動，不容易控制自己。衝動時，他會不停說話，不停奔跑，並且不理結果從事冒險行為，例如在街上橫衝直撞，不怕車輛碰撞。John 試過多次出現情緒失控，不停嚎哭，不停打自己，旁人不能令他冷靜下來，這讓 John 的母親疲於奔命。

John 的母親於是記起，John 在 3 至 4 歲時，已經充滿能量，不時攀爬，不時東奔西跑；情緒亦容易大起大落，愛哭也愛笑，並容易感到興奮。John 的母親最初以為兒子只是頑皮，但逐漸發現 John 的行為表現有別於其他孩子。John 可以整夜不睡卻毫無倦意，半夜醒來便難以再進夢鄉。

John 近來的情況令母親頗為擔心。John 不能專心上課，不能在限期前完成功課。縱使母親利誘或施以懲罰，John 仍然無動於衷，而且情況出現惡化。他不能跟隨日程行事，亦常常忘記守則。母親最終帶他往見臨床心理學家，經過評估，確認 John 患上專注力不足／過度活躍症，症狀包括：難以專注、衝動、容易分心及多動。在香港，超過 40,000 名兒童及青年患有專注力不足／過度活躍症，發病率約為 3% 至 7%。當母親明白專注力不足／過度活躍症如何對兒子產生影響，她便嘗試改變與兒子的相處模式。John 也被轉介往見青年神經精神科醫生，評估是否需要服用興奮劑。

亮點

- 神經發展障礙在兒童及青年群組十分普遍。

- 神經發展障礙與終身殘障有關，會給家庭及社會帶來沉重
  負擔。

- 不同的介入策略，例如利用最新的先進技術，可以提升對
  神經發展障礙的評估及治療，對患者提供有效幫助。

參考文獻

1. Thapar A, Cooper M, Rutter M. Neurodevelopmental disorders. The Lancet Psychiatry. Elsevier BV; 2017 Apr;4(4):339–46.

2. Global, regional, and national incidence, prevalence, and years lived with disability for 354 diseases and injuries for 195 countries and territories, 1990–2017: a systematic analysis for the Global Burden of Disease Study 2017. The Lancet 2018 Nov 10;392(10159):1789-1858.

3. Thapar A, Rutter M. Neurodevelopmental disorders. Rutter's Child and Adolescent Psychiatry. John Wiley & Sons, Ltd; 2015 Jul 14;31–40.

4. Neurodevelopmental disorders—the history and future of a diagnostic concept. Classification of Mental Disorders. Informa UK Limited; 2020 Mar;22(1):65–72.

5. Mullin AP, Gokhale A, Moreno-De-Luca A, Sanyal S, Waddington JL, Faundez V. Neurodevelopmental disorders: mechanisms and boundary definitions from genomes, interactomes and proteomes. Translational Psychiatry. Springer Science and Business Media LLC; 2013 Dec;3(12):e329–e329.

6. Boyle CA, Boulet S, Schieve LA, Cohen RA, Blumberg SJ, Yeargin-Allsopp M, et al. Trends in the Prevalence of Developmental Disabilities in US Children, 1997-2008. PEDIATRICS. American Academy of Pediatrics (AAP); 2011 May 23;127(6):1034–42.

7. Chiarotti F, Venerosi A. Epidemiology of Autism Spectrum Disorders: A Review of Worldwide Prevalence Estimates Since 2014. Brain Sciences. MDPI AG; 2020 May 1;10(5):274.

8. Olusanya BO, Wright SM, Nair MKC, Boo N-Y, Halpern R, Kuper H, et al. Global Burden of Childhood Epilepsy, Intellectual Disability, and Sensory Impairments. Pediatrics. American Academy of Pediatrics (AAP); 2020 Jun 17;146(1):e20192623.

9. Polanczyk GV, Salum GA, Sugaya LS, Caye A, Rohde LA. Annual Research Review: A meta-analysis of the worldwide prevalence of mental disorders in children and adolescents. Journal of Child Psychology and Psychiatry. Wiley; 2015 Feb 3;56(3):345–65.

10. Lyall K, Croen L, Daniels J, Fallin MD, Ladd-Acosta C, Lee BK, et al. The Changing Epidemiology of Autism Spectrum Disorders. Annual Review of Public Health. Annual Reviews; 2017 Mar 20;38(1):81–102.

11. Polanczyk GV, Willcutt EG, Salum GA, Kieling C, Rohde LA. ADHD prevalence estimates across three decades: an updated systematic review and meta-regression analysis. International Journal of Epidemiology. Oxford University Press (OUP); 2014 Jan 24;43(2):434–42.

12. Gyllenberg D, Marttila M, Sund R, Jokiranta-Olkoniemi E, Sourander A, Gissler M, et al. Temporal changes in the incidence of treated psychiatric and neurodevelopmental disorders during adolescence: an analysis of two national Finnish birth cohorts. The Lancet Psychiatry. Elsevier BV; 2018 Mar;5(3):227–36.

13. Dewey D. What Is Comorbidity and Why Does It Matter in Neurodevelopmental Disorders? Current Developmental Disorders Reports. Springer Science and Business Media LLC; 2018 Sep 22;5(4):235–42.

14. al. Comorbidity of Physical and Mental Disorders in the Neurodevelopmental Genomics Cohort Study. Pediatrics. American Academy of Pediatrics (AAP); 2015 Mar 9;135(4):e927–e938.

15. Davis NO, Kollins SH. Treatment for Co-Occurring Attention Deficit/Hyperactivity Disorder and Autism Spectrum Disorder. Neurotherapeutics. Springer Science and Business Media LLC; 2012 Jun 8;9(3):518–30.

16. Reiersen AM, Constantino JN, Todd RD. Co-occurrence of Motor Problems and Autistic Symptoms in Attention-Deficit/Hyperactivity Disorder. Journal of the American Academy of Child & Adolescent Psychiatry. Elsevier BV; 2008 Jun;47(6):662–72.

17. Gallagher A, Bulteau C, Cohen D, Michaud JL. Neurocognitive Development: Disorders and Disabilities. Handbook of Clinical Neurology. Elsevier; 2020.

18. Kieling C, Baker-Henningham H, Belfer M, Conti G, Ertem I, Omigbodun O, et al. Child and adolescent mental health worldwide: evidence for action. The Lancet. Elsevier BV; 2011 Oct;378(9801):1515–25.

19. Willcutt EG, Pennington BF, Duncan L, Smith SD, Keenan JM, Wadsworth S, et al. Understanding the Complex Etiologies of Developmental Disorders: Behavioral and Molecular Genetic

Approaches. Journal of Developmental & Behavioral Pediatrics. Ovid Technologies (Wolters Kluwer Health); 2010 Sep;31(7):533–44.

20. Cristino AS, Williams SM, Hawi Z, An J-Y, Bellgrove MA, Schwartz CE, et al. Neurodevelopmental and neuropsychiatric disorders represent an interconnected molecular system. Molecular Psychiatry. Springer Science and Business Media LLC; 2013 Feb 26;19(3):294–301.

21. Taylor LJ, Maybery MT, Wray J, Ravine D, Hunt A, Whitehouse AJO. Brief Report: Do the Nature of Communication Impairments in Autism Spectrum Disorders Relate to the Broader Autism Phenotype in Parents? Journal of Autism and Developmental Disorders. Springer Science and Business Media LLC; 2013 Apr 26;43(12):2984–9.

22. Lichtenstein P, Carlström E, Råstam M, Gillberg C, Anckarsäter H. The Genetics of Autism Spectrum Disorders and Related Neuropsychiatric Disorders in Childhood. American Journal of Psychiatry. American Psychiatric Association Publishing; 2010 Nov;167(11):1357–63.

23. Krol A, Feng G. Windows of opportunity: timing in neurodevelopmental disorders. Current Opinion in Neurobiology. Elsevier BV; 2018 Feb;48:59–63.

24. Guinchat V, Cravero C, Lefèvre-Utile J, Cohen D. Multidisciplinary treatment plan for challenging behaviors in neurodevelopmental disorders. Handbook of Clinical Neurology. Elsevier; 2020;301–21.

25. Ospina MB, Krebs Seida J, Clark B, Karkhaneh M, Hartling L, Tjosvold L, et al. Behavioural and Developmental Interventions for Autism Spectrum Disorder: A Clinical Systematic Review. Sampson M, editor. PLoS ONE. Public Library of Science (PLoS); 2008 Nov 18;3(11):e3755.

26. Sonuga-Barke EJS, Brandeis D, Cortese S, Daley D, Ferrin M, Holtmann M, et al. Nonpharmacological Interventions for ADHD: Systematic Review and Meta-Analyses of Randomized Controlled Trials of Dietary and Psychological Treatments. American Journal of Psychiatry. American Psychiatric Association Publishing; 2013 Mar;170(3):275–89.

27. Lambez B, Harwood-Gross A, Golumbic EZ, Rassovsky Y. Non-pharmacological interventions for cognitive difficulties in ADHD: A systematic review and meta-analysis. Journal of Psychiatric Research. Elsevier BV; 2020 Jan;120:40–55.

28. Keogh S, Bridle C, Siriwardena NA, Nadkarni A, Laparidou D, Durrant SJ, et al. Effectiveness of non-pharmacological interventions for insomnia in children with Autism Spectrum Disorder: A systematic review and meta-analysis. van Wouwe JP, editor. PLOS ONE. Public Library of Science (PLoS); 2019 Aug 22;14(8):e0221428.

29. Toseeb U, Asbury K, Code A, Fox L, Deniz E. Supporting Families with Children with Special Educational Needs and Disabilities During

COVID-19. Center for Open Science; 2020 Apr 21.

30. Garfin DR. Technology as a coping tool during the coronavirus disease 2019 (COVID-19) pandemic: Implications and recommendations. Stress and Health. Wiley; 2020 Aug 13;36(4):555–9.

31. Valentine AZ, Hall SS, Young E, Brown BJ, Groom MJ, Hollis C, et al. Implementation of Telehealth Services to Assess, Monitor, and Treat Neurodevelopmental Disorders: Systematic Review. Journal of Medical Internet Research. JMIR Publications Inc.; 2021 Jan 20;23(1):e22619.

32. Valentine AZ, Brown BJ, Groom MJ, Young E, Hollis C, Hall CL. A systematic review evaluating the implementation of technologies to assess, monitor and treat neurodevelopmental disorders: A map of the current evidence. Clinical Psychology Review. Elsevier BV; 2020 Aug;80:101870.

33. Stasolla F. Virtual Reality and Wearable Technologies to Support Adaptive Responding of Children and Adolescents With Neurodevelopmental Disorders: A Critical Comment and New Perspectives. Frontiers in Psychology. Frontiers Media SA; 2021 Jul 12;12.

7

情緒障礙

彭詩穎　　陳喆燁

摘要

　　在青年群組中，最常見的情緒障礙是抑鬱症。在這一章，我們會深入認識這一種精神障礙及預防方法。抑鬱症帶來的殘障率及對社會負擔有目共睹，影響全球不少青年人。在青年階段出現抑鬱症症狀，會對青年人的未來發展產生負面影響，人際關係與社會經濟地位也會受到威脅。青年階段出現的焦慮症與抑鬱症，有很強的共病性，所以並不容易清楚辨別青年階段的抑鬱症。抑鬱症的成因很多，研究結果反映出，與抑鬱症相關的因素包括：基因、童年創傷、數碼化等。因為抗抑鬱藥物有一定的副作用，針對兒童及青年情緒障礙抑鬱症患者，一般只會採用認知行為治療或靜觀為本的治療方法，較少採用藥物治療。治療抑鬱時，採用跨專業策略十分重要；精神健康機構要與政府攜手合作，才能有效預防青年階段出現的抑鬱。

關鍵字：情緒障礙，抑鬱症，青年，預防，治療

引言

　　情緒障礙是一個籠統名稱，它涵蓋不同情況的情緒困擾，最常見的情緒障礙是重型抑鬱症（major depressive disorder）、一型躁鬱症（bipolar I disorder）、二型躁鬱症（bipolar II disorder）、輕鬱症（dysthimia）及循環性情感障礙（cyclothymic disorder），表 1 列出它們的主要診斷特徵。

　　由於成人與青年抑鬱症患者出現的症狀不一樣，要辨別青年是否患上情緒障礙，於是顯得特別困難。青年抑鬱症患者相較成年患者，會呈現更多植物性症狀（vegetative symptoms），例如胃口改變與體重改變；而成年患者則更多呈現傷感、退縮、對事物失去興趣。[1] 因此，了解青年情緒障礙的症狀十分重要。

　　青年階段是一個關鍵的發展階段，個體會建立生活及職場技巧，發展興趣及建立人際網絡，這一切最終會過渡到成年階段。多個元分析研究顯示，青年階段曾經歷抑鬱症的青年人，他們出現生活不如意的機會會較高，例如不能完成中學 [2,3]、減低升上大專的機會等。[4] 長遠來說，情緒障礙會影響個體的就業機會，社會經濟地位也會受到影響。來自低收人或中等收人的青年人，情緒障礙對他們的破壞更為明顯，除了影響他們的就業機會，更會成為他們與人建立和維持關係的阻礙。[5] 患上抑鬱症的青年，會花較少時間與同儕共處，因此較難與人建立穩定的關係，亦影響他們未來的社交網絡。進入成年階段之後，這類青年人在職場上也可能處於弱勢，難以晉升。[6]

　　由此可見，如果青年階段患上情緒障礙，個人發展便會受到阻礙，特別是社會經濟地位及人際關係的確立，這些影響更會蔓延最至成人階段。因此，及早辨識顯得十分重要，如能有效預防情緒障礙，可以改善個體的長遠發展，對於成人階段出現的情

	重型抑鬱障礙	一型躁鬱症	二型躁鬱症	輕鬱症	循環性情感障礙
發病率（%）	6%	0.6%	0.3%	0.5%	0.4-1%
可能風險因素	• 遺傳　• 環境（例如：童年創傷、數碼化）				
病徵	對正常活動失去興趣、感覺悲傷或絕望，或其他病徵，並持續最少兩星期	有時抑鬱、有時狂躁，兩者交替出現	有時抑鬱、間歇出現輕躁，但沒有狂躁病發歷史	持續出現低度及慢性抑鬱，或情緒過敏，持續最少兩年	多次病發，不大像躁鬱狂躁，也不像重型抑鬱症，持續最少兩年
治療	藥物治療、認知行為治療、心智為本治療				

表 1　各種情緒障礙的主要特徵

緒障礙，也會帶來控制和改善。

為何情緒障礙在青年階段出現

要了解青年人的情緒障礙問題，必須辦別各種導致情緒障礙的因素。第二章談到，與重型抑鬱症及躁鬱症相關的成因包括基因、童年創傷及數碼化。近年針對情緒障礙的研究都集中於上述因素，希望找出青年人患上情緒障礙的原因。

兒童創傷是一個複雜的現象，它包括性、身體及情緒方面的創傷 (例如虐待、忽視、疏忽及剝削等)[7]，創傷可以對兒童造成潛在或真實的傷害。

另一個環境因素是社交媒體的出現，第二十四章會再詳細探討數碼化如何影響青年人的精神健康，與情緒障礙的關係。一個在英國進行的研究[11]發現，受訪者中使用超過 4 至 5 個社交媒體的青年人，表示出現了抑鬱症狀，並呈現上升趨勢。他們使用的社交媒體包括 Instagram、Snapchat、Facebook、Twitter 及 YouTube。受訪者表示，Snapchat 和 Instagram 最影響他們的身心靈，令精神健康下降。其他研究也發現，青年人使用社交媒體後，患上抑鬱症的比率會上升。[12]對躁鬱症患者來說，科技可被視為一把兩刃劍，它會引發病徵的出現，但也是促進康復的工具。[13]

當今治療情緒障礙的方法

按英國國家健康與臨床卓越機構 (NICE) 提供的指引，他們不建議 8 至 15 歲、出現輕微抑鬱症狀的青年人接受藥物治療；藥物治療只適合出現中等至嚴重抑鬱症狀的成年個體，建議為

這群組進行 2 至 3 個月的藥物治療。英國國家健康與臨床卓越機構認為，糅合藥物與心理治療的介入模式，對出現中等至嚴重抑鬱症症狀的個體更為可取。如果個體接受 4 至 6 次治療後仍沒有出現正面反應，機構建議須進行跨專業檢討，對共病情況再進行評估，看看有沒有其他持續出現的風險因素，例如家庭不和等。

　　第二十一章提供了針對情緒障礙的藥物治療的全面介紹，包括抗抑鬱藥、情緒穩定劑及抗精神病藥等。療效在成人身上十分顯著；但使用在兒童及青年身上，效果則適得其反，兒科醫生認為須對這情況特別關注。例如抗抑鬱藥的不良反應，會對個體服藥的依從性產生影響，增加個體擅自斷藥 [14] 或擅自減藥 [15] 的風險。藥物帶來的負面影響也包括過度興奮、躁動不安、衝動、去抑制、失眠及易怒。這些症狀往往令臨床工作者及兒科醫生對在處方抗抑鬱藥時卻步。必須指出的是，抗抑鬱藥啟動的症狀，大多與斷藥有關，嚴重者可引致患者嘗試自殺，增加服藥者自殺的風險。[16] 因此，美國食品藥物管理局在抗抑鬱藥的包裝盒貼上黑色標籤，向服藥者提出警示，藥物有可能增加 18 至 24 歲青年人自殺的風險。縱使抗抑鬱藥與自殺存在風險關係，引起不少社會爭議 [17]，但抗抑鬱藥對某些群組仍能有一定裨益，對某些患有抑鬱症的青年人成效正面。但上述研究可以提醒我們，向青年人處方選擇性血清素再吸收抑制劑或去甲腎上腺素再攝取抑制劑，須謹慎小心，以及定時作出監控。基本原則是，向青年人處方抗抑鬱藥物的初期，要小心及不可急進。抗抑鬱藥帕羅西汀 (paroxetine) 與文拉法辛 (venlafaxine) 的半衰期很短，服用的兒童會感到身體疲累，所以不宜經常向兒童處方上述藥物，以免兒童及其家長自行斷藥。[18]

　　除了藥物介入治療，另一種治療嚴重情緒障礙的方法是腦

電盪療法（ECT）。腦電盪療法是給病人麻醉後，在病人大腦發放短暫的電刺激。腦電盪療法一般用於重鬱症患者[19]或躁鬱症患者[20]身上，特別是在其他治療方法未能產生作用時。腦電盪療法證明對抑鬱症及狂躁症有效，但這種療法的使用仍具一定爭議性，原因是這種療法帶來公眾負面的觀感，以及基於道德的考慮。大部分使用這種療法的病人，都表示內心會產生恐懼及感到不適。[21]因此，這種療法仍需進一步改進，才能提升病人的體驗，令病人感到滿意。

治療抑鬱症的另一種選擇，是接受心理治療，例如認知行為治療（CBT）或正念為本治療（MBT）。認知行為治療是一種常見、並且具驗證效能的治療方法，對治療抑鬱症有一定療效。認知行為治療關注的，是抑鬱過程中，思想與行為扮演的角色。Beck與同事[22]指出，思想模式出現功能失調，或信息處理過程出現偏見，或受到負面核心信念影響，都會增加患上抑鬱症的風險。透過改變認知，例如改變功能失調的歸因，或改變核心信念，都能有效減低抑鬱症的症狀。針對患有抑鬱症的青年群組的研究證實，認知行為治療對減低抑鬱症症狀有一定療效。[23,24]對預防抑鬱症的復發，也有一定作用。[25]Oud與同事[26]進行的元分析研究發現，認知行為治療能有效減低抑鬱症症狀，在完成治療後能產生立時成效，成效更呈現持續態勢。至於那些出現亞臨床抑鬱症症狀的青年人，認知行為治療則可以減低演變成抑鬱症的風險。

至於正念為本治療（包括辯證行為治療、接納與承諾治療、正念為本認知治療），則是另一種針對抑鬱症患者經常採用的治療方法。正念為本治療包括兩個構念，其一是關於注意力的自我調節，另一涉及活在當下，特色是促進好奇、開放與接納的

生活態度。[27] 正念為本治療鼓勵個體把注意力放在當下（present moment），無論是內在（身體知覺與想法）或外在（對外界事物），都保持開放態度，保持好奇，不作判斷。透過理論和實踐，正念為本治療教導人們面對壓力時，要避免本能地回應，宜進行反思，應減少採用不良策略，這些策略只會令精神障礙變得持久。[27] 多個有關正念為本治療的研究，都證實這些療法具一定療效 [28]，可以減低青年人的抑鬱症狀。[29] 研究也發現，靜觀對減低心理不適、調節情緒及提升生活質素，效果十分顯著。[29]

今天很多治療情緒障礙的計劃，目標都是減低情緒障礙帶來的失能，成效仍然十分有限，長遠治療情緒障礙的徹底方法是推行預防。第二十三章會詳細介紹針對不同青年受眾及發展階段的預防方法。青年抑鬱症是複雜的，它由多個因素（涉及基因、個人及環境不同因素）引起，治療抑鬱症宜採用跨專業策略，這比起簡單的預防介入更為有效。

跨專業策略對於預防和治療抑鬱症十分重要，它有助改善治療計劃，以及減低抑鬱症復發。在澳洲，一個受政府資助的跨專業綜合服務，名為 Headspace，專為 12 至 25 歲面對精神健康困擾的青年提供協助。Headspace 提供的服務十分廣泛，服務範圍除了針對青年人的精神健康，更包括身體健康、教育支援及物質濫用預防。這計劃有助減低青年人的自殺、自傷及綴學風險，並提升青年人的工作日數。[30] 其他國家也有類似的照護計劃，其中包括愛爾蘭的 Headstrong 和 Jigsaw[31]，英國的 Youth Space。[32] 加拿大也有類似的服務，這些計劃重視的，是年輕人與社區的連繫，強調的是能力為本（strengths-based）及去污名化 [33]，第二十章會再詳細介紹。

精神障礙的預防，不僅是精神健康專業人員的責任，健康

服務機構和政府攜手合作亦十分重要，不同持份者建立夥伴關係，才是解決青年精神健康問題的正確方法。跨專業協作、及早預防非常重要，這些策略獲得不少研究支持。

個案研究

　　Denise 今年 21 歲，是一名大學生，人生一切順利，直至四年前入讀大學，Denise 發覺大學生活十分刻板，Denise 於是決心在學習和課外活動上，取得適當平衡，但最終卻在學期測驗上，遭遇了滑鐵盧。在學期休假的日子，Denise 發現自己的情緒常處於「黑暗」，缺乏動力，對所有事物都失去興趣，Denise 大部分時間懶在床上，不理會個人衛生。當 Denise 的母親發覺女兒萌生自殺的念頭，便帶她到家庭醫生求診，醫生最後給她處方抗抑鬱藥物（即血清素），藥物令 Denise 變得焦慮與煩躁不安，但情緒卻回復平穩，可以繼續學業，並且平安地完成首年大學生活。家庭醫生認為，Denise 已經從重鬱發作康復過來，但仍鼓勵 Denise 繼續服用抗抑鬱藥。Denise 告訴醫生，她並不喜歡現在的學科，打算報讀其他課程。Denise 成功轉系，並對新課程非常投入，但成績始終不理想，Denise 於是又再次陷入抑鬱中。家庭醫生只好加強抗抑鬱藥的劑量，一個星期後，Denise 的情緒變得高漲，三日三夜沒有睡，表示要趕及完成遲交的功課。Denise 開始了飲酒及吸煙習慣。Denise 的母親於是再帶 Denise 到家庭醫生覆診，家庭醫生隨即停止處方抗抑鬱藥，並轉介 Denise 往見私家精神科醫生。一星期後，精神科醫生接見了 Denise，並認為她可能躁狂發作，患上二型躁鬱

症。雖然與醫生會面時，Denise 的情緒已回復平穩，自我回復正常，但醫生仍向 Denise 處方情緒穩定劑，可是 Denise 卻不接受服用情緒穩定劑的治療方案。

Denise 的家族曾有精神患病史，母親一方其中一位表親曾患一型躁鬱症。Denise 與這家人的關係十分密切，這家人對 Denise 十分支持。Denise 性格傾向焦慮，也容易出現負面情緒。Denise 是一個性格較內向的人，容易害羞。Denise 寧願一個人看電影和欣賞音樂，也不與人交往。

接續三年，Denise 每月都因為經期而出現情緒波動，但其餘一切安好。考試期間，Denise 會出現情緒困擾，例如出現焦慮、輕微的恐慌發作及思想反芻等。Denise 習慣自我否定，但透過大學輔導員的協助，Denise 總能夠面對和處理。Denise 最終完成了大學課程。

亮點

- 為青年人提供預防、及早辨識和有效介入是重要的工作。

- 為兒童及青年作出情緒障礙診斷並不容易，原因是兒童及青年所呈現的情緒障礙的症狀非常獨特，這些症狀亦與其他精神障礙症狀重疊。

- 青年人患上情緒障礙抑鬱症的原因包括基因、童年創傷及數碼化。

- 研究發現藥物介入對治療情緒障礙可以發揮一定療效，但藥物治療的限制是藥物產生的副作用；由於資源匱乏，心理治療的療效作用也會受到影響。

• 要成功減低情緒障礙對社會的負擔，宜採用跨專業預防策略，才能發揮持久作用。

參考文獻

1. Rice F, Riglin L, Lomax T, Souter E, Potter R, Smith DJ, et al. Adolescent and adult differences in major depression symptom profiles. Journal of Affective Disorders. Elsevier BV; 2019 Jan;243:175–81.

2. Stoolmiller M, Kim HK, Capaldi DM. The Course of Depressive Symptoms in Men From Early Adolescence to Young Adulthood: Identifying Latent Trajectories and Early Predictors. Journal of Abnormal Psychology. American Psychological Association (APA); 2005 Aug;114(3):331–45.

3. Qin X, Kaufman T, Laninga-Wijnen L, Ren P, Zhang Y, Veenstra R. The Impact of Academic Achievement and Parental Practices on Depressive Symptom Trajectories Among Chinese Adolescents. Research on Child and Adolescent Psychopathology [Internet]. Springer Science and Business Media LLC; 2021 May 13;49(10):1359–71.

4. Lewinsohn PM, Rohde P, Seeley JR, Klein DN, Gotlib IH. Psychosocial functioning of young adults who have experienced and recovered from major depressive disorder during adolescence. Journal of Abnormal Psychology. American Psychological Association (APA); 2003 Aug;112(3):353–63.

5. Sachs J, McArthur J. The Millennium Project: a plan for meeting the Millennium Development Goals. The Lancet. Elsevier BV; 2005 Jan;365(9456):347–53.

6. Sandberg-Thoma SE, Kamp Dush CM. Indicators of Adolescent Depression and Relationship Progression in Emerging Adulthood. Journal of Marriage and Family. 2014;76(1):191-206.

7. Bernstein DP, Stein JA, Newcomb MD, Walker E, Pogge D, Ahluvalia T, et al. Development and validation of a brief screening version of the Childhood Trauma Questionnaire. Child Abuse & Neglect. Elsevier BV; 2003 Feb;27(2):169–90.

8. Felitti VJ, Anda RF, Nordenberg D, Williamson DF, Spitz AM, Edwards V, et al. Relationship of Childhood Abuse and Household Dysfunction to Many of the Leading Causes of Death in Adults. American Journal of Preventive Medicine. Elsevier BV; 1998 May;14(4):245–58.

9. Copeland WE, Shanahan L, Hinesley J, Chan RF, Aberg KA, Fairbank JA, et al. Association of Childhood Trauma Exposure With Adult

Psychiatric Disorders and Functional Outcomes. JAMA Network Open. American Medical Association (AMA); 2018 Nov 9;1(7):e184493.

10. Aas M, Henry C, Andreassen OA, Bellivier F, Melle I, Etain B. The role of childhood trauma in bipolar disorders. Int J Bipolar Disord. 2016 Dec;4(1):2. doi: 10.1186/s40345-015-0042-0. Epub 2016 Jan 13. PMID: 26763504; PMCID: PMC4712184.

11. Cramer S, Inskter B. #Status of Mind: Social Media and Young People's Mental Health and Well-Being. London: Royal Society for Public Health; 2017.

12. Seabrook EM, Kern ML, Rickard NS. Social Networking Sites, Depression, and Anxiety: A Systematic Review. JMIR Mental Health. JMIR Publications Inc.; 2016 Nov 23;3(4):e50.

13. Matthews M, Murnane E, Snyder J, Guha S, Chang P, Doherty G, Gay G. The double-edged sword: A mixed methods study of the interplay between bipolar disorder and technology use. Comput Hum Behav. 2017;75:288–300.

14. Riddle MA, King RA, Hardin MT, Scahill L, Ort SI, Chappell P, et al. Behavioral Side Effects of Fluoxetine in Children and Adolescents. Journal of Child and Adolescent Psychopharmacology. Mary Ann Liebert Inc; 1990 Jan;1(3):193–8.

15. Emslie GJ, Wagner KD, Kutcher S, Krulewicz S, Fong R, Carpenter DJ, et al. Paroxetine Treatment in Children and Adolescents With Major Depressive Disorder: A Randomized, Multicenter, Double-Blind, Placebo-Controlled Trial. Journal of the American Academy of Child & Adolescent Psychiatry. Elsevier BV; 2006 Jun;45(6):709–19.

16. Fergusson D, Doucette S, Glass KC, Shapiro S, Healy D, Hebert P, et al. Association between suicide attempts and selective serotonin reuptake inhibitors: systematic review of randomised controlled trials. BMJ. BMJ; 2005 Feb 17;330(7488):396.

17. Gibbons RD, Brown CH, Hur K, Marcus SM, Bhaumik DK, Erkens JA, et al. Early Evidence on the Effects of Regulators' Suicidality Warnings on SSRI Prescriptions and Suicide in Children and Adolescents. American Journal of Psychiatry. American Psychiatric Association Publishing; 2007 Sep;164(9):1356–63.

18. Hosenbocus S, Chahal R. SSRIs and SNRIs: A review of the discontinuation syndrome in children and adolescents. Journal of the Canadian Academy of Child and Adolescent Psychiatry. 2011 Feb;20(1):60.

19. Li M, Yao X, Sun L, Zhao L, Xu W, Zhao H, Zhao F, Zou X, Cheng Z, Li B, Yang W, Cui R. Effects of Electroconvulsive Therapy on Depression and Its Potential Mechanism. Front Psychol. 2020 Feb 20;11:80. doi: 10.3389/

fpsyg.2020.00080. PMID: 32153449; PMCID: PMC7044268.

20. Elias A, Thomas N, Sackeim HA. Electroconvulsive Therapy in Mania: A Review of 80 Years of Clinical Experience. Am J Psychiatry. 2021;178(3):229-239.

21. Chakrabarti S, Grover S, Rajagopal R. Electroconvulsive therapy: a review of knowledge, experience and attitudes of patients concerning the treatment. World J Biol Psychiatry. 2010;11(3):525-537.

22. Beck AT, Rush AJ, Shaw BF, Emery G. Cognitive therapy of depression. Guilford press; 1979.

23. Butler A, Chapman J, Forman E, Beck A. The empirical status of cognitive-behavioral therapy: A review of meta-analyses. Clinical Psychology Review. Elsevier BV; 2006 Jan;26(1):17–31.

24. Hundt NE, Mignogna J, Underhill C, Cully JA. The Relationship Between Use of CBT Skills and Depression Treatment Outcome: A Theoretical and Methodological Review of the Literature. Behavior Therapy. Elsevier BV; 2013 Mar;44(1):12–26.

25. Hollon SD, Stewart MO, Strunk D. Enduring Effects for Cognitive Behavior Therapy in the Treatment of Depression and Anxiety. Annual Review of Psychology. Annual Reviews; 2006 Jan 1;57(1):285–315.

26. Oud M, de Winter L, Vermeulen-Smit E, Bodden D, Nauta M, Stone L, et al. Effectiveness of CBT for children and adolescents with depression: A systematic review and meta-regression analysis. European Psychiatry. Cambridge University Press (CUP); 2019 Jan 16;57:33–45.

27. Hayes SC, Luoma JB, Bond FW, Masuda A, Lillis J. Acceptance and Commitment Therapy: Model, processes and outcomes. Behaviour Research and Therapy. Elsevier BV; 2006 Jan;44(1):1–25.

28. Chi X, Bo A, Liu T, Zhang P, Chi I. Effects of Mindfulness-Based Stress Reduction on Depression in Adolescents and Young Adults: A Systematic Review and Meta-Analysis. Frontiers in Psychology. Frontiers Media SA; 2018 Jun 21;9.

29. Maynard BR, Solis MR, Miller VL, Brendel KE. Mindfulness-based interventions for improving cognition, academic achievement, behavior, and socioemotional functioning of primary and secondary school students. Campbell Systematic Reviews. Wiley; 2017 Jan;13(1):1–144.

30. Patulny R, Muir K, Powell A, Flaxman S, Oprea I. Are we reaching them yet? Service access patterns among attendees at the headspace youth mental health initiative. Child and Adolescent Mental Health. Wiley; 2012 Apr 4;18(2):95–102.

31. O'Keeffe L, O'Reilly A, O'Brien G, Buckley R, Illback R. Description and outcome evaluation of Jigsaw: an emergent Irish mental health early

intervention programme for young people. Irish Journal of Psychological Medicine. Cambridge University Press (CUP); 2015 Jan 19;32(1):71-7.

32. Birchwood M. Youth space and youth mental health. Eur Psychiatry. 2018;48:S7.

33. Iyer SN, Boksa P, Lal S, Shah J, Marandola G, Jordan G, et al. Transforming youth mental health: a Canadian perspective. Irish Journal of Psychological Medicine. Cambridge University Press (CUP); 2015 Feb 26;32(1):51-60.

8

焦慮症

陳啓泰

摘要

　　焦慮症在青年群組中十分普遍，引起焦慮症的因素有很多，由內在到外在因素都有。前者涉及童年出現的焦慮及身體症狀，後者則包括一系列外在環境因素，例如數碼化及家庭的影響。在這一章，我們會從生物、心理及社會觀點，嘗試探討焦慮症出現的軌跡。我們會檢視從出生到成年階段，與焦慮症相關的各種風險因素，其中包括生理、發展、心理及環境等風險因素。我們也會探討預防焦慮症的保護因素，例如文化因素、親職的正面影響等，也會討論到治療焦慮症的方法。這些分析有助我們了解青年人的焦慮症及其病因學，並明白如何為青年人締造正面的發展環境。

關鍵字：焦慮症，青年，青年精神健康，數碼化，正向青年發展，焦慮特質

引言

　　根據世界衛生組織的報告，在 15 至 19 歲（青年後期）的青年人中，引致疾病或殘障的主要原因，焦慮位列第九。在 10 至 14 歲（青年早期）的青年群組中，更位列第六。[1]根據美國在 2016 年對兒童健康作出的全國性調查[2]，全國有 7.1% 兒童出現焦慮症症狀，而青年人患上焦慮症的終身發病率為 31.9%，明顯高於情緒障礙、行為障礙及物質濫用。[3]表 1 列出焦慮症的主要診斷特徵。

　　根據香港衛生署 2014 年所做的報告指出，在新轉介個案中，約有 3% 兒童確診患上焦慮症，80% 出現焦慮症的亞臨床症狀。焦慮症作為一種內化的障礙，如果沒有專業評估，是很難偵測和確認的。[4]在一個 2010 年至 2013 年進行、為期三年的人口研究調查中，在介乎 16 至 75 歲中國籍的成年人中，混合焦慮抑鬱症（mixed anxiety and depressive disorder）為香港最常見的精神健康障礙，14 人當中便有 1 人（6.9%）出現混合焦慮抑鬱症的症狀，高於全球的發病率（6.5%）。緊隨其後的是一般焦慮障礙（GAD），佔人口的 4.2%。研究發現，在一般精神障礙中，其中包括一般焦慮障礙及混合焦慮抑鬱症，青年群組仍擁有較高的發病率。當中涉及的原因有很多，其中包括吸煙習慣、危險飲酒、物質依賴、家族擁有精神障礙歷史、經濟困難或其他人生大事。[5]一個跨文化的研究則發現，焦慮障礙的發病率，在香港青年女性群組中頗高；而青年女性的焦慮指數，也明顯高於德國的男性和女性青年。[6]

　　社交焦慮症（SAD）是兒童面對的焦慮症中最常見的一種。社交焦慮症對人生後期是否會出現精神共病，也具有一定預測性。當兒童 8 歲時對焦慮比較敏感，可以預計他 / 她在 10 歲

	廣泛性焦慮症	驚恐症	廣場恐懼症	社交焦慮症	特殊恐懼症
發病率（%）	6–9%	2–3%	1.7%	8–12%	7–9%
可能風險因素	氣質特徵、童年逆境事件、吸煙、身體病況、文化				
病徵	過度焦慮，大部分日子對多個事件或多項活動感到擔心，持續時間最少半年	沒有引發原因卻重複出現突如其來的驚恐突襲，持續關顧會否再次出現驚恐突襲，及/或突襲後出現適應不良的行為改變	嚴重害怕驚恐似的症狀出現時會出現逃生困難或呼救無援等問題	對一種或以上社交處境出現明顯恐懼	當碰到某種處境或物件時出現強烈恐懼，主要是動物、環境、醫療程序或密閉空間
治療	認知行為治療、心理教育、藥物治療				

表 1 焦慮症的主要診斷特徵

時，也很大可能會出現焦慮症症狀，例如身體症狀、驚恐症狀和分離焦慮。[7]這現象可能與發育因素或神經質特質有關。此外，8 歲時對焦慮敏感，10 歲時也較容易出現亞型焦慮症狀。兩者的單向關聯（unidirectional correlation）反映出焦慮與基因的關係，兩者的關聯十分穩定。基因會持續影響個體的焦慮特質，由早期的發展軌跡到青年階段。[8]

研究發現，社交焦慮症、特殊恐懼症與社交恐懼症通常於 15 歲或以前發病，但其他焦慮症一般在青年期才會出現。這些負面的發展軌跡，為青年人帶來負面的影響，其中包括顯著的功能受損、生活缺乏滿足感及成年階段壓力的增加。換句話說，如果焦慮症在兒童階段出現，將來出現精神病症狀、共病、逃避行為、甚至自殺的風險也會增加。[9]一些前瞻性縱向研究（prospective longitudinal studies）也發現，如果兒童或青年階段出現焦慮症，這種失調的情況很大程度會延續至成年早期階段。[10]

約 60% 患有焦慮症的兒童，在精神健康服務的初次面談中，會表示身體出現不適。[11]由此可見，焦慮症在兒童身上常常會出現一些身體症狀，例如胃痛、頭痛、窒息、發冷、心悸，甚至出現恐懼死亡的感覺，亦會出現一些與驚恐症相關的認知病徵，例如自我感喪失（depersonalization）或現實感喪失（derealization）。[12]

事實上，身體不適是恐慌症、廣泛焦慮障礙與創傷後壓力症候群的診斷定義之一。[13]身體不適會增加患上精神病症狀的風險，會令一般功能轉差，有更大的機會出現共病外化障礙（comorbid externalising disorder）與抑鬱症。由此可見，如果兒童經常投訴身體出現毛病，很有可能與焦慮症的症狀有關。身

體毛病對臨床結果的影響，實在不容忽視；兩者會形成惡性循環，患者的功能會受損，連帶產生共病性，並加速焦慮症狀的出現。[14]

儘管如此，身體症狀與焦慮症的關係，仍有一定爭議性，兩者亦可能存在雙向關係。Janssens 等人 [15] 提出，「身體功能病徵」（FSS）會對焦慮和抑鬱產生微弱及延後影響，但焦慮和抑鬱卻會對「身體功能病徵」產生強烈影響。Janssens 指出，「身體功能病徵」可能是精神病變的結果而非精神病變的前兆。Janssens 認為，如果生命早年出現「身體功能病徵」，便很有可能在生命晚期發展出多種「身體功能病徵」、焦慮或抑鬱病徵或障礙；此外，如果童年曾出現焦慮病徵或障礙，其後出現「身體功能病徵」的機率也會增加 [16]。根據上述觀察和分析，Janssens 指出，青年人的焦慮、抑鬱與身體不適，三者的表現型（phenotypic）與遺傳性是重疊的。從一個跨診斷（transdiagnostic approach）的角度來看，這些不同病徵代表的可能是同一種障礙、而非分割的不同障礙。[17]

值得我們注意的是，焦慮症擁有同質連續（homotypic continuity）特性，也擁有異質連續（heterotypic continuity）特性。在時間上，焦慮症橫跨不同發展階段，從兒童到成年。在性質上，焦慮症、抑鬱症及物質使用障礙存在明顯的共病關係。[10]如果童年出現焦慮症，可以預計患者會在青年期會持續出現各種焦慮問題，其中包括社交焦慮症、驚恐症及恐慌症，或出現品行障礙、專注力不足／過度活躍症等。[18]共病問題令青年焦慮症問題變得複雜，對焦慮症的流行病學研究、病因學研究及治療，都帶來影響。

為何焦慮症在青年階段出現

由出生到成年早期，不同的風險因素及保護因素會產生複雜互動，並引發焦慮症的出現。表 2 列出焦慮症在不同生命階段的發展途徑。社會與環境因素也會對焦慮症產生影響。處於青春期的青年人，他們的神經荷爾蒙會出現明顯變化，大大增加青年人的脆弱性，讓青年群組容易陷入焦慮症。

此外，從文化現象的角度來看，香港青年人普遍認同一致性、傳統與仁愛的價值，也重視家庭關係。香港的父母經常強調服從、正確行為與學業表現，並且視這些價值為成功人生的答案。[19] 香港家庭過分注重實際及長遠未來，令香港青年在身份建立的過程中，往往在不快樂的環境中成長。而長期的社會問題，例如高昂房價、財富分配不均、欠缺向上流動的機會，都令青年人處於沒有盼望的日子，亦欠缺生活滿足感。[20] 另一方面，本地的教育制度和社會制度，並沒有鼓勵青年人建立情緒管理的能力。對抗逆力、正向自我及心理社會能力的培養，都受到忽視。大部分青年人的認知風格都流於拘謹、過分控制及缺乏彈性。難以忍受不確定性，並容易擔心，這種情況由童年持續至青年階段，影響大腦神經運作，威脅着青年人精神健康，令青年人容易出現焦慮。[9] 此外，新冠肺炎疫情及社會事件，更令青年人的精神健康惡化，增加了青年人患上精神病的概率[21]，這情況在低社會經濟地位的青年人當中更為明顯。[22]

從社會化的角度來看，同儕的壓迫，被別人否定與排斥，都會對青年人構成長遠的心理壓力，並出現短期或長期的焦慮、或抑鬱症等。[23] 此外，校園欺凌亦是值得關注的課題，也是影響香港青年精神健康其中一個風險因素。[19] Craske[24] 指出，當親子連繫或生物連繫出現問題，便會產生分離焦慮，這是廣場恐懼

發展階段	出生	嬰兒	童年	青年/成年早期
風險因素	生理 • 基因 • 氣質	發展 • 氣質（行為抑制、神經質特質） • 親職風格/親職連結（批判、忽略、焦慮） • 童年逆境（身體或情緒虐待、忽略）	心理 • 認知評估（欠缺彈性 vs 具彈性） • 行為或解決問題的範式（自尊、自我效能、頑固、情緒反應） • 依附風格（焦慮、不安全、逃避）	環境 • 文化/價值（社會與家庭期望） • 社會化（同儕影響、社交融入、欺凌） • 數碼化（網絡成癮、社交媒體、渴望獲得肯定）
保護因素			• 正面青年發展 • 抗逆力 • 認知行為/社交能力 • 衝突和情緒管理 • 正面親職	

表 2 焦慮症在不同發展階段的形成途徑

症（agoraphobia）的前兆。至於社交恐懼症，害羞可以被視為前兆。社會化困難會增加個體的焦慮，而且形成惡性循環，令精神障礙惡化。

到了今天，數碼化與互聯網成為了人類不可或缺的生活部分，並對我們的精神健康產生了巨大的影響。在香港，青年網絡成癮（IA）的比率介乎 17% 至 26.8%，青年網絡成癮行為與青年整體正面發展成反比，至於親社會態度，則會對網絡成癮產生正面影響。[25] 然而網絡成癮、焦慮障礙與其他精神病的關係仍未十分清晰。但有證據顯示，智能電話的使用與焦慮障礙息息相關，影響程度屬小至中等；智能電話對抑鬱症患者的影響則較為明顯。智能電話亦與焦慮症有關，主要透過與抑鬱症產生共病影響。[26] 必須指出的是，及至今天，仍欠缺充足研究文獻證明智能電話成癮行等同於其他成癮行為，出現相似的行為與神經生理特徵。研究發現，廣泛性焦慮症與社交焦慮症可能與過分渴望獲得肯定有關。此外，低自尊、神經質、情緒不穩定、不安全依附亦與廣泛性焦慮症和社交焦慮症有關。上述因素促成了成癮模式，社交媒體便是其中一個例子，參與者因為渴望獲得肯定，於是漸漸成癮或出現成癮症狀。[27]

當今治療焦慮症的方法

治療焦慮症的方法主要是心理社會性治療，再附加藥物治療，藥物治療在第二十一章會再詳細探討。心理社會性治療中，認知行為治療最受青睞，並獲得大量證據或元分析支持。認知行為治療能夠對特殊焦慮症產生中等療效，對整體焦慮症產生小至中等療效，並能有效改善患者的生活質素。有證據顯示，認知行

為治療的暴露療法，對強迫症、廣泛焦慮症及創傷後壓力症候群的成效極為顯著。[28] 時至今日，暴露療法作為一種長期治療，已被推泛應用於驚恐症及社交焦慮症。[29] 此外，創傷為本認知行為治療（Trauma-focused CBT）也被用於創傷後壓力症候群的預防。[29] 至於混合精神藥物治療及心理治療的混合治療，其療效仍未獲得研究證據支持。

其他治療焦慮症的模式中，心理動力治療、靜觀及接納為本治療，對改善焦慮症的症狀，以及與抑鬱症的共病性，都取得理想表現。這些治療方法的長期療效，與認知行為治療產生的療效等同 [32]，達至中至高效應值。[30,31] 但這些治療方案的實際療效，仍有待更多大型研究加以證實。

數碼化與互聯網的盛行，對青年人的焦慮問題，會帶來負面的影響。但數碼化作為一把兩刃劍，如果用得其所，透過互聯網提供心理教育，並作為早期介入的平台，卻能產生積極正面作用。數碼平台的特點，是讓青年人容易獲得心理健康服務，並有助除去精神病的標籤。近年線上精神健康平台大為流行，並受到青年大眾歡迎，原因是數碼平台容易方便易用，亦較容易與使用者建立關係，並提供即時支援。類似計劃正在世界各地啟動，其中包括澳洲的 Headspace、英國的 Youngminds 及香港的「迎風」（Headwind）。但數碼平台的效能，仍缺乏足夠研究支持。[33]

讓我們談談焦慮症的保護因素。在社會、社區、家庭、教育及公共健康層面，整合公共教育、健康推廣及介入資源，是精神健康階梯照顧的主要特色，目的是培養青年人的解難能力，例如抗逆力、心理社會能力及情緒管理能力。[34] 此外，運動與文化也是有效的生活風格介入方法。有研究發現，結合音樂治療與認知行為治療，能降低社交焦慮的症狀 [35]，也能夠提升青年人的自尊及改善抑鬱。[36]

個案研究

　　John 今年 18 歲，中學文憑試學生，出現了嚴重及游離的焦慮症症狀；經醫生評估，可能患上廣泛性焦慮症。John 在高成就家庭長大，家人對 John 有很高期望，John 也有完美主義的傾向，認為任何形式的失敗，都是失敗者的表現。焦慮的出現，始於中學文憑模擬試，John 的模擬試成績只屬一般，不算優異。自此以後，John 感到重大挫敗，入讀大學的機會於是顯得相當渺茫。由於剩下預備文憑試的時間不多，也令 John 的焦慮情緒增加。John 的性格欠缺彈性，除了報讀著名學府，堅持不考慮入讀其他大專院校。John 出現了身體症狀，也出現了強烈的恐懼，他更擔心成為失敗者；上述三個因素漸漸形成了惡性循環，令焦慮症狀加劇。John 不願意向父母透露自己的憂慮，他害怕父母對他作出批評。醫生與 John 的母親一起商討後，決定給 John 處方氟西汀，氟西汀是一種血清素（SSRI）。John 服藥數星期後，焦慮症的症狀明顯得到改善。此外，臨床心理學家也為 John 提供了認知行為治療，以緩解 John 的焦慮症症狀，並嘗試打破 John 在思想與情緒上的惡性循環。臨床心理學家也為 John 的父母提供輔導，與他們討論對兒子的期望，親子間的溝通模式；目的是減低 John 的焦慮，並改善彼此的關係。

亮點

* 青年階段是一個發展階段，無論生理、心理與社會方面都出現轉變，加上其他風險因素，形成了複雜的互動，促使

焦慮症在青年階段出現。

- 針對焦慮症的治療方法主要是藥物治療,並附加認知行為治療。

- 社會應重視正面的青年發展,並鼓勵青年人追求正向發展。

參考文獻

1. World Health Organization. Adolescent Mental Health [Internet]. 2020. Available from: https://www.who.int/news-room/fact-sheets/detail/adolescent-mental-health

2. Ghandour RM, Sherman LJ, Vladutiu CJ, Ali MM, Lynch SE, Bitsko RH, et al. Prevalence and Treatment of Depression, Anxiety, and Conduct Problems in US Children. J Pediatr. 2019;206:256-67.e3.

3. Merikangas KR, He J-P, Burstein M, Swanson SA, Avenevoli S, Cui L, et al. Lifetime prevalence of mental disorders in U.S. adolescents: results from the National Comorbidity Survey Replication--Adolescent Supplement (NCS-A). Journal of the American Academy of Child and Adolescent Psychiatry. 2010;49(10):980-9.

4. Chan TTN, Chan MYB. CAS Epidemiological Data on Anxiety Disorders and Anxiety Problems from 2012-2013. Hong Kong SAR: Department of Health - Child Assessment Service Epidemiology and Research Bulletin; 2014.

5. Lam LC, Wong CS, Wang MJ, Chan WC, Chen EY, Ng RM, et al. Prevalence, psychosocial correlates and service utilisation of depressive and anxiety disorders in Hong Kong: the Hong Kong Mental Morbidity Survey (HKMMS). Soc Psychiatry Psychiatr Epidemiol. 2015;50(9):1379-88.

6. Essau CA, Leung PW, Conradt J, Cheng H, Wong T. Anxiety symptoms in Chinese and German adolescents: their relationship with early learning experiences, perfectionism, and learning motivation. Depress Anxiety. 2008;25(9):801-10.

7. Voltas N, Hernández-Martínez C, Arija V, Canals J. The natural course of anxiety symptoms in early adolescence: factors related to persistence. Anxiety Stress Coping. 2017;30(6):671-86.

8. Waszczuk MA, Zavos HM, Eley TC. Genetic and environmental influences on relationship between anxiety sensitivity and anxiety subscales in children. J Anxiety Disord. 2013;27(5):475-84.

9. Cabral MDP, D. R. Risk factors and prevention strategies for anxiety disorders in childhood and adolescence. In: Yong-Ku K, editor. Anxiety Disorders - Rethinking and Understanding Recent Discoveries. Singapore: Springer Nature Singapore; 2020. p. 543-60.

10. Essau CA, Lewinsohn PM, Lim JX, Ho MR, Rohde P. Incidence, recurrence and comorbidity of anxiety disorders in four major developmental stages. J Affect Disord. 2018;228:248-53.

11. Last CG. Somatic complaints in anxiety disordered children. Journal of Anxiety Disorders. 1991;5(2):125-38.

12. Beidel DC, Christ MG, Long PJ. Somatic complaints in anxious children. J Abnorm Child Psychol. 1991;19(6):659-70.

13. Diagnostic and statistical manual of mental disorders: DSM-5™, 5th ed. Arlington, VA, US: American Psychiatric Publishing, Inc.; 2013.

14. Crawley SA, Caporino NE, Birmaher B, Ginsburg G, Piacentini J, Albano AM, et al. Somatic complaints in anxious youth. Child Psychiatry Hum Dev. 2014;45(4):398-407.

15. Janssens KA, Rosmalen JG, Ormel J, van Oort FV, Oldehinkel AJ. Anxiety and depression are risk factors rather than consequences of functional somatic symptoms in a general population of adolescents: the TRAILS study. J Child Psychol Psychiatry. 2010;51(3):304-12.

16. Campo JV. Annual research review: functional somatic symptoms and associated anxiety and depression--developmental psychopathology in pediatric practice. J Child Psychol Psychiatry. 2012;53(5):575-92.

17. Ask H, Waaktaar T, Seglem KB, Torgersen S. Common Etiological Sources of Anxiety, Depression, and Somatic Complaints in Adolescents: A Multiple Rater twin Study. J Abnorm Child Psychol. 2016;44(1):101-14.

18. Bittner A, Egger HL, Erkanli A, Jane Costello E, Foley DL, Angold A. What do childhood anxiety disorders predict? J Child Psychol Psychiatry. 2007;48(12):1174-83.

19. Shek DTL, Keung Ma H, Sun RCF. A Brief Overview of Adolescent Developmental Problems in Hong Kong. ScientificWorldJournal. 2011;11:2243-56.

20. Shek DTL, Siu AMH. "UNHAPPY" Environment for Adolescent Development in Hong Kong. J Adolesc Health. 2019;64(6s):S1-S4.

21. Ni MY, Yao XI, Leung KSM, Yau C, Leung CMC, Lun P, et al. Depression and post-traumatic stress during major social unrest in Hong Kong: a 10-year prospective cohort study. Lancet. 2020;395(10220):273-84.

22. Hou WK, Lee TM, Liang L, Li TW, Liu H, Ettman CK, et al. Civil unrest, COVID-19 stressors, anxiety, and depression in the acute phase of the

pandemic: a population-based study in Hong Kong. Soc Psychiatry Psychiatr Epidemiol. 2021:1-10.

23. Stapinski LA, Araya R, Heron J, Montgomery AA, Stallard P. Peer victimization during adolescence: concurrent and prospective impact on symptoms of depression and anxiety. Anxiety Stress Coping. 2015;28(1):105-20.

24. Craske MG. Fear and anxiety in children and adolescents. Bull Menninger Clin. 1997;61(2 Suppl A):A4-36.

25. Shek DTL, Yu LP. Adolescent Internet Addiction in Hong Kong: Prevalence, Change, and Correlates. J Pediatr Adolesc Gynecol. 2016;29(1):S22-S30.

26. Elhai JD, Dvorak RD, Levine JC, Hall BJ. Problematic smartphone use: A conceptual overview and systematic review of relations with anxiety and depression psychopathology. J Affect Disord. 2017;207:251-9.

27. Billieux J, Maurage P, Lopez-Fernandez O, Kuss DJ, Griffiths MD. Can Disordered Mobile Phone Use Be Considered a Behavioral Addiction? An Update on Current Evidence and a Comprehensive Model for Future Research. Current Addiction Reports. 2015;2(2):156-62.

28. Carpenter JK, Andrews LA, Witcraft SM, Powers MB, Smits JAJ, Hofmann SG. Cognitive behavioral therapy for anxiety and related disorders: A meta-analysis of randomized placebo-controlled trials. Depression and anxiety. 2018;35(6):502-14.

29. Baldwin DS, Anderson IM, Nutt DJ, Bandelow B, Bond A, Davidson JR, et al. Evidence-based guidelines for the pharmacological treatment of anxiety disorders: recommendations from the British Association for Psychopharmacology. J Psychopharmacol. 2005;19(6):567-96.

30. Keefe JR, McCarthy KS, Dinger U, Zilcha-Mano S, Barber JP. A meta-analytic review of psychodynamic therapies for anxiety disorders. Clin Psychol Rev. 2014;34(4):309-23.

31. Vøllestad J, Nielsen MB, Nielsen GH. Mindfulness- and acceptance-based interventions for anxiety disorders: A systematic review and meta-analysis. Br J Clin Psychol. 2012;51(3):239-60.

32. Leichsenring F, Salzer S, Beutel ME, Herpertz S, Hiller W, Hoyer J, et al. Long-term outcome of psychodynamic therapy and cognitive-behavioral therapy in social anxiety disorder. Am J Psychiatry. 2014;171(10):1074-82.

33. The University of Hong Kong Department of Psychiatry. Headwind Hong Kong SAR: The University of Hong Kong; 2021. Available from: https://www.youthmentalhealth.hku.hk

34. Department of Health. Mental Health Review Report. Hong Kong SAR:

Food and Health Bureau. 2018.

35. Egenti NT, Ede MO, Nwokenna EN, Oforka T, Nwokeoma BN, Mezieobi DI, et al. Randomized controlled evaluation of the effect of music therapy with cognitive-behavioral therapy on social anxiety symptoms. Medicine (Baltimore). 2019;98(32):e16495-e.

36. Porter S, McConnell T, McLaughlin K, Lynn F, Cardwell C, Braiden HJ, et al. Music therapy for children and adolescents with behavioural and emotional problems: a randomised controlled trial. J Child Psychol Psychiatry. 2017;58(5):586-94.

9

思覺失調

廖清蓉　呂世裕

摘要

　　思覺失調是一種思維受到影響的狀況，患者與現實失去了聯繫。精神分裂是思覺失調中，最被廣泛研究的一種失調現象。精神分裂患者的個人生活質素會大受影響。思覺失調一般病發於25歲或以前，因此早期介入十分重要。思覺失調的早期介入及其成效，已獲得不少研究及文獻支持。在香港，思覺失調服務計劃（EASY）是一個全港性的早期介入服務，目的是恢復患者的生活功能及維持精神健康。社區為本的介入模式比較適合患有思覺失調的青年，模式包括個案管理、家庭介入、心理教育等。這些計劃切合青年人的心理、社交及發展的獨特性，相較一般的介入模式更為有效。除了社區為本的傳統介入模式，近年更興起針對思覺失調的數碼介入模式。但其療效仍需進一步的研究證實。

關鍵字：思覺失調，精神分裂，青年，社區為本介入

引言

　　本章的重點，不是為讀者提供思覺失調的病理學、流行病學、現象學、診斷及管理上的知識。要獲得思覺失調的全面資訊，讀者可以參考一些權威教科書。這一章只是嘗試勾畫一些與青年思覺失調的相關輪廓，供臨床工作者參考。

　　「思覺失調」一詞，是指某類別的精神病理狀態，或某些精神病徵。「思覺失調」是一個統稱，一般指「嚴重的精神病」。現今的精神病分類系慣常把「精神病/思覺失調」這個名詞用於多種診斷條目或診斷狀況。

　　思覺失調是一種嚴重的精神病理狀況，病徵是出現幻覺與妄想，病人測試真實的能力會受損，亦會出現精神運動性障礙（psychomotor disturbances），並且缺乏洞察力。在精神疾病診斷與統計手冊第五版及國際疾病分類第十一版中描述了思覺失調的主要病徵，表 1 也列出了這些診斷特徵。思覺失調的病徵中，僵直是其中之一，患者會出現精神運動性障礙，這現象與精神分裂或情感思覺失調（affective psychosis）有關。僵直被認為是思覺失調的主要診斷病徵。而幻覺也被認為是思覺失調的原型症狀之一，患者會出現「沒有客體的錯誤知覺」。

為何思覺失調在青年階段出現

　　思覺失調及其病徵會出現於兒童及青年階段，但 13 歲或以前患上思覺失調的個案並不多。精神分裂是思覺失調中最為嚴重的一種，其次是躁鬱症、精神病性抑鬱症（psychotic depression）、急性與短暫思覺失調（acute and transient psychotic disorders）、非特定思覺失調（unspecified psychosis）。臨床工作

	短期思覺失調	精神分裂	分裂情感性障礙	妄想症
病發率（%）	4.6%			
病發	突然	可以處於前驅狀態	可以處於前驅狀態	可以處於前驅狀態
可能風險因素	遺傳、移民、父母年齡較大			
病徵	其中一項： • 妄想 • 幻覺 • 語言混亂 • 嚴重雜亂無章或僵直行為	其中兩項： • 妄想 • 幻覺 • 語言混亂 • 嚴重雜亂無章或僵直行為 • 負向症狀	出現妄想或幻覺，持續兩星期或以上，病發期沒有處於主要情緒病（例如抑鬱或躁）的病發周期	出現一或多個妄想，沒有出現其他思覺失調症狀
治療	早期介入計劃，藥物治療，社會心理治療，腦電盪療法			

表 1　思覺失調的主要診斷特徵

者可以參考精神疾病診斷與統計手冊第五版（DSM-5）及國際疾病分類第十一版（ICD-11）對思覺失調的定義，作進一步深入研究。Mueser 及同事曾提出下列問題：「如何分辨不同類別的思覺失調？」Mueser 的建議是：「基於橫向的症狀群集（clustering of symptoms）、縱向的病程（illness course）及治療方法，有些診斷條目在診斷上會彼此『競逐』（例如精神分裂與躁鬱症），有些診斷條目最好被視為一些精神分裂相關的譜系（spectrum），例如與急性精神分裂類似的障礙，並有別於精神分裂。與精神官能症（neurosis）比較，思覺失調涉及較為嚴重的神經生物異常；無論是神經解剖學、功能連接及神經生物化學各個領域，都呈現較為嚴重的異常狀態。」[1]思覺失調的神經生物基礎，一向是研究員關注的課題。此外，研究員也對青年思覺失調的風險因素進行探究，其中包括家庭危機、產期風險因素（perinatal risk factors）、社會經濟風險及嘗試吸食大麻等。[2]

　　一個較為複雜但重要的議題是思覺失調的「負向症狀」（negative symptoms）。傳統上，負向症狀是指情感冷漠、抗拒社交、無動機、貧語症（aloga）及情感平板（affective flattening）等，與正向症狀相比，例如幻覺與妄想，負向症狀缺乏清晰的定義。一般來說，負向症狀涉及「失去某些功能」，而正向症狀則涉及異常的精神運動性障礙。後者屬於較活躍的經驗。負向病徵較常出現於兒童及青年思覺失調患者身上；相較於成年患者，負向病徵的出現更為普遍。這些負向症狀反映出思覺失調是一種神經生物或神經發展缺陷。此外，負向症狀也可以被視為「次一等」的症狀，例如因長期住院或因逆境、缺乏外界刺激，或因錐體外徑（extrapyramidal）產生的副作用，或因藥物引致的過度鎮靜反應，或抑鬱症產生的症狀等，這一連串的原因都會引致「負

向症狀」的出現。

　　另一個值得討論的重要課題是「思覺失調前驅期」（psychosis prodrome）。由於思覺失調大多出現於青年及成年早期階段，臨床工作者一般會着眼於青年及成年早期階段出現的早期症狀，採用不同詞彙來表達和描述「思覺失調前驅狀況」，其中包括「思覺失調前驅期」、超高危機狀況、高危臨床個體、遺傳或行為高危個體、思覺過敏 (at-risk-mental state) 等。其他常用的名詞還包括：精神分裂基本病徵、類精神分裂（schizotypal）特徵、精神分裂病質（schizotypy）等，這些都是思覺失調前驅期相關的概念。在日常臨床實踐中，臨床工作者會聚焦於一至兩個思覺失調的定義病徵（這些定義病徵並不能充分涵蓋思覺失調的臨床表徵及其高可變性（variability），即思覺失調症狀的減弱（這些症狀具低幅度和低嚴重程度），或思覺失調的病徵只是短暫或間歇出現（病徵短暫出現，且時間很短）。當思覺失調仍處於「未成熟」階段，臨床工作者嘗試檢測和辨識思覺失調的病徵，並作出大膽推論，便有可能出現「假陽性」的情況。為了解決上述問題，研究員會嘗試搜集大量實徵及縱向數據，對病徵的臨床定義進行微調，以建立統一的操作標準及評估程序。

　　針對思覺失調前驅期建立服務模型，這一向是臨床工作者關心的課題，但現今收集的研究數據並沒有反映出一致的共識。有些臨床工作者會認為，診所為本模型（clinic-based model）對前驅期個案並不十分奏效，於是聚焦於社區為本模型（community-based model）。所謂社區為本模型，是將精神科團隊與社區的青年中心連繫，提供及早辨別服務，盡早照顧那些處於前驅期的青年人。

當今治療思覺失調的方法

　　思覺失調服務計劃（EASY）是一個針對整體人口的早期介入計劃，於 2001 年啟動，思覺失調服務計劃包括四個主要部分：（1）提升大眾對思覺失調的覺察；（2）締造容易接觸的服務渠道；（3）針對階段特徵提供介入；（4）改善思覺失調的污名化及負面標籤問題。思覺失調服務計劃針對的是年齡介乎 15 至 25 歲、出現思覺失調症狀的青年人[3]，為每名病人和他們的家人提供個案經理服務。個案經理可以是護士、社工或職業治療師[4]，個案經理除了為病人提供支持性介入、心理教育、監察病人的服藥依從性、家庭工作及危機介入，更扮演病人、精神科醫生及健康工作者的橋樑和協調角色。

　　二十年來的本地研究發現，接受思覺失調服務計劃的病人，在臨床成效及功能上都表現較佳[3]，而正向病徵和負向病徵也會減輕，入院數字和入院時間亦會減少。在成本效益上，思覺失調服務計劃比傳統的精神科照護更優越。[5]

　　思覺失調服務計劃採用的模型，是診所為本模型，再加上社區照護。社區照護由個案工作者負責。此外，本地學術機構也提出過嶄新的輔助性服務模型，例如社區為本模型、數碼精神醫學等。這些服務模式有助偵測高風險思覺失調青年患者。數碼精神醫學利用應用程式、線上心理服務和生態瞬間介入（Ecological Momentary Interventions）等方式提供服務。科技的進步，為精神醫學提供了機遇，推動精神健康服務的革新，並填補服務空隙；但數碼精神醫學也帶來的一連串問題，例如用家的電腦素養、數碼精神醫學的法律問題、線上服務出現的高假陽性、服務使用者的忠誠度、數據私隱等問題，必須在未來正視和處理。

案例研究

　　Barbara 今年 24 歲，是一個單身女性，三年來沒有從事任何工作，也沒有接受正規教育。

　　Barbara 與家人同住，父親在內地工作，母親是一個強悍及愛批評的女人，哥哥經常不修邊幅，姊姊則是一個情緒化的女孩。Barbara 到了 2 歲才懂得說話，教育心理學家曾給她進行評估，並沒有發現 Barbara 出現任何發育問題。Barbara 的性格比較安靜和害羞，她就讀女校，常常成為女同學取笑及欺凌的對象。Barbara 的學業成績一般，在學最後一年，校內成績並不理想，未能繼續升學，只好在商店擔任理貨員，其後在一間細小的服裝店任職售貨員，但與同事相處不來，對顧客的苛索亦十分反感，最終離開了工作崗位。

　　隨着兄長與姊姊相繼離開家庭，Barbara 便負責處理家務工作，母親則外出賺錢養家。母親在餐廳擔任侍應，但近來卻被餐廳裁走。母親鼓勵 Barbara 積極尋找工作，Barbara 最終找到一份辦公室助理的工作。但工作不久便離職。她向母親表示，與同事相處十分困難，同事間的關係十分曖昧，經常嘲笑她仍是單身。當她進行影印工作時，同事經常竊竊私語，在背後說她壞話。Barbara 負責清潔辦公室的茶水間，Barbara 表示，同事刻意將廁所馬桶的污水倒入茶水間的洗碗盤，令洗碗盤傳出陣陣惡臭。此外，Barbara 也留意到街上的陌生人，經常以怪異的目光注視她，並刻意攔阻她，或撞向她。

　　Barbara 所住的地方有一所婦女中心，最近舉辦了一個

關於重型精神病的講座，Barbara 的母親也參加了。聽過這個講座後，Barbara 的母親懷疑女兒可能患上思覺失調，於是催促女兒求助，並警告女兒，如果她拒絕接受治療，她便不能再在家居住。Barbara 最終接受了精神科醫生的評估，並轉介至早期思覺失調計劃，作進一步跟進。

亮點

- 思覺失調是一種嚴重的精神狀況，病徵是出現幻覺與妄想，病人檢驗現實的能力會受損，亦會出現精神運動性障礙，並且缺乏洞察力。
- 及早辨識有助作出及早介入，並能改善療效，也可以減低慢性殘障的風險。
- 容易患上思覺失調、屬於高臨床風險的青年，他們擁有不同的特性，為這群組提供治療時，宜採用多模組的介入模式，成效會更佳。

參考文獻

1. Mueser KT, McGurk SR (2004). Schizophrenia. Lancet. 363 (9426):2063-72.
2. Patel PK, Leathem LD, Currin DL, Karlsgodt KH (2021). Adolescent Neurodevelopment and Vulnerability to Psychosis. Biol Psychiatry. 89(2): 184-193.
3. Tang JY, Wong GH, Hui CL, Lam MM, Chiu CP, Chan SK, Chung DW, Tso S, Chan KP, Yip KC, Hung SF, Chen EY. Early intervention for psychosis in Hong Kong--the EASY programme. Early Interv Psychiatry. 2010 Aug;4(3):214-9. doi: 10.1111/j.1751-7893.2010.00193.x. PMID: 20712726.

4. Chung, D. (2013). Early Psychosis Services in an Asian Urban Setting: EASY and Other Services in Hong Kong. In Chen E., Lee H., Chan G., & Wong G. (Eds.), Early Psychosis Intervention: A Culturally Adaptive Clinical Guide (pp. 17-28). Hong Kong University Press. Retrieved June 14, 2021. Available from http://www.jstor.org/stable/j.ctt3fgv1c.11

5. Wong KK, Chan SK, Lam MM, Hui CL, Hung SF, Tay M, Lee KH, Chen EY. Cost-effectiveness of an early assessment service for young people with early psychosis in Hong Kong. Aust N Z J Psychiatry. 2011 Aug;45(8):673-80.

10

強迫症

黃德興

摘要

　　強迫症（OCD）是一種神經及精神狀況，病徵是出現強迫觀念或強迫行為，通常與其他精神障礙或某些神經狀況有關。強迫症的發病期通常出現於青春期前或在成年早期。強迫症與生理、心理及社會因素有關，這些不同因素都會引致強迫症病發。當今治療強迫症的方法包括認知行為治療（CBT）及藥物治療（主要服用血清素（SSRIs）），但相當大比例的病人對上述治療沒有反應。針對難治的強迫症，可以考慮採用顱磁刺激治療（TMS），對患者能產生一定療效，但長遠的成效則有待研究進一步證實。

關鍵字：強迫症，青年，風險因素，治療

引言

　　強迫症是一種神經精神障礙，主要特徵是出現不想要或煩擾的思想（即強迫思想）或重複行為（即強迫行為），這些思想與行為會對患者構成干擾，影響個體的日常活動，消耗時間與精

力,並連帶出現情緒困擾。[1] 表 1 列出強迫症的主要診斷特徵;而常見的強迫行為則包括:不停檢查、不停數算、不停洗手、根據慣例與常規安排事情。一般來說,強迫行為的作用,是減低強迫思想帶來的不適,或堅持一些信念,認為要跟從某些常規辦事。

強迫症大約佔人口 2%[1],通常延續好一段日子,甚至影響終身。強迫症的一般發病期在青年或成年早期,也有患者在兒童期發病。研究發現,女性發病率較男性為高,男性則在兒童期受強迫症影響較多。[2] 此外,病徵是否嚴重,往往與生命不同階段的壓力水平有關。

強迫症可以在不同家庭成員身上出現,這反映出強迫症或與遺傳有關,但與甚麼遺傳基因相關,則尚待進一步考證。但最近有關強迫症的基因研究出現了突破,研究員辨識出與強迫症有關、具高可信度的兩個風險基因,它們可能是出現致病變異的變項,這些研究發現給強迫症與基因的關係帶來啟示。[3] 強迫症的病發,常常出現於創傷或壓力性事件之後。一些強迫症患者,會同時受到其他障礙的影響,例如焦慮症、抑鬱症、濫用藥物或妥瑞氏症。強迫症症狀的出現,與神經化學改變有關(例如 5HT2A 受體的數目過多或過少,亦與血清素轉運蛋白結合潛力有關)。[4] 當強迫症的病徵出現,透過功能造影,我們可以觀察到病人的皮質–紋狀體–下視丘–皮質迴路出現過度活躍現象,當中涉及尾狀(caudate)、殼核(putamen)、眼眶皮質(orbitofrontal cortex)、視丘前端(anterior thalamus)及前扣帶皮層(anterior cingulate cortex)。透過藥物治療與心理治療,強迫症的病徵一般會得到改善,上述大腦部位的活躍程度也會降低。[5]

	強迫症
發病率（%）	2%
發病年齡	青春期前的兒童階段（約 10 歲）與成人早期（平均年齡 21 歲）
可能風險因素	• 基因（即遺傳） • 青春期前與成人早期的心理社會壓力 • 早年的生命創傷 • 精神共病（通常與某些破壞性行為失調或發展障礙有關）
病徵	• 強迫思想（例如：害怕污染、強調條理與平衡） • 強迫行為（例如：不停檢查、不停數算、不停洗手）
治療	認知行為治療、選擇性血清素再吸收抑制劑、氯米帕明、腦深層電刺激

表 1　強迫症的主要診斷特徵

為何強迫症在青年階段出現

生命中有兩個階段是強迫症出現的高峰期，一是青春期前的兒童階段（約 10 歲），另一是成年早期（平均年齡為 21 歲）。[2,6] 患有強迫症的成年人中，80% 在 18 歲或以前病發。[7]

強迫症為何在青年期病發？這可能與生理因素有關，特別是性別的影響。在青年的強迫症樣本中，男性佔很大比例（60% 至 70% 屬男性）。但到了青年後期，會出現模式的改變（趨勢是女性佔大多數）。[2,8] 為何會出現這種現象？至今仍未有明確答案。強迫症的出現涉及基因因素，一個針對 21 名患有強迫症的兒童及青年的研究中，Riddle 等人 [9] 發現，71% 患者的父母也患有強迫症，或曾出現強迫症的病徵。針對強迫症患者的家庭研究中，發現早發性強迫症與家庭因素存在很大關聯。[7,10] 但一個雙

生子的研究中，研究員則發現，自 12 歲開始，強迫症的遺傳性開始降低；由此可見，雙生子的共享環境對強迫症症狀的變異，發揮很大的影響力。

影響強迫症出現的環境因素，包括青春期前與青年後期出現的心理社會壓力源。眾所周知，青春期前是一個充滿壓力的轉變階段。青年人由小學踏進中學，需要與昔日同儕告別，並認識新的社群。[11] 在這個轉接期，無論身體、心理與社交，都會出現變化，令年輕人感到憂慮與不安。[12] 在這邁向成熟與獨立的過程中，青年人或會因壓力而出現焦慮病徵，這情況在青年後期很常見，或許是青年人患上強迫症的其中主要原因。

壓力事件是預測強迫症會否出現的其中一個重要因素，特別是早年的創傷事件。Barzilay 等人 [13] 發現，早年發生的創傷事件，與強迫症的病徵息息相關，形成量效關係。Barzilay 的研究樣本來自美國費城，群組年齡則介乎 11 至 21 歲。研究員發現，創傷性壓力事件如具侵襲性質（例如性侵犯），相較於沒有侵襲性質的壓力事件，前者與強迫症存在更大的關聯。此外，Gothelf 等人 [14] 的研究發現，相較於控制組，青年人或兒童（平均年齡 13.8 歲）生命中曾經歷負面事件，與一年後出現的強迫症明顯相關。有些研究員指出，基因因素或會令某些兒童產生逃避傾向，當這些兒童遇上壓力事件（例如親人患上重病），他們傾向以負面的態度去面對，繼而啟動了病態的焦慮機制（例如出現焦慮症症狀）。總的來說，強迫症的發病，通常與基因及環境的互動因素有關。

此外，青年階段的心理轉變，對強迫症的發病也扮演了一定角色。一些研究發現，青年期出現的強迫思想，大多與宗教和性的主題有關（例如基督宗教信仰與年輕成人的強迫症可能有

關）[15]，原因是處於青年階段的個體，他們比較關心和着緊性與宗教的議題。[16]

　　大約三分二強迫症患者，被診斷至少出現一種其他精神障礙，出現精神共病（psychiatric comorbidity）現象。[17]在青年強迫症患者中，破壞性行為障礙（disruptive behaviour disorders）、發展障礙，都可能與強迫症存在共病關係。[16]在成年強迫症患者中，精神共病大多涉及情感障礙及焦慮症。因此，Hanna[2]指出，破壞性行為障礙可以被視為男性青年出現強迫症的促成因素之一。

　　由此可見，要解釋強迫症為何在青春期前或青年晚期出現，我們可以利用結合生理及心理因素的模型進行分析；焦點是青年階段出現的轉變，以及壓力事件累積產生的結果。但上述因素如何誘發強迫症，則有待更多研究去證實。青年強迫症個案中，精神共病的現象十分普遍；青年出現強迫症的真正原因，則有待更多實證研究作出合理解釋。

當今治療強迫症的方法

　　認知行為治療與服用血清素是至今最為有效、最先進治療強迫症的方法。認知行為治療聚焦於改變扭曲的思想模式，這些思想模式對行為會產生負面影響；此外，認知行為治療也會針對一些引起焦慮的處境，與患者探索處理辦法。[18]血清素證實對強迫症病人產生幫助，比三環抗抑鬱藥（tricyclic antidepressants）更安全。有些強迫症患者可能對藥物治療沒有反應，特別是一些早發性強迫症患者。[19]醫學界及一些研究報告建議，患者除了服用選擇性血清素再吸收抑制劑，也可以考慮服用其他藥物，例如

氯米帕明（clomipramine）。此外，顱磁刺激治療（TMS）也證實對改善強迫症有一定療效，特別是針對紋狀體區（striatal areas）及丘腦下核（subthalamic nucleus）進行電激。[20]另一些研究發現，病人若患上強迫症，同時患上躁狂抑鬱症或專注力不足／過度活躍症，治療效果會較差。[18,19]此外，如果強迫症屬早發性，或病人缺乏病識感，治療效果也會較差。[18,19]但這些因素對強迫症病人的影響，仍未有定論；引用這些研究資料時，須特別小心。

個案研究

Cathy 是一個 20 歲的女性，在一間銀行任職會計實習生。過去一年，她對清潔愈來愈關注。Cathy 與男朋友分手以後，對清潔的擔心變得愈來愈嚴重。與男朋友分開，成為了觸發 Cathy 出現強迫症的壓力來源。

Cathy 的強迫症症狀主要是入侵性思想，這些入侵性思想在 Cathy 身上重複出現。此外，Cathy 亦害怕觸摸污穢的東西，她需要重複洗手，以除去她認為會黏在手上的細菌和污染物。Cathy 花很長時間洗手，每次洗手需時 10 分鐘，每天多達 25 次。縱使花了這麼多時間洗手，Cathy 仍不確定雙手是否清潔，於是只好重複再洗。Cathy 的洗手習慣會依從某種模式進行，例如被同事打擾（例如同事向她查詢事情），她便會重複洗手。多種情況都可引致 Cathy 感到焦慮，其中包括觸摸門柄、觸摸電梯扶手、觸摸電梯按鈕。Cathy 曾嘗試對這等沾污思想作出反抗，但她愈拒絕這些思想，焦慮便加倍增加。Cathy 的強迫思想與強迫行為互相不斷交替出

現，形成強迫症的典型呈現模式。

強迫症症狀令 Cathy 工作時出現不少困難，每次 Cathy 從同事手上收取文件，她都會擔心文件來自何方、甚麼人接觸過這份文件，並猜疑文件是否被沾污，這些想法在 Cathy 腦海重複出現，如果不能立即洗手，她便會感到非常焦慮，這大大影響 Cathy 的工作表現，令 Cathy 常常心神恍惚。同事注意到 Cathy 的奇怪行徑，便開始關注她，並建議 Cathy 向精神科醫生求助。

Cathy 向精神科醫生表示，她不但擔心雙手是否清潔，便擔心衣服是否被沾污，會否把細菌帶回家。每次回家，她都會立即更換衣服，並且每天清洗上班穿過的衣服。她更要求父母遵從同一清潔習慣。父母開始投訴她花了大量時間洗手。Cathy 每天在家的洗手時間約兩小時，為此她經常與父母發生衝突。焦慮與規條令她的社交生活大受影響，Cathy 幾乎拒絕所有社交邀約，寧願躲在家中。這些習慣對 Cathy 的日常生活造成很大困擾，耗費她不少時間和精力。

醫生建議 Cathy 服用血清素，並接受認知行為治療。經過三個月的療程，Cathy 的強迫症症狀漸漸受到控制，雖然症狀不是完全消失，但 Cathy 可以重投工作的懷抱，比較從容處理日常活動，表現尚算不錯。這反映出血清素及認知行為治療能緩解強迫症的症狀。

亮點

• 強迫症通常在青年階段出現。

- 不同因素都可誘發強迫症，強迫症會對患者的日常生活產生重大影響。
- 藥物及心理介入能有效緩解強迫症病徵。

參考文獻

1. Sasson Y, Zohar J, Chopra M, Lustig M, Iancu I, Hendler T. Epidemiology of obsessive-compulsive disorder: a world view. Journal of Clinical Psychiatry. 1997 Feb 1;58(12):7-10.

2. Hanna GL. Demographic and Clinical Features of Obsessive-Compulsive Disorder in Children and Adolescents. Journal of the American Academy of Child & Adolescent Psychiatry [Internet]. Elsevier BV; 1995 Jan;34(1):19–27.

3. Cappi C, Oliphant ME, Péter Z, Zai G, Conceição do Rosário M, Sullivan CAW, et al. De Novo Damaging DNA Coding Mutations Are Associated With Obsessive-Compulsive Disorder and Overlap With Tourette's Disorder and Autism. Biological Psychiatry [Internet]. Elsevier BV; 2020 Jun;87(12):1035–44.

4. Perani D, Garibotto V, Gorini A, Moresco RM, Henin M, Panzacchi A, et al. In vivo PET study of 5HT2A serotonin and D2 dopamine dysfunction in drug-naive obsessive-compulsive disorder. NeuroImage [Internet]. Elsevier BV; 2008 Aug;42(1):306–14. Available from: http://dx.doi.org/10.1016/j.neuroimage.2008.04.233

5. Anticevic A, Hu S, Zhang S, Savic A, Billingslea E, Wasylink S, et al. Global Resting-State Functional Magnetic Resonance Imaging Analysis Identifies Frontal Cortex, Striatal, and Cerebellar Dysconnectivity in Obsessive-Compulsive Disorder. Biological Psychiatry [Internet]. Elsevier BV; 2014 Apr;75(8):595–605.

6. Heyman I, Fombonne E, Simmons H, Ford T, Meltzer H, Goodman R. Prevalence of obsessive–compulsive disorder in the British nationwide survey of child mental health. British Journal of Psychiatry [Internet]. Royal College of Psychiatrists; 2001 Oct;179(4):324–9. Available from: http://dx.doi.org/10.1192/bjp.179.4.324

7. Pauls DL, Alsobrook JP, Goodman W, Rasmussen S, Leckman JF. A family study of obsessive-compulsive disorder. The American journal of psychiatry. 1995 Jan.

8. Geller DA, Biederman J, Reed ED, Spencer T, Wilens TE. Similarities in Response to Fluoxetine in the Treatment of Children and Adolescents

with Obsessive-Compulsive Disorder. Journal of the American Academy of Child & Adolescent Psychiatry [Internet]. Elsevier BV; 1995 Jan;34(1):36–44.

9. Riddle MA, Scahill L, King R, Hardin MT, Towbin KE, Ort SI, et al. Obsessive Compulsive Disorder in Children and Adolescents: Phenomenology and Family History. Journal of the American Academy of Child & Adolescent Psychiatry [Internet]. Elsevier BV; 1990 Sep;29(5):766–72.

10. Do Rosario-Campos MC, Leckman JF, Curi M, Quatrano S, Katsovitch L, Miguel EC, et al. A family study of early-onset obsessive-compulsive disorder. American Journal of Medical Genetics Part B: Neuropsychiatric Genetics [Internet]. Wiley; 2005;136B(1):92–7.

11. Cameron JL. Interrelationships between Hormones, Behavior, and Affect during Adolescence: Complex Relationships Exist between Reproductive Hormones, Stress-Related Hormones, and the Activity of Neural Systems That Regulate Behavioral Affect. Comments on Part III. Annals of the New York Academy of Sciences [Internet]. Wiley; 2004 Jun;1021(1):134–42.

12. Van Oort FVA, Greaves-Lord K, Verhulst FC, Ormel J, Huizink AC. The developmental course of anxiety symptoms during adolescence: the TRAILS study. Journal of Child Psychology and Psychiatry [Internet]. Wiley; 2009 Oct;50(10):1209–17.

13. Barzilay R, Patrick A, Calkins ME, Moore TM, Gur RC, Gur RE. Association between early-life trauma and obsessive compulsive symptoms in community youth. Depression and Anxiety [Internet]. Wiley; 2019 May 8;36(7):586–95. Available from: http://dx.doi.org/10.1002/da.22907

14. Gothelf D, Aharonovsky O, Horesh N, Carty T, Apter A. Life events and personality factors in children and adolescents with obsessive-compulsive disorder and other anxiety disorders. Comprehensive Psychiatry [Internet]. Elsevier BV; 2004 May;45(3):192–8.

15. Abramowitz JS, Deacon BJ, Woods CM, Tolin DF. Association between Protestant religiosity and obsessive-compulsive symptoms and cognitions. Depression and Anxiety [Internet]. Wiley; 2004;20(2):70–6.

16. Geller DA, Biederman J, Faraone S, Agranat A, Cradock K, Hagermoser L, et al. Developmental Aspects of Obsessive Compulsive Disorder: Findings in Children, Adolescents, and Adults. The Journal of Nervous and Mental Disease [Internet]. Ovid Technologies (Wolters Kluwer Health); 2001 Jul;189(7):471–7.

17. Geller D, Biederman J, Jones J, Park K, Schwartz S, Shapiro S, et al. Is Juvenile Obsessive-Compulsive Disorder a Developmental Subtype

of the Disorder? A Review of the Pediatric Literature. Journal of the American Academy of Child & Adolescent Psychiatry [Internet]. Elsevier BV; 1998 Apr;37(4):420–7.

18. STORCH EA, MERLO LJ, LARSON MJ, GEFFKEN GR, LEHMKUHL HD, JACOB ML, et al. Impact of Comorbidity on Cognitive-Behavioral Therapy Response in Pediatric Obsessive-Compulsive Disorder. Journal of the American Academy of Child & Adolescent Psychiatry [Internet]. Elsevier BV; 2008 May;47(5):583–92.

19. Shetti CN, Reddy YCJ, Kandavel T, Kashyap K, Singisetti S, Hiremath AS, et al. Clinical Predictors of Drug Nonresponse in Obsessive-Compulsive Disorder. The Journal of Clinical Psychiatry [Internet]. Physicians Postgraduate Press, Inc; 2005 Dec 15;66(12):1517–23.

20. Alonso P, Cuadras D, Gabriëls L, Denys D, Goodman W, Greenberg BD, et al. Deep Brain Stimulation for Obsessive-Compulsive Disorder: A Meta-Analysis of Treatment Outcome and Predictors of Response. Sgambato-Faure V, editor. PLOS ONE [Internet]. Public Library of Science (PLoS); 2015 Jul 24;10(7):e0133591.

11

創傷後壓力症候群

王名彥

摘要

　　與其他精神障礙類似，大多數創傷後壓力症候群發病於青年階段，並帶來長遠的影響；對個體的功能或生活質素，都會產生影響，並為社會帶來負擔。本土關於創傷後壓力症候群的研究卻寥寥可數，對象是青年人的相關研究更少。本章會集中討論如何為創傷後壓力症候群患者提供早期介入，特別是那些屬於高危的青年群組。我們也會檢視創傷後壓力症候群的診斷定義、概念和病徵，並討論到相關的保護因素與風險因素。在這些基礎之上，我們會檢視香港青年人的創傷後壓力症候群問題。我們亦會介紹創傷後壓力症候群的介入方法和治療模式，及如何在本地實踐。

關鍵字：創傷後壓力症候群，青年精神健康

引言

　　青年人經歷創傷並不罕見，不是每一個暴露於創傷的青年人都會演變成創傷後壓力症候群。一些創傷性事件，明顯與創傷

後壓力症候群相關。創傷後壓力症候群大多出現於青年階段，其中包括人際間的暴力、親密伴侶間的性暴力、與戰爭相關的創傷等。[1] 處於成長階段的年輕人特別脆弱，他們會較容易出現創傷後壓力症候群。[1,2]

創傷後壓力症候群或創傷性壓力事件，會令青年人失去生活功能或變成殘障，帶給個人和社會沉重的負擔。[3-5] 不少針對青年創傷後壓力症候群的研究發現，創傷後壓力症候群會給青年帶來明顯的損害，在社會、人際、身體、學業及行為各方面，都出現功能受損，並對生活質素和精神健康帶來負面的影響。[6-9]

一些研究發現，那些暴露於創傷性事件的兒童及青年人，他們普遍缺乏調節情緒的能力 [10]；暴露於創傷性事件，會改變大腦的功能和結構，令海馬體的體積縮少，影響大腦的成熟過程。[11,12] 這些發現，反映出早年創傷事件會對神經生物結構產生影響，結果更可能在青年晚期或成年期才浮現。[13,14] 因此針對經歷創傷或創傷後壓力症候群的青年人，持續監察這些經歷對他們產生的神經生物性影響，顯得尤為重要。

創傷後壓力症候群與其他精神障礙存在共病性，這在青年群組中頗為明顯。無論是個人創傷、群體或國家層面的創傷（例如戰爭或天然災害），都可能與其他精神障礙產生共病性（例如抑鬱症、焦慮症、物質使用障礙等）。[15-18] 有研究發現，共病性會產生衰退後果，令青年人精神健康功能和認知功能轉差、生活質素下降，甚至出現自殺行為等。[9,19] 因此，為經歷創傷後壓力症候群高危的青年提供早期介入，看來十分重要。

在病因學上，創傷後壓力症候群與其他精神障礙的症狀會出現重疊，但創傷後壓力症候群的一個主要特徵，是創傷後壓力症候群由壓力啟動，與壓力源息息相關 [20]，表 1 列出創傷後壓力

	創傷後壓力症候群
病發率（%）	6–9%
可能風險因素	社會人口特徵（例如年紀較輕、女性） 精神病理學（例如家族成員有精神障礙或企圖自殺的歷史） 環境因素：曾經歷童年逆境、社會經濟地位較低 個人因素（例如反芻思維、神經質）
病徵	入侵性及不適的記憶與夢境、解離反應、因暴露於創傷而引起的心理與身體不適、經歷死亡威脅、嚴重受傷、性侵犯
治療	認知行為治療、眼動脫敏再處理、藥物治療

表 1　創傷後壓力症候群的主要診斷特徵

症候群的主要診斷特徵。

　　在創傷後壓力症候群中，最被廣泛研究的類別，屬於精神疾病診斷與統計手冊第五版所列出的生活事件清單（LEC-5[21]）。這些事件包括：經歷高度威脅、經歷創傷事件（例如虐待、襲擊、嚴重意外、重要身邊人的死亡）、國家或地區層面的創傷事件（例如戰鬥、戰爭、天然災害）。生活事件清單也會考慮下列個人因素，以判繼創傷程度：（1）個體是否暴露於事件中；（2）個體是否親身目睹創傷事件發生在別人身上；（3）個體是否得悉創傷事件發生在親密家庭成員或好友身上；（4）個體是否因為工作關係而暴露於事件中。

　　一個關於創傷後壓力症候群的大型研究發現，終身經歷創傷比率約為 70.4%。[1]生活事件清單羅列的 29 種創傷類別中，最常見的創傷類別是：目睹所愛的人遭受創傷（31.4%）；所愛的人突然死亡（31.4%）；個人經歷身體暴力（例如搶劫、兒童或成年的身體虐待，22.9%）；親密伴侶之間的性暴力（例如身體虐待、

強姦、性襲擊，14.0%）；與戰爭相關的暴力（例如戰鬥、戰區的平民、目睹暴行，13.1%）；其他（8.4%）。[1]

雖然某些創傷十分普遍，例如天然災害，但這些創傷類別會令個體容易患上創傷後壓力症候群。[2]此外，某幾種創傷類別，例如性虐待（性虐待一般會帶來高度羞恥感），會提升患者出現創傷後壓力症候群的風險。有些學者則指出，可以利用「憤怒」作為認知模型，以「憤怒」作為啟動創傷後壓力症候群的主要原因。以「憤怒」作為認知模型的好處，是能夠分辨人為或自然引致的創傷，強調人為引致的創傷事件容易引起「憤怒」反應，並增加患上創傷後壓力症候群的風險。容易引發憤怒反應的事件包括：人為引致的意外、與自然有關但人為複合的創傷、環境創傷等。[22]

在一個對象為 18 歲青年、頗具規模的研究發現，在各種類別的創傷事件中，生命中曾經歷強姦的青年較容易發展成創傷後壓力症候群，並出現逃避、麻木等症狀，這些症狀可以持續一個月或以上。[7]性暴力、身體暴力及損傷、目睹暴力與創傷，與壓力症候群存在正向關係[2, 23-26]，作為臨床工作者，須對上述創傷類別特別注意。

為何創傷後壓力症候群在青年階段出現

很多人曾暴露於創傷事件，但只有少數個體最後患上創傷後壓力症候群[1,27]，原因為何？究竟哪些是創傷後壓力症候群的風險因素？哪些是保護因素？辨別這些因素，會有助我們向暴露於創傷事件中的青年人提供主動協助，亦有助設計預防和治療方案。表 1 列出過去針對青年及成年群組有關創傷後壓力症候群的

縱向和橫向研究，並列出一些主要風險因素。其他須考慮的風險因素還包括：當事人對事件的反應；當事人會否感覺事件對個人生命構成威脅；當事人會否感覺對事件缺乏控制。[6]上述風險因素雖然較少討論，但也須加以注視。

　　雖然上述因素與創傷後壓力症候群相關，但作臨床應用時，也須考慮其他因素。年輕人相較於其他年齡群組，當面對創傷後壓力症候群或其他精神困擾，會顯得特別脆弱。年齡較大的年輕人相較於年齡較輕的年輕人，呈現出較大的創傷後壓力症候群風險。[28]過去一個針對成人創傷後壓力症候群的元分析發現，某些風險因素是否具預測能力，取決於性別、暴露於創傷時的年紀等因素，也受到取樣的影響（例如取樣對象是軍人或取樣對象是平民會有所不同），亦會受到不同研究方法所影響（前瞻性設計（prospective design）與回溯性設計（retrospective design）會有所不同）。[29]此外，個人與家庭是否擁有精神病史，兒時曾否經歷虐待，對是否出現創傷後壓力症候群症狀，也具一定預測作用。一個近年在英國及威爾士進行的縱向流行病學研究發現，童年出現的風險因素，與青年期的創傷後壓力症候群風險有關。女性、智商較低、社會經濟地位較低、不利的居住環境，都屬於創傷後壓力症候群的風險因素。經歷童年創傷或經歷直接的人際創傷，是明顯的風險因素。[30]臨床工作者宜留意患者有沒有上述經歷，這在有助我們提供適切介入，以減低青年人患上創傷後壓力症候群的風險。

　　一個針對中國學生進行的研究發現，「正向青年發展」（positive youth development）的組成元素，對創傷後壓力症候群可以產生保護作用，有助青年人面對創傷後壓力症候群出現的症狀。[31]這些元素包括：社交能力、情緒能力、認知能力、

自我效能、自決、與別人結連等；培養青年人擁有抗逆力及連貫感（sense of coherence），對預防創傷後壓力症候群有莫大幫助。[32-34]

香港青年近年面對着不同的壓力源，其中包括 2019 年中期至 2020 年初發生的社會事件、2020 年初出現的新冠肺炎疫情等。一個針對家庭的縱向研究發現，社會事件發生之前和之後，年輕人的脆弱性普遍增加[35]，並增加患上創傷後壓力症候群的風險。其他大型研究也發現，社會事件、新冠肺炎疫情產生的壓力，加上童年的逆境經歷、個人生活面對的壓力，與出現創傷後壓力症候群症狀有關。[36,37]我們須留意這些不同的壓力因素（內在因素與環境因素、近端和遠端的環境因素）與青年創傷後壓力症候群的關係。

當今治療創傷後壓力症候群的方法

上述關於青年脆弱性與風險因素的討論，有助我們作出臨床判斷，指導我們如何針對性地為青年創傷後壓力症候群患者提供介入。基於不同的創傷後壓力症候群模型，不同的介入方法先後發展起來。著名的海外組織，例如美國精神醫學學會（American Psychiatric Association）、英國國家健康與臨床卓越機構（National Institute for Health and Clinical Excellence）、醫學研究所（Institute of Medicine），都曾針對創傷後壓力症候群發出臨床指引。[38]在治療創傷後壓力症候群的方法中，延長暴露療法（Prolonged Exposure）及認知處理治療（Cognitive Processing Therapy）獲得最多實證支持。[38,39]基於創傷後壓力症候群的認知模型而設計的「創傷聚焦認知行為治療」（TF-CBT）也受到一定

重視 [40,41]，研究發現，這種療法不但有效，可以緩解兒童及青年創傷後壓力症候群出現的症狀，更具一定成本效益。[42,43] 此外，遊戲治療是另一種具成本效益、針對創傷後壓力症候群的治療方法，但成效不及「創傷聚焦認知行為治療」。至於眼動減敏重整治療（EMDR）對青年患者也相當有效。[44-46] 家庭治療或支持性治療也會用於治療創傷後壓力症候群，但這種治療方法的成本效益仍有待進一步證實。

除了上述傳統治療方法，也有一些較容易引起青年人興趣的介入方法，這些方法可以獨立使用或作為附加療法，其中包括運動療法（Exercise Interventions）[47]、智能手機為本介入（Smartphone-based Interventions）、 生態瞬間介入（Ecological Momentary Interventions）[48,49]。但這些療法的有效性仍需更多驗證。

現存關於創傷後壓力症候群的治療和介入研究，採樣的對象都是成人群組或兒童及青年群組，甚少針對 12 至 25 歲處於發育階段的青年人，而本土研究更寥寥可數，實在有需要進行更多相關研究。但上述討論仍具一定參考和建議價值。

個案研究

Betty 是一個 12 歲的學生，完成小學課程後，她順利升上一所中學。升上中學後，Betty 面對學業上不少困難與掙扎。老師留意到 Betty 上課時不專心，並經常遲交功課。老師最初以為是適應問題，Betty 並沒有舊同學一起升上這所新中學。Betty 經常缺課，老師便邀請社工一起進行家訪，才發現 Betty 的母親患有抑鬱症，並出現了一些思覺失調的

病徵。母親向老師和社工表示，她患病期間，曾服食過量藥物，當時 Betty 只有 8 歲。受着妄想的干擾，母親曾想過把 Betty 的頭顱砍下來。當時的 Betty 感到很害怕，她躲進洗手間，並把大門鎖上，直至父親回家報警。其後 Betty 的父母離婚，Betty 有一位姊姊，也因為不能面對家庭問題，而漸漸物質上癮，最後更因販毒入獄。Betty 的父親在餐廳任職大廚，工作時間頗長，常常把 Betty 獨留家中。自從母親精神病發作，Betty 便經常發惡夢，並對上述事件出現閃回，Betty 在社交上更變得焦慮和退縮，有時會出現恐慌突襲。

　　學校的教育心理學家給 Betty 進行了評估，確定 Betty 沒有出現學習障礙、閱讀障礙、專注力不足 / 過度活躍症，便將 Betty 的個案轉介至臨床心理學家，針對創傷後壓力症候群作進一步治療。

亮點

- 青年人需要時間逐步與人分享創傷經驗，創傷篩選加上跟進面談，有助對經歷創傷後壓力症候群的青年作出正確評估。
- 引用創傷後壓力症候群的診斷定義或對創傷經驗作出詮釋時，須留意文化差異。
- 須注意大眾傳媒對創傷事件的間接影響。
- 針對創傷後壓力症候群的高風險青年，為他們提供治療，最適宜的方法是採用多專業團隊模式，父母與家人也應參與其中。

參考文獻

1. Kessler RC, Aguilar-Gaxiola S, Alonso J, Benjet C, Bromet EJ, Cardoso G, et al. Trauma and PTSD in the WHO World Mental Health Surveys. Eur J Psychotraumatol. 2017 Oct 27;8(sup5):1353383.

2. Nooner KB, Linares LO, Batinjane J, Kramer RA, Silva R, Cloitre M. Factors related to posttraumatic stress disorder in adolescence. Trauma Violence Abuse. 2012 Jul;13(3):153–66.

3. von der Warth R, Dams J, Grochtdreis T, König H-H. Economic evaluations and cost analyses in posttraumatic stress disorder: a systematic review. Eur J Psychotraumatol. 2020 Dec 31;11(1):1753940.

4. Bothe T, Jacob J, Kröger C, Walker J. How expensive are post-traumatic stress disorders? Estimating incremental health care and economic costs on anonymised claims data. Eur J Health Econ. 2020 Aug 1;21(6):917–30.

5. McFarlane AC. The long-term costs of traumatic stress: intertwined physical and psychological consequences. World Psychiatry. 2010 Feb;9(1):3–10.

6. Holbrook TL, Hoyt DB, Coimbra R, Potenza B, Sise M, Anderson JP. Long-term posttraumatic stress disorder persists after major trauma in adolescents: new data on risk factors and functional outcome. J Trauma. 2005 Apr;58(4):764–9; discussion 769–71.

7. Giaconia RM, Reinherz HZ, Silverman AB, Pakiz B, Frost AK, Cohen E. Traumas and posttraumatic stress disorder in a community population of older adolescents. J Am Acad Child Adolesc Psychiatry. 1995 Oct;34(10):1369–80.

8. McLean CP, Rosenbach SB, Capaldi S, Foa EB. Social and academic functioning in adolescents with child sexual abuse-related PTSD. Child Abuse Negl. 2013 Sep;37(9):675–8.

9. Seng JS, Graham-Bermann SA, Clark MK, McCarthy AM, Ronis DL. Posttraumatic stress disorder and physical comorbidity among female children and adolescents: results from service-use data. Pediatrics. 2005 Dec;116(6):e767–76.

10. Marusak HA, Martin KR, Etkin A, Thomason ME. Childhood trauma exposure disrupts the automatic regulation of emotional processing. Neuropsychopharmacology. 2015 Mar 13;40(5):1250–8.

11. Woon FL, Hedges DW. Hippocampal and amygdala volumes in children and adults with childhood maltreatment-related posttraumatic stress disorder: a meta-analysis. Hippocampus. 2008;18(8):729–36.

12. Thomason ME, Marusak HA. Toward understanding the impact of trauma on the early developing human brain. Neuroscience. 2017 Feb 7;342:55–67.

13. Tottenham N, Sheridan M. A review of adversity, the amygdala and the hippocampus: a consideration of developmental timing. Front Hum Neurosci. 2010;3:68.

14. Keding TJ, Herringa RJ. Abnormal Structure of Fear Circuitry in Pediatric Post-Traumatic Stress Disorder. Neuropsychopharmacology. 2014 Sep 12;40(3):537-45.

15. Brady KT, Killeen TK, Brewerton T, Lucerini S. Comorbidity of psychiatric disorders and posttraumatic stress disorder. J Clin Psychiatry. 2000;61 Suppl 7:22-32.

16. Marthoenis M, Ilyas A, Sofyan H, Schouler-Ocak M. Prevalence, comorbidity and predictors of post-traumatic stress disorder, depression, and anxiety in adolescents following an earthquake. Asian J Psychiatr. 2019 Jun;43:154-9.

17. Abram KM, Washburn JJ, Teplin LA, Emanuel KM, Romero EG, McClelland GM. Posttraumatic stress disorder and psychiatric comorbidity among detained youths. Psychiatr Serv. 2007 Oct;58(10):1311-6.

18. Adams ZW, Danielson CK, Sumner JA, McCauley JL, Cohen JR, Ruggiero KJ. Comorbidity of PTSD, Major Depression, and Substance Use Disorder Among Adolescent Victims of the Spring 2011 Tornadoes in Alabama and Joplin, Missouri. Psychiatry. 2015;78(2):170-85.

19. Nichter B, Norman S, Haller M, Pietrzak RH. Psychological burden of PTSD, depression, and their comorbidity in the U.S. veteran population: Suicidality, functioning, and service utilisation. J Affect Disord. 2019 Sep 1;256:633-40.

20. Copeland WE, Keeler G, Angold A, Costello EJ. Traumatic events and posttraumatic stress in childhood. Arch Gen Psychiatry. 2007 May;64(5):577-84.

21. Weathers FW, Blake DD, Schnurr PP, Kaloupek DG, Marx BP, Keane TM. The life events checklist for DSM-5 (LEC-5). 2013.

22. McHugh T, Forbes D, Bates G, Hopwood M, Creamer M. Anger in PTSD: is there a need for a concept of PTSD-related posttraumatic anger? Clin Psychol Rev. 2012 Mar;32(2):93-104.

23. Nöthling J, Simmons C, Suliman S, Seedat S. Trauma type as a conditional risk factor for posttraumatic stress disorder in a referred clinic sample of adolescents. Compr Psychiatry. 2017 Jul;76:138-46.

24. Alisic E, Zalta AK, van Wesel F, Larsen SE, Hafstad GS, Hassanpour K, et al. Rates of post-traumatic stress disorder in trauma-exposed children and adolescents: meta-analysis. Br J Psychiatry. 2014;204:335-40.

25. Salazar AM, Keller TE, Gowen LK, Courtney ME. Trauma exposure and

PTSD among older adolescents in foster care. Soc Psychiatry Psychiatr Epidemiol. 2013 Apr;48(4):545–51.

26. Frounfelker R, Klodnick VV, Mueser KT, Todd S. Trauma and posttraumatic stress disorder among transition-age youth with serious mental health conditions. J Trauma Stress. 2013 Jun;26(3):409–12.

27. Yehuda R, McFarlane AC, Shalev AY. Predicting the development of posttraumatic stress disorder from the acute response to a traumatic event. Biol Psychiatry. 1998 Dec 15;44(12):1305–13.

28. Kilpatrick DG, Ruggiero KJ, Acierno R, Saunders BE, Resnick HS, Best CL. Violence and risk of PTSD, major depression, substance abuse/dependence, and comorbidity: results from the National Survey of Adolescents. J Consult Clin Psychol. 2003 Aug;71(4):692–700.

29. Brewin CR, Andrews B, Valentine JD. Meta-analysis of risk factors for posttraumatic stress disorder in trauma-exposed adults. J Consult Clin Psychol. 2000 Oct;68(5):748–66.

30. Lewis SJ, Arseneault L, Caspi A, Fisher HL, Matthews T, Moffitt TE, et al. The epidemiology of trauma and post-traumatic stress disorder in a representative cohort of young people in England and Wales. Lancet Psychiatry. 2019 Mar;6(3):247–56.

31. Shek DTL, Zhao L, Dou D, Zhu X, Xiao C. The Impact of Positive Youth Development Attributes on Posttraumatic Stress Disorder Symptoms Among Chinese Adolescents Under COVID-19. J Adolesc Health. 2021 Apr;68(4):676–82.

32. Schäfer SK, Becker N, King L, Horsch A, Michael T. The relationship between sense of coherence and post-traumatic stress: a meta-analysis. Eur J Psychotraumatol. 2019 Jan 17;10(1):1562839.

33. Yuan G, Xu W, Liu Z, An Y. Resilience, Posttraumatic Stress Symptoms, and Posttraumatic Growth in Chinese Adolescents After a Tornado: The Role of Mediation Through Perceived Social Support. J Nerv Ment Dis. 2018 Feb;206(2):130–5.

34. Mesman E, Vreeker A, Hillegers M. Resilience and mental health in children and adolescents: an update of the recent literature and future directions. Curr Opin Psychiatry. 2021 Nov 1;34(6):586–92.

35. Ni MY, Yao XI, Leung KSM, Yau C, Leung CMC, Lun P, et al. Depression and post-traumatic stress during major social unrest in Hong Kong: a 10-year prospective cohort study. Lancet. 2020 Jan 25;395(10220):273–84.

36. Wong SMY, Hui CLM, Wong CSM, Suen YN, Chan SKW, Lee EHM, et al. Mental Health Risks after Repeated Exposure to Multiple Stressful Events during Ongoing Social Unrest and Pandemic in Hong Kong: The

Role of Rumination: Risques pour la santé mentale après une exposition répétée à de multiples événements stressants d'agitation sociale durable et de pandémie à Hong Kong: le rôle de la rumination. Can J Psychiatry. 2021 Jun;66(6):577–85.

37. Wong SMY, Hui CLM, Suen YN, Wong CSM, Chan SKW, Lee EHM, et al. The impact of social unrest and pandemic on mental health of young people in Hong Kong: The transdiagnostic role of event-based rumination. Aust N Z J Psychiatry. 2021 Jun 26;48674211025710.

38. Watkins LE, Sprang KR, Rothbaum BO. Treating PTSD: A Review of Evidence-Based Psychotherapy Interventions. Front Behav Neurosci. 2018 Nov 2;12:258.

39. Elwood LS, Hahn KS, Olatunji BO, Williams NL. Cognitive vulnerabilities to the development of PTSD: a review of four vulnerabilities and the proposal of an integrative vulnerability model. Clin Psychol Rev. 2009 Feb;29(1):87–100.

40. de Arellano MAR, Lyman DR, Jobe-Shields L, George P, Dougherty RH, Daniels AS, et al. Trauma-focused cognitive-behavioral therapy for children and adolescents: assessing the evidence. Psychiatr Serv. 2014 May 1;65(5):591–602.

41. Cohen JA, Mannarino AP. Trauma-focused Cognitive Behavior Therapy for Traumatized Children and Families. Child Adolesc Psychiatr Clin N Am. 2015 Jul;24(3):557–70.

42. Mavranezouli I, Megnin-Viggars O, Trickey D, Meiser-Stedman R, Daly C, Dias S, et al. Cost-effectiveness of psychological interventions for children and young people with post-traumatic stress disorder. J Child Psychol Psychiatry. 2020 Jun;61(6):699–710.

43. Mavranezouli I, Megnin-Viggars O, Daly C, Dias S, Stockton S, Meiser-Stedman R, et al. Research Review: Psychological and psychosocial treatments for children and young people with post-traumatic stress disorder: a network meta-analysis. J Child Psychol Psychiatry. 2020 Jan;61(1):18–29.

44. Moreno-Alcázar A, Treen D, Valiente-Gómez A, Sio-Eroles A, Pérez V, Amann BL, et al. Efficacy of Eye Movement Desensitization and Reprocessing in Children and Adolescent with Post-traumatic Stress Disorder: A Meta-Analysis of Randomized Controlled Trials. Front Psychol. 2017 Oct 10;8:1750.

45. Manzoni M, Fernandez I, Bertella S, Tizzoni F, Gazzola E, Molteni M, et al. Eye movement desensitization and reprocessing: The state of the art of efficacy in children and adolescent with post traumatic stress disorder. J Affect Disord. 2021 Mar 1;282:340–7.

46. John-Baptiste Bastien R, Jongsma HE, Kabadayi M, Billings J. The

effectiveness of psychological interventions for post-traumatic stress disorder in children, adolescents and young adults: a systematic review and meta-analysis. Psychol Med. 2020 Jul;50(10):1598–612.

47. Rosenbaum S, Sherrington C, Tiedemann A. Exercise augmentation compared with usual care for post-traumatic stress disorder: a randomized controlled trial. Acta Psychiatr Scand. 2015 May;131(5):350–9.

48. Possemato K, Maisto SA, Wade M, Barrie K, McKenzie S, Lantinga LJ, et al. Ecological momentary assessment of PTSD symptoms and alcohol use in combat veterans. Psychol Addict Behav. 2015 Dec;29(4):894–905.

49. Ruzek JI, Kuhn E, Jaworski BK, Owen JE, Ramsey KM. Mobile mental health interventions following war and disaster. Mhealth. 2016 Sep 29;2:37.

12

人格障礙

林嫣紅

摘要

　　人格障礙的特徵，是內在經驗與行為出現某種持續模式，這種模式會對個人的職業與人際功能產生損害。當個體在童年或青年階段出現人格障礙，無論是對情緒調節、良知發展、衝動控制或身份鞏固等都會造成損害，亦會對日後人際關係及職場要求構成負面影響。本章將會討論人格障礙的背景及發病率，也會談到人格障礙的風險因素及干預措施。

關鍵字：人格障礙，風險因素，疫情，心理教育，運動，預防

引言

　　性格是個體踏進青年早期及成年初期所呈現的思考、感覺與行為模式，這些模式具相當程度的一致性。性格也可以理解為個體的整體氣質，這些氣質大部分是天生的，並決定了個體如何對經驗環境及對其他人作出反應。簡單地說，性格是個體透過經驗和學習發展出的認知、情緒及行為模式。而人格障礙則是指個

體持續出現的內在經驗與行為模式，但這些模式對人際功能及職業功能會產生損害。[1,2]

當個體在童年或青年階段出現人格障礙，無論是對情緒調節、良知發展、衝動控制或身份鞏固等都會造成損害，亦會對日後人際關係及職場要求構成負面影響。[3-5]人格障礙的種類包括邊緣人格障礙、偏執型人格障礙、反社會人格障礙、表演型人格障礙、回避型人格障礙、分裂型人格障礙、類分裂型人格障礙、強迫型人格障礙及自戀型人格障礙等。人格障礙與其他精神障礙的不同之處，是人格障礙的流行病學研究並不多，所以難以辨識人格障礙的普遍性。綜合 10 個與人格障礙有關的社區研究，發現人格障礙其實非常普遍，發病率介乎 5.9% 至 22.5%，中位數為 11.1，合併盛行率則為 12.47。[6]另一挪威所做的研究[6]發現，年齡介乎 18 至 65 歲的 2053 個樣本中，發現回避型人格障礙、分裂型人格障礙、偏執型人格障礙頗為普遍，反而邊緣人格障礙的數目並不多。近年一項回顧性研究[7]綜合了過去 10 個相關的研究結果，當中涉及 113,998 個成年人，發現人格障礙的發病率相當高（12.16%），其中強迫型人格障礙的發病率最高（4.32%），依賴型人格障礙的發病率最低（0.78%）。

青年人會否出現人格障礙？人格障礙的診斷問題曾引起臨床工作者熱烈的討論，且具一定爭議性。原因是人們相信處於早期發展階段的青年人，他們的性格仍在流動變化，所以很難判定年輕人的性格是否出現障礙。但另一些學者卻認為，基於性格特質理論，其實可以診斷青年人是否出現人格障礙，認為及早辨識十分重要。在精神疾病診斷與統計手冊第五版中便列出相關條目，建議為 18 歲以下的人格障礙患者作出診斷。有些學者更指出，11 歲的兒童，他們呈現的行為和動機，已有足夠資料作出

	A 群（奇怪、異常）			B 群（戲劇化、情緒化、情感化）				C 群（焦慮、害怕）		
	妄想型人格障礙	精神分裂型人格障礙	類精神分裂型人格障礙	反社會人格障礙	邊緣人格障礙	做作型人格障礙	自戀型人格障礙	畏懼型人格障礙	依賴型人格障礙	強迫型人格障礙
發病率（%）	5.7%			1.5%				6%		
可能風險因素	家族擁有精神病史、童年創傷									
病徵	普遍對別人不信任，懷疑別人的動機，詮釋別人的動機為惡意	對社交缺乏興趣，對處相處缺乏快感，過著孤獨或封閉的生活模式，重視私密，情感冷漠	在行為或外在行為上，出現廣泛奇怪或異常的模式，或出現神奇思維	出現對別人權利不尊重的模式，參與不合法活動	情緒調節不良，人際關係不穩定，非常衝動	出現炫耀行為，經常引人注目，過度情緒化（淺薄或情緒或快速轉換）	過分強調自己的重要性，對別人的批評過分敏感，常常需要別人的欣賞，並出現剝削別人的傾向	希望獲得友誼，但膽小害羞，害怕不安的感覺，害怕被拒絕或遭受批評	害怕分離，經常猶豫不決，無法採取主動，怕被遺棄	完美主義，缺乏彈性，無法表達溫暖及溫柔，對細節和規則過分關注，無法對日程作出改變
治療	心理教育、認知行為治療、辯證行為治療、心理動力治療									

表 1 人格障礙的主要診斷特徵

正確診斷。[8]

　　美國連環殺手及性罪犯傑佛瑞・丹墨曾在美國殺死 17 名男性，把他們肢解。及後傑佛瑞・丹墨被診斷患有思覺失調、邊緣人格障礙及分裂型人格障礙。問題是，在傑佛瑞・丹墨出現這些人格障礙特徵前，是否能辨別存在的風險因素？

　　研究顯示，人格障礙涉及遺傳因素[9]及環境因素[6]。在一個雙生子研究[10]中，研究員發現人格障礙的遺傳率屬中等，介乎 20% 至 41% 不等。在城市中心居住、屬低社會經濟階層的單身個體，會較容易出現人格障礙。[6] Coid[11] 曾分析人格障礙的病因，列出了一連串風險因素，其中包括：早年遭遇逆境（喪親、父母貧困、父母犯罪），人口統計因素（女性、年輕群組、低社會階層），家族歷史（家人曾患抑鬱症），神經精神變項（智商較低、被領養、曾經歷創傷）。以上提出的風險因素，對如何為兒童及成年人格障礙患者提供干預與治療，極具參考作用。

當今治療人格障礙的方法

　　人格障礙會對個體的精神健康構成損害，因此，社會不同領域的持份者須攜手合作，擺脫人格障礙對精神健康的影響。過往的研究有助我們對人格障礙提供適切的心理介入方案。下列是廣泛用於治療人格障礙的方法：認知分析治療[12]，認知行為治療[13]，心智化為本治療（MBT）[14]，也包括針對邊緣人格障礙的辯證行為治療（DBT）[15]。辯證行為治療也有適合青年人的版本（DBT-A），這個版本涉及個人心理治療與家庭技巧訓練。過去一個隨機研究曾比較青年辯證行為治療、精神動力治療及認知行為治療的成效，發現青年辯證行為治療在減少抑鬱病徵、邊緣

人格病徵、自傷行為及自殺念頭上比其餘兩個治療方案更為有效。[16]

對人格障礙的介入和治療，通常在人格障礙的後期進行。為人格障礙提供早期介入，最近十年在澳洲、荷蘭、德國、挪威及英國等地如雨後春筍，這些計劃對預防人格障礙引致的級聯效應、心理病徵與社會心理殘障，都能發揮一定作用。[17]

除了上述介入模式，下文會提出幾項預防人格障礙的建議，其中包括心理教育和體能運動。

已有大量研究證實，針對精神健康的心理教育，能有效增進青年人的精神健康知識，並提升整體社區的心理及精神健康。Taylor-Rodgers 與 Batterham[18] 的研究發現，針對抑鬱症、焦慮症及社會標籤的網上心理教育，可以有效提升青年人尋求協助的動機。精神健康持份者（包括心理學家與精神科醫生）要有效處理及預防精神健康問題，特別是在新冠肺炎疫情期間，可以參考上述關於人格障礙的研究，並設計出適切的心理教育介入計劃。某些類別的人格障礙，當患者面對疫情，會顯得特別脆弱，並容易出現各種精神健康問題。讓患者掌握這些知識，可以產生賦權作用。此外，精神健康工作者要考慮心理文化與社會經濟等因素。總的來說，心理教育是具成本效益的介入模式，特別在疫情期間，能協助普羅大眾面對和解決精神健康問題。

運動可以視為一種「藥物」，這種「藥物」對很多精神健康問題都有助益。大量研究證實，無論是健康常人或病人，運動對他們的健康都能產生效益。人格障礙會令個體的健康轉差，並增加醫療系統的負擔。運動可以針對人格障礙患者的健康問題，提供具成本效益的介入方法。Kim 與 Jeon[19] 回顧過去的研究，發現帶氧運動可改善精神分裂症病人的身體與生理健康（在 26 個測量

樣本中，16 個出現中至高成效）。Lin 等人 [20] 也針對從事帶氧運動的青年人，進行隨機對照測試，發現參與者的前扣帶皮層的體積和厚度都有所增長。前扣帶皮層是調節情緒的大腦區域，這些發現反映出運動是一種良好「藥物」，能有效處理人格障礙患者的心理和情緒困擾。人格障礙也可以與其他精神病互動，產生精神障礙共病性，例如焦慮症、抑鬱症、飲食障礙、酒精與物質濫用、思覺失調等，需要針對這些精神問題給予相關的治療（讀者可參考第七章、第八章、第九章、第十四章及第十五章）。

個案研究

　　Mary 今年 22 歲，任職文員。Mary 與男朋友的關係可以用「愛恨交纏」來形容。Mary 與男友初中時認識，至今已經相戀十載。過去四年，Mary 變得愈來愈焦慮和抑鬱，容易感到煩躁和苦惱。Mary 亦出現了失眠及暴飲暴食的問題。她歸咎這一切問題都是一些麻煩同事引致的。Mary 指摘同事經常批評她和排擠她。此外，她亦發覺在學習和事業發展路上，與男友的分歧愈來愈大。三年前，他倆有過一段短暫而平靜的日子；但這美好的時光只維持了三個月，其後她又埋怨起來，指責男友情感冷漠、性格傲慢，而且不再愛她。其後兩人分開，但不久又卻再次走在一起。Mary 表示，她不能面對分開的日子並不好過，她應付不了，只好重投男友的懷抱。這種離離合合一直維持，直至三個月前，Mary 開展了一段新的關係。但這段關係只維持了三星期，她表示，她感受不到新男友對她的愛，於是只好回到舊男友身邊。男友表示可以理解，但不認同她的決定，兩人於是又

再次吵鬧，Mary 拾起男友的手機，把它踏碎、碾碎，並拋出窗外。男友警告要報警，Mary 竟踏出陽台，想從居所跳下去，最後給男友及母親勸止。男友把她送到 Mary 兒時認識的家庭醫生進行跟進。家庭醫生給 Mary 處方抗焦慮藥，但 Mary 仍是情緒十分激動，她拿起了家庭醫生枱上的鉛筆，企圖傷害自己。家庭醫生於是致電救護車，把她送往急症室。當 Mary 冷靜下來，她對自己的衝動行為感到十分內疚，只慶幸沒有傷及身體。最後 Mary 她從醫院返家，院方也沒有再作跟進。

從第一份工開始，Mary 便有吸食大麻的習慣，且每晚喝酒，她宣稱這些習慣有助「神經冷靜，不容易發怒」。Mary 記得父母經常批評她和貶低她，她與父母一直對抗。Mary 有一個弟弟，弟弟與她性格十分不同，弟弟是一個安靜和服從性很強的人。在學校，Mary 是一個優秀的學生，但與同學的相處並不咬弦。同學普遍認為 Mary 太自我中心及控制慾太強。Mary 喜好與人爭辯，這給老師留下非常負面的印象。Mary 把大部分時間寄情於星相與塔羅牌。Mary 表示，星相與塔羅牌讓她了解人生。Mary 認為自己氣質聰慧，但性格敏感，非常感性，容易衝動，亦容易發脾氣。

男友最終忍受不了 Mary 的性格，於是警告她，如果她不能控制暴烈的情緒，便與她分手。有一次，Mary 又情緒爆發，並損毀身邊的物件。她於是再向家庭醫生尋求協助。醫生給她處方血清素（抗抑鬱藥的一種），並轉介她往見私人執業的臨床心理學家。Mary 開始了一個以辯證行為治療作為理論基礎的療程，希望有助改善她的人格障礙。

亮點

- 人格障礙可以視為氣質與性格的適應不良，人格障礙會損害個體不同範圍的功能。
- 為青年作人格障礙的診斷，這具有一定爭議性，但卻有助作出及早辨識和及早介入。
- 治療青年階段的人格障礙，心理社會介入與預防是可行的選擇。
- 針對人格障礙的共病性給予足夠和適當的治療，可提升人格障礙的治療成效。

參考文獻

1. World Health Organization. The ICD-10 classification of mental and behavioural disorders: clinical descriptions and diagnostic guidelines. World Health Organization; 1992. Available from: https://apps.who.int/iris/handle/10665/37958

2. Diagnostic and Statistical Manual of Mental Disorders, Fourth Edition, Text Revision (DSM-IV-TR). American Psychiatric Association; 2000. Available from: http://dx.doi.org/10.1176/appi.books.9780890423349

3. Geiger TC, Crick NR. A developmental psychopathology perspective on vulnerability to personality disorders. In R. E. Ingram & J. M. Price (Eds.), Vulnerability to psychopathology: Risk across the lifespan. The Guilford Press. p. 57-102.

4. Cohen, P. & Crawford, T. (2005) Development issues. In J. M. Oldham, A. E. Skodol & D. S. Bender. (eds.) American Psychiatric Publishing Textbook of Personality Disorders. American Psychiatric Publishing. p. 171-185.

5. Dixon-Gordon KL, Whalen DJ, Layden BK, Chapman AL. A systematic review of personality disorders and health outcomes. Canadian Psychology/Psychologie canadienne. American Psychological Association (APA); 2015 May;56(2):168–90. Available from: http://dx.doi.org/10.1037/cap0000024

6. Torgersen S, Kringlen E, Cramer V. The Prevalence of Personality Disorders in a Community Sample. Archives of General Psychiatry.

American Medical Association (AMA); 2001 Jun 1;58(6):590. Available from: http://dx.doi.org/10.1001/archpsyc.58.6.590

7. Volkert J, Gablonski T-C, Rabung S. Prevalence of personality disorders in the general adult population in Western countries: systematic review and meta-analysis. The British Journal of Psychiatry. Royal College of Psychiatrists; 2018 Sep 28;213(6):709–15. Available from: http://dx.doi.org/10.1192/bjp.2018.202

8. Guilé JM, Boissel L, Alaux-Cantin S, de La Rivière SG. Borderline personality disorder in adolescents: prevalence, diagnosis, and treatment strategies. Adolesc Health Med Ther. 2018;9:199-210.

9. Torgersen S, Lygren S, Øien PA, Skre I, Onstad S, Edvardsen J, et al. A twin study of personality disorders. Comprehensive Psychiatry. Elsevier BV; 2000 Nov;41(6):416–25. Available from: http://dx.doi.org/10.1053/comp.2000.16560

10. Kendler KS, Aggen SH, Czajkowski N, Røysamb E, Tambs K, Torgersen S, et al. The Structure of Genetic and Environmental Risk Factors for DSM-IV Personality Disorders. Archives of General Psychiatry. American Medical Association (AMA); 2008 Dec 1;65(12):1438. Available from: http://dx.doi.org/10.1001/archpsyc.65.12.1438

11. Coid J. Aetiological risk factors for personality disorders. British Journal of Psychiatry. Royal College of Psychiatrists; 1999 Jun;174(6):530–8. Available from: http://dx.doi.org/10.1192/bjp.174.6.530

12. Clarke S, Thomas P, James K. Cognitive analytic therapy for personality disorder: randomised controlled trial. British Journal of Psychiatry. Royal College of Psychiatrists; 2013 Feb;202(2):129–34. Available from: http://dx.doi.org/10.1192/bjp.bp.112.108670

13. Matusiewicz AK, Hopwood CJ, Banducci AN, Lejuez CW. The Effectiveness of Cognitive Behavioral Therapy for Personality Disorders. Psychiatric Clinics of North America. Elsevier BV; 2010 Sep;33(3):657–85. Available from: http://dx.doi.org/10.1016/j.psc.2010.04.007

14. Vogt KS, Norman P. Is mentalization-based therapy effective in treating the symptoms of borderline personality disorder? A systematic review. Psychology and Psychotherapy: Theory, Research and Practice. Wiley; 2018 Aug 11;92(4):441–64. Available from: http://dx.doi.org/10.1111/papt.12194

15. M. Linehan, Henry Schmidt, Linda A. M. Dialectical Behavior Therapy for Patients with Borderline Personality Disorder and Drug-Dependence. American Journal on Addictions. Wiley; 1999 Jan;8(4):279–92. Available from: http://dx.doi.org/10.1080/105504999305686

16. Mehlum L, Ramberg M, Tørmoen AJ, et al. Dialectical behavior therapy compared with enhanced usual care for adolescents with repeated

suicidal and self-harming behavior: Outcomes over a one-year follow-up. J Am Acad Child Adolesc Psychiatry. 2016;55(4):295-300.

17. Chanen AM, Thompson KN. Early intervention for personality disorder. Current Opinion in Psychology. Elsevier BV; 2018 Jun;21:132–5. Available from: http://dx.doi.org/10.1016/j.copsyc.2018.02.012

18. Taylor-Rodgers E, Batterham PJ. Evaluation of an online psychoeducation intervention to promote mental health help seeking attitudes and intentions among young adults: Randomised controlled trial. Journal of Affective Disorders. Elsevier BV; 2014 Oct;168:65–71. Available from: http://dx.doi.org/10.1016/j.jad.2014.06.047

19. Kim M, Jeon J. The effect of exercise on physical and mental health for adults with schizophrenia: A review of clinical aerobic exercise. Ethiopian Journal of Health Development. 2020 Feb 4;34(1).

20. Lin K, Stubbs B, Zou W, Zheng W, Lu W, Gao Y, et al. Aerobic exercise impacts the anterior cingulate cortex in adolescents with subthreshold mood syndromes: a randomized controlled trial study. Translational Psychiatry. Springer Science and Business Media LLC; 2020 May 18;10(1). Available from: http://dx.doi.org/10.1038/s41398-020-0840-8

13

失眠與其他睡眠問題

許麗明

摘要

這一章會討論青年群組中最常見的睡眠障礙，也會探討形成睡眠障礙的風險因素，其中包括性別、年齡、壓力水平及基因。在青年群組中，失眠與精神健康風險息息相關；與廣泛性焦慮症、抑鬱症及飲食障礙也有關聯。睡眠困擾通常與飲酒及上網成癮一起發生。一些介入手法，例如藥物治療和心理治療，都對睡眠困擾產生助益，但大部分青年失眠患者會抗拒接受治療。睡眠困擾一般會影響年輕人的身體及精神健康，但這課題並未得到社會足夠正視。因此，提升大眾對青年失眠問題的覺察，鼓勵青年人及早接受治療顯得非常重要。決策者、醫療專業人員、學校及父母，應攜手正視青年人的失眠問題。

關鍵字：失眠，睡眠障礙，青年，治療，失眠的認知行為治療

引言

城市生活充滿壓力，不斷對我們作出要求，反映在青年身

上，便是不同的心理困擾，睡眠障礙便是其中之一。睡眠障礙的定義很廣，其中包括不同種類的睡眠障礙，例如不規律的睡醒形態、缺乏睡眠、不足夠睡眠時間、差劣的睡眠質素、日間出現睡意和困倦等。根據 2014 至 2015 在香港進行的人口健康調查[1]，大約有 48% 15 歲或以上的香港人，在研究進行前 30 天出現睡眠障礙，例如不能在 30 分鐘內入睡，夜間不能維持睡眠狀態等。此外，本地研究數據指出，大約有 3% 介乎 12 至 19 歲的學生曾出現失眠問題，有 1% 學生每是期最少服用安眠藥一次。[2] 由此可見，睡眠障礙在青年人中確實是一個頗為嚴重的問題。

一個在中國進行、針對中學生及高中生的元分析研究[3] 反映，睡眠障礙在中國青年人中頗為普遍，睡眠障礙的發病率達 26%，高於整體人口睡眠障礙發病率（15%），大學生的睡眠障礙發病率約為 26%。研究員針對子群進行分析，利用綜合迴歸分析，發現失眠與年齡有關。所處的學習階段（例如小學、初高中、高中），亦是預測睡眠障礙發病率的相關因素。[3] 當青年人由初高中升上高中，睡眠障礙的發病率也會不斷上升。由此可見，學業壓力、缺乏持久運動、升上高中出現焦慮與抑鬱，可能是睡眠障礙的主要成因。[3]

每個人每隔一段時間都會睡得不好，偶爾出現睡眠困擾，不應成為醫學上的關注議題。但香港青年的睡眠問題，在統計學上卻已經到達臨床不適的水平。精神疾病診斷與統計手冊第五版給失眠的定義是，失眠是一種睡醒失調，特徵是對睡眠質素與睡眠時數的不滿，並且一星期有三晚出現下列病徵，持續三個月或以上。病徵包括：難以啟動睡眠（DIS），難以維持睡眠（DMS）及早醒（EMA）。[4] 失眠會引起明顯的臨床不適，會破壞患者的社交、職業、學習及行為功能。本地針對 290 名年齡介乎 12 至

19 歲的青年進行的研究發現，呈現失眠症狀的青年高達 40%，確診出現失眠障礙的青年達 9.3%。[5] 由此可見，失眠症狀的發病率與失眠的診斷率存在重大差異，其中一個解釋是，香港青年睡眠困擾的嚴重程度，未引致當事人感到嚴重不適。雖然香港青年的睡眠問題仍未達至臨床診斷的程度，但睡眠障礙始終對青年人的健康有害，並會構成長遠的併發影響，仍值得我們關注。

	失眠
發病率 (%)	40%（香港青年）
可能風險因素	性別、年齡、壓力水平、遺傳
病徵	睡眠投訴，睡眠不滿足，睡眠質量差，一星期三晚或以上出現下列症狀，並持續三個月或以上： • 難以入眠 • 難以維持入睡 • 早醒
治療	藥物治療、心理治療、中草藥、教育計劃

表 1 失眠的主要診斷特徵

　　睡眠障礙產生的影響，並不止於一個輾轉難眠的晚上，而是對精神健康與身體健康產生長遠的影響。出現失眠症狀的青年人，會比沒有出現失眠症狀的青年人，對下列各類精神障礙，擁有更高風險，其中包括：情緒障礙、焦慮症、行為障礙、藥物濫用、飲食障礙、自殺、對精神健康的自覺性較差、身體出現慢性病、吸煙及肥胖等。[6]Zhang 等人[7] 指出，次等睡眠模式會增加情緒障礙、焦慮、藥物濫用及行為障礙的機率，也會增加自殺和吸煙的風險，當事人的精神健康自覺性也會較差。

　　Alvaro 等人[8] 曾針對青年人的失眠、抑鬱及焦慮亞型進行研究，焦點是這些不同精神障礙的獨立關聯，數據顯示，廣泛焦慮

症（不涉及其他焦慮亞型）、抑鬱症對預測失眠非常顯著。失眠作為一個獨立元素，可以預測抑鬱的出現。研究員指出，抑鬱和廣泛焦慮症的症狀會引致患者感到明顯不適，令患者夜間出現認知喚醒，並引致失眠。[8] 上述研究的另一發現，是抑鬱相較於失眠，在形成和維持睡眠問題及產生焦慮上，前者扮演了更為重要的角色。[8] 由於失眠可以獨立地預測抑鬱的出現，因此針對抑鬱作出治療與預防，對改善睡眠問題能產生幫助。此外，如果能夠成功處理睡眠問題，對於預防抑鬱症也有幫助。

為何睡眠障礙在青年階段出現

研究發現，某些年輕人特別容易失眠，原因可能與性別、年齡、壓力水平及基因有關，這些都是睡眠障礙的風險因素。限據 Liu 等人[9] 所做的研究，年齡較大、處於青春期後階段的女性較容易失眠。此外，亦須考慮遺傳與家庭組合等重要因素。如果家庭成員曾患睡眠障礙，青年人患上睡眠障礙的風險亦會增加。[10] 此外，生理因素亦會增加睡眠困擾的脆弱性。Chung 與 Cheung[11] 提出，當患者感覺壓力沉重，便會增加睡眠困擾的風險因素。香港的學習環境十分高壓，對很多香港年輕人來說，學習帶給他們不少壓力，並間接引致睡眠障礙的出現。

睡眠困擾一般會與其他精神困擾一同出現，例如喝酒、上網成癮、過度使用社交媒體等。Huang 等人[12] 指出，不同程度的喝酒與睡眠問題息息相關，喝酒會引致睡眠時呼吸困難、打鼾或失眠。但與西方社會（例如英國）比較，香港人對酒精的消耗的比率仍然很低。[13]

智能電話的普及亦與失眠有關，智能電話帶來機遇，也

對我們的生活帶來威脅。失眠與網絡成癮擁有很強的共病性。
Cheung 與 Wong[2] 指出，失眠與網絡成癮明顯引致抑鬱。一些研
究反映，睡眠與智能設施的使用存在負面關係。但智能手機的使
用，如何令精神健康變差，相關的機制至今仍未清楚。是否數
碼設施的使用引致抑鬱與焦慮？間接令睡眠質素變差？還是當事
人受到抑鬱、焦慮、睡眠障礙所困擾，才增加數碼設施的使用？
要作出結論，仍有待更多研究澄清。Alonzo 等人[14] 曾有系統地
檢視過去有關睡眠質素、社交媒體使用及青年精神健康的文獻，
指出過度使用社交媒體，與青年人的睡眠質素與精神健康轉差
存在負面連繫。恆常和經常查察社交媒體，會出現「害怕錯過」
（FOMO）的心態，給當事人帶來焦慮與不安。這種強迫行為，
在新冠肺炎疫情爆發期間，在封城及學校關閉下越趨嚴重。[14] 此
外，一些研究也發現，與社交媒體進行頻繁互動，會對心智產生
內在刺激，令人難以入睡。睡前經常使用社交媒體，亦會延遲睡
着的時間，令睡眠時間大幅縮減，令晝夜節律被干擾，出現睡眠
失調，情緒亦容易變差。[14]

　　睡眠困擾在青年群組中十分普遍，甚少年輕人因此而尋求
專業協助。大部分青年人會任由失眠問題延續下去，不會接受正
規治療，他們只會尋找自助的方法或其他對應策略。Liu 等人[15]
曾針對 2186 名兒童及青年進行研究，發現 146 位（6.7%）在過
去 12 個月曾出現失眠問題，但大多數受訪者（60%）只會任由失
眠問題持續下去，不會尋求專業治療。在所有參與研究的兒童和
青年中，只有 15 位（整體樣本 0.7%，失眠樣本 10.3%）表示曾為
着失眠問題尋求專業協助。

　　猶幸的是，年輕人也會採用一些自助策略去改善睡眠問
題，Chung 等人[5] 走訪了 290 位香港年輕人，發現他們會採取下

列策略去改善睡眠質素：分別是聽音樂（9.5%）、放鬆（6.0%）、閱讀（4.3%）、提早進睡（4.3%）、睡前喝奶（3.4%）、數數目（2.6%），只有 2 位受訪者（1.8%），表示會服用處方藥物或成藥解決睡眠問題。研究員提醒我們，採用這些自我管理的策略，會延誤睡眠問題的診斷與治療。[5] 研究中，290 人只有 26 人（22%）尋求正規的醫護或社工介入[5]，這反映出青年人一般不願意為失眠問題尋求專業協助，拒絕接受治療的群組來自不同的背景（橫跨不同社會人口、學校、學業表現、生活風格及臨床變數）。

雖然失眠問題被當事人忽視，但 Liu 等人[15] 卻發現，在兒童及青年失眠群組中，出現晨早頭痛症狀與尋求協助息息相關。尋求協助的群組中，採用輔助醫療或另類醫療較為普及。[15] 由此觀之，早上出現頭痛是推動受睡眠困擾的青年人尋求協助的最大動力。但如果青年人的家庭擁有失眠歷史，他們便可能會對失眠問題或習以為常，偏向不尋求協助。[15]

當今治療睡眠障礙的方法

縱使青年人的睡眠困擾十分普遍，但睡眠問題並不是沒有解決方法的，有不同類別的治療可供選擇，其中包括：藥物治療、心理治療、中草藥治療及學校教育計劃。西方醫藥是治療失眠最普遍採用的方法[15]；而輔助及另類醫療（CAM）中，中草藥治療最受到香港人的歡迎，其次是針灸及西方草藥。[3] 除了中草藥與針灸，另類醫療的選擇也包括：刺針灸療法、拔罐、足部反射療法、推拿、氣功及耳針。在傳統中醫學中，臟腑辯證是中藥治療失眠的理論基礎，其次是養心安神。中藥理論認為，病態失眠與心的功能有關，心是意識坐落之處，要治癒失眠必須治心。[16]

　　除了藥物方法，針對失眠的非藥物治療也十分普遍，失眠認知行為治療（CBT-I）是治療成人失眠中非藥物類的第一線療法，愈來愈多研究支持失眠認知行為治療對兒童及青年失眠患者具有一定療效。[17]失眠認知行為治療是一種結構性的介入方法，焦點是轉換引致睡眠問題的思想和行為，並為患者建立一些有助入睡的良好習慣。失眠認知行為治療包括：行為治療，例如睡眠衛生教育、刺激控制、矛盾意向法、睡眠限制、鬆弛治療。失眠認知行為治療的療程一般為四至八節，過程中學員會學習掌握良好的睡眠習慣，並改變那些不良的應對機制，以避免出現過度興奮的狀態，並除去那些錯誤的睡眠觀念。[18]

　　一項針對失眠認知行為治療療效的本地研究發現，在 312 位年齡 18 歲以上（平均年齡 38.5 歲）表示難以入睡的參與者中[19]，研究員把他們分成三組，分別是失眠認知行為治療自助小組（每週提供一次電話諮詢）、失眠認知行為治療小組、候補名單控制組。結果發現，參與治療小組的成員，無論是失眠認知行為治療自助小組或失眠認知行為治療小組，他們在睡眠效能、睡眠遲滯期、後醒來時間及睡眠質素上，都呈現明顯進步。相較於控制組，無論在即時睡眠日記數據或四週後的跟進，兩個治療小組的表現都較佳。

　　針對睡眠問題，學校也可以扮演一定角色。學校可以為青年人提供教育計劃，組織工作坊和研討會，以傳遞睡眠相關的知識，對象可以是在學青年人，也可以是他們的父母或教師。Wing 等人[20]曾針對學校為本的睡眠教育計劃進行研究。這些計劃大多利用教育材料和內容，向參加者灌輸有關睡眠的事實與知識，內容包括：引致失調的因素、長期缺乏睡眠的影響、睡眠衛生、時間與壓力管理（例如學習為日常生活事務訂立緩急次

序）。[20] 研究發現，這些計劃有助鞏固青年人的睡眠知識；但對於改變青年人的睡眠時間與模式，影響甚微。[20] 由於青年人的日程非常密集，他們偏向把睡眠的優次放得很低。有些學者建議，要推動學童改變睡眠習慣，必須提供更大誘因，例如提供具建設性和持續的回饋，才能建立起自我效能感，向他們充權，才能有助推動真正的變革。[20] 除了向青年個體提供個人反饋，必須全面調整健康教育的課程內容，讓老師和學生擁有基本的睡眠知識。

個案研究

多年來 Jack 經常無法入睡，更難以維持睡眠，呈現出失眠的症狀。Jack 今年 16 歲，每天深宵，他都躺在床上輾轉反側。Jack 的母親留意到，Jack 自嬰兒期便出現這種情況。因為失眠問題，令 Jack 日常生活的功能大幅下降。由於睡眠質素太差，Jack 無法參加一些朋輩舉辦的通宵活動或郊遊活動。Jack 不但擔心睡眠問題產生的影響，例如學業成績轉差，更擔心自己是否出現精神異常，這些擔心和焦慮對 Jack 的精神健康帶來衝擊。

多年來，Jack 曾嘗試不同方法自救，包括限制自己使用智能電話的時間，硬性依時進睡。其他 Jack 處理失眠的方法亦包括：按摩、芳香療法、重力毯等，但這些方法似乎對失眠沒有任何幫助。雖然沒有進展，Jack 及家人卻拒絕接受正規專業輔助，原因是對醫護系統不信任，服務求過於供，也令他們卻步。

這個個案反映出失眠帶來的影響，不但令個體的睡眠質素轉差，更會影響其他領域（例如社交和學業），個體的精神

健康亦因此出現轉差的傾向（例如焦慮增加、低自尊等）。這
個個案亦反映出縱使失眠問題持續和轉趨嚴重，青年人仍拒
絕尋求專業協助。

亮點

- 失眠在青年人當中十分普遍，對精神健康可能產生負面影
  響；失眠問題是可以治癒的，治療方法很多。
- 失眠認知行為治療是治療失眠的一種可行方案。
- 學校進行的教育計劃，可以增進學生的睡眠知識，有助減
  低污名化，亦具成本效益。
- 藥物治療主要包括由精神科醫生處方，限時服用的安眠藥
  治療；除了醫生處方藥物，也可以考慮服用成藥，例如褪
  黑激素與維他命，亦可以考慮服用一些輔助或另類藥物。
- 治療失眠的未來方向，是強調治療的整全性，一方面要提
  升大眾的睡眠衛生素養，另一方面需擴闊大眾接觸治療的
  途徑。

參考文獻

1. Surveillance and Epidemiology Branch, Hong Kong. Department of Health, University of Hong Kong. Department of Family Medicine and Primary C. Report of Population Health Survey 2014/2015. Hong Kong: Produced and published by Surveillance and Epidemiology Branch, Centre for Health Protection, Department of Health, Hong Kong Special Administrative Region Government; 2017.
2. Cheung LM, Wong WS. The effects of insomnia and internet addiction on depression in Hong Kong Chinese adolescents: an exploratory cross-sectional analysis. J Sleep Res. 2011;20(2):311-7.

3. Liang M, Guo L, Huo J, Zhou G. Prevalence of sleep disturbances in Chinese adolescents: A systematic review and meta-analysis. PLoS One. 2021;16(3):e0247333-e.

4. Association A. Diagnostic and Statistical Manual of Mental Disorders, Fifth Edition (DSM-5). Washington, D.C.: American Psychiatric Publishing; 2013.

5. Chung K-F, Kan KK-K, Yeung W-F. Insomnia in adolescents: prevalence, help-seeking behaviors, and types of interventions. CHILD ADOL MENT H-UK. 2014;19(1):57-63.

6. Blank M, Zhang JH, Lamers F, Taylor AD, Hickie IB, Merikangas KR. Health Correlates of Insomnia Symptoms and Comorbid Mental Disorders in a Nationally Representative Sample of US Adolescents. SLEEP. 2015;38(2):197-204.

7. Zhang JMDP, Paksarian DMPHP, Lamers FP, Hickie IBMD, He JMS, Merikangas KRP. Sleep Patterns and Mental Health Correlates in US Adolescents. J PEDIATR-US. 2016;182:137-43.

8. Alvaro PK, Roberts RM, Harris JK. The independent relationships between insomnia, depression, subtypes of anxiety, and chronotype during adolescence. SLEEP MED. 2014;15(8):934-41.

9. Liu Y, Zhang J, Li SX, Chan NY, Yu MWM, Lam SP, et al. Excessive daytime sleepiness among children and adolescents: prevalence, correlates, and pubertal effects. Sleep Med. 2019;53:1-8.

10. Zhang J, Li AM, Kong APS, Lai KYC, Tang NLS, Wing YK. A community-based study of insomnia in Hong Kong Chinese children: Prevalence, risk factors and familial aggregation. Sleep Med. 2009;10(9):1040-6.

11. Chung KF, Cheung MM. Sleep-wake patterns and sleep disturbance among Hong Kong Chinese adolescents. SLEEP. 2008;31(2):185-94.

12. Huang R, Ho SY, Lo WS, Lai HK, Lam TH. Alcohol consumption and sleep problems in Hong Kong adolescents. SLEEP MED. 2013;14(9):877-82.

13. Service NH. Statistics on Alcohol, England 2020. United Kingdom; 2020.

14. Alvaro PK, Roberts RM, Harris JK. The independent relationships between insomnia, depression, subtypes of anxiety, and chronotype during adolescence. SLEEP MED. 2014;15(8):934-41.

15. Liu Y, Zhang J, Lam SP, Yu MWM, Li SX, Zhou J, et al. Help-seeking behaviors for insomnia in hong kong chinese: a community-based study. SLEEP MED. 2016;21:106-13.

16. Li F, Wang X, Song Z, Liu L, Zhang T, Chen Y, et al. Efficacy and safety of traditional Chinese medicine yangxin anshen therapy for insomnia: A

protocol of systematic review and meta-analysis. Medicine (Baltimore). 2019;98(37):e16945.

17. Dewald-Kaufmann J, de Bruin E, Michael G. Cognitive Behavioral Therapy for Insomnia (CBT-i) in School-Aged Children and Adolescents. Sleep Med Clin. 2019;14(2):155-65.

18. Maness DLDOMSS, Khan MMD. Nonpharmacologic Management of Chronic Insomnia. AM FAM PHYSICIAN. 2015;92(12):1058-64.

19. Ho FY-Y, Chung K-F, Yeung W-F, Ng TH-Y, Cheng SK-W. Weekly brief phone support in self-help cognitive behavioral therapy for insomnia disorder: Relevance to adherence and efficacy. BEHAV RES THER. 2014;63:147-56.

20. Wing YK, Chan NY, Yu MWM, Lam SP, Zhang J, Li SX, et al. A school-based sleep education program for adolescents: A cluster randomized trial. PEDIATRICS. 2015;135(3):e635-e43.

14

飲食障礙

黃德興

摘要

飲食障礙（EDs）的特徵是出現持續、不規則及失能的飲食行為，並影響個體對食物的使用，對個體的健康與日常功能也產生影響。本章會集中討論厭食症（AN）、暴食症（BN）與狂食症 (BED)。與其他複雜的精神障礙類似，飲食障礙由多個因素引起，其中包括基因、生理及心理，這些因素促成青年階段飲食障礙的出現。當今治療飲食障礙的方法包括：增強型認知行為治療（CBT-E）、家庭為本治療（FBT），上述方法對青年飲食障礙別具療效。

關鍵字：飲食障礙，厭食症，暴食症，狂食症，青年，風險因素，治療

引言

飲食障礙（EDs）是指一些失能的飲食模式，這些模式會對個體的日常生活、工作、關係與健康產生影響。厭食症、暴食症

與狂食症是最常見的飲食障礙。各種飲食障礙的共同特徵是過分
注意體重、身形與食物，且發展出危險的飲食行為，最後引致營
養出現問題，出現各種身體、社會及心理功能問題。表 1 列出各
種飲食障礙的主要分別。

	厭食症	暴食症	狂食症	逃避性 / 限制性飲食障礙
飲食	嚴重限制	沒有規律，經常不進食	沒有規律，但沒有極端限制	對所有食物或特定食物作出嚴重限制
體重	體重過輕	正常或正常之上	正常或正常之上	體重過輕，同時（或）缺乏營養
身體形象	過分高估，或（不）害怕肥胖	過分高估	過分高估但不強制	沒有高估
暴飲暴食	可能發生	經常發生並出現補償行為	經常發生但不會出現補償行為	不相關
嘔瀉、禁食、主動鍛煉、控制體重行為	一項或多於一項	作為補償行為，經常發生	不經常發生	沒有

表 1　一般飲食障礙的主要診斷特徵

　　飲食障礙症一般在青年期或成年早期發生，女性較男性擁
有較高的病發率，但原因可能是缺乏男性飲食障礙的研究。飲食
障礙患者通常拒絕接受治療，並在家庭中引起緊張和困擾。

　　研究發現，與控制組比較，飲食障礙經常發生於一些擁有
飲食障礙歷史的家庭，其他親人或成員也患有飲食障礙 [1,2]，這反
映出飲食障礙可能涉及遺傳成分，雖然相關遺傳基因仍有待研究

確認。一般來說，飲食障礙患者擁有脆弱的特質，例如低自尊、完美主義、衝動等，且人際關係不佳。有些飲食障礙患者，除患上飲食障礙，更受到其他精神障礙所困擾，例如焦慮症、抑鬱症與強迫症。

厭食症

厭食症的終身發病率約 0.4%[3]，厭食症的特徵是持續限制能量的攝取，對體重增高存在極端恐懼，並對自己的體重和體形存在扭曲的知覺。患上厭食症的人非常關注自己的體重，並引發行為上的改變，這些行為大多涉及減低身體的重量。厭食症的行為變化，大概在確診前 10 至 12 個月出現。厭食症的患者的體重，與同齡、同性、類似身體健康狀況的人比較，會呈現較低水平。

在精神疾病診斷與統計手冊第五版中，厭食症分為兩個子類別，一是限制型，另一是暴飲暴食或嘔瀉型。前者涉及過多運動、節食與（或）禁食。至於後者，則涉及重複的暴飲暴食或嘔瀉行為，有些患者更會不當使用瀉劑和飲食助劑。

在青年的發展軌跡中，體重會因年齡而有所不同。精神疾病診斷與統計手冊第五版作出建議，可以根據不同年齡的身體質量指數（BMI）百分位，判斷厭食症患者的嚴重程度。當病人完全不吃「催肥」食物，或害怕體重增加（例如皮包骨、重複磅重等），便可以作出診斷。

暴食症

暴食症的終身發病率為 0.3%[3]，暴食症患者會出現暴飲暴食的情況，並難以控制飲食習慣，且經常出現補償性行為（例如嘔

瀉），防止體重增加。此外，暴食症患者會以身形與體重去評價自己。所謂暴飲暴食，是指個體短時間進食大量食物。但當個體事後感到內疚、羞恥或極端擔心因過度進食而導致體重增加，個體會採用嘔吐或不當使用瀉劑的方式，以補償過度進食。因而形成了匱乏、暴飲暴食、嘔瀉三者的循環。患上暴食症的青年人，一般體重會趨於正常或輕微過重。

狂食症

在兒童及青年人中，狂食症的終身發病率為 1 至 3%，而女性則是男性的兩倍。[4] 狂食症患者會重複出現暴飲暴食（進食大量食物）的行為，對飲食習慣缺乏控制。[5] 狂食症患者會保持經常飲食的習慣，縱使不感到飢餓，仍會不停進食。因此，狂食症患者對飲食感到非常困擾。

要診斷是否患上狂食症，個體必須符合下列最少三項特徵：（1）比正常吃得快；（2）縱使身體不感到飢餓，仍嚥下大量食物；（3）縱使吃飽，甚至感到滯脹，仍繼續吃下去；（4）對過度進食感到反感或內疚；（5）為進食量感到尷尬而選擇獨自進食。[5] 此外，暴飲暴食的情況至少一星期發生一次，並持續三個月或以上。一般來說，狂食症患者會感到明顯的痛苦，但狂食症患者不會利用過度運動與嘔瀉作為補償方法，狂食症經常出現於過重或肥胖的個體身上。

為何飲食障礙在青年階段出現

研究發現，青年期出現飲食障礙，可能與基因分子有關。Bulik 等人[6] 指出，遺傳因素大概可以解釋 50% 至 80% 飲食障礙

的風險。從青年早期到青年後期，基因對飲食障礙症的影響會
明顯增加。在青年早期（平均年齡 11 歲），基因與失調的關係只
有 6%；但到了青年後期，基因可以解釋 46% 的病態飲食變數，
共享環境對飲食障礙的影響則大幅降低。[7]青年晚期出現的飲食
障礙，與遺傳性有很大關聯，原因可能是青年期出現了荷爾蒙變
化。研究發現，在青春期與月經周期，不同水平的卵巢激素（雌
激素與黃體酮）會增加病態飲食的基因風險，會干擾多個與飲食
障礙症相關的神經生理系統及其基因轉錄。

　　飲食障礙症亦可能與一些性格特質有關（例如完美主義、強
迫傾向、逃避傷害、高水平的壓力反應、負面情感等），並具有
一定的遺傳性。[9]一個縱向研究發現，青年女性如擁有高度完美
主義，且對自己的身體不滿意，會展現較高水平的飲食障礙症
狀。[10]飲食障礙症的症狀不但在發病前與發病後出現，復原後也
會持續出現。[11]飲食障礙症的症狀，某程度與遺傳息息相關。

　　從神經生理的角度來看，基因對飲食障礙產生一定的影
響。血清素轉運體的基因啟動子（5-HTTLPR）的基因差異，對
厭食症的敏感性產生影響便是一個好例子。[12]研究發現，飲食障
礙的病人會出現異常的血清素功能，厭食症病人的 5-HT2A 受體
功能會出現減弱現象，暴食症患者的 5-HT1A 受體功能卻會增
強。[11]此外，暴食症患者的血清素轉運體的可用性，亦出現減弱
現象。但上述改變，亦可能與個人特質有關，才會引致飲食障礙
病發。

　　飲食障礙亦與社會文化因素有關，一些社會文化因素可以
解釋飲食障礙為何在青年期出現。研究發現，當青年人對自己
的身體不滿，便會增加病態飲食的風險。[13]文化擁有一定的形塑
力，驅使青年人對瘦身和外表特別重視。多個研究發現，飲食障

礙與社會壓力息息相關，當人們感到來自外界的瘦身壓力，並內化社會對瘦身的期望，便會開始對自己的身體感到不滿，從而崇尚節食，飲食障礙便會隨之出現。[14,15]

心理因素對於早發性飲食障礙也扮演了一定角色。元分析的研究發現，當青年人對自己的身體不滿，且出現抑鬱病徵，患上飲食障礙的風險便會大大增加。[13] 負面情感與暴飲暴食有關，前者往往是後者的產生和維持因素。此外，負面情感也會驅使個體攝入過多熱量，或對自己的身體產生不滿。

最後，月經提早出現，隨之而來的脂肪組織增生，都會令青年人對自己的身體產生不滿和負面的感覺，繼而產生節食的習慣，這些因素都會增加病態飲食的風險。[15] 此外，進入青春期的青年人，他們的身體形象會出現改變，加上的生活壓力源的增加（例如來自約會與學業的壓力），都會令飲食障礙惡化。[13] 而大腦進入了青春期，下視丘 - 垂體 - 腎上腺軸的活動亦隨之增加，這會讓青年面對壓力時變得特別脆弱。這些因素可以解釋為何青年人進入青春期，飲食障礙的問題便會浮現。[16]

當今治療飲食障礙的方法

增強型認知行為治療（CBT-E）是當今針對飲食障礙最常採用的治療方法。增強型認知行為治療基於跨診斷理論，指出飲食障礙症由多個機制組成，這些機制互相關聯，並引致飲食障礙持續出現。[17] 增強型認知行為治療的獨特模組，便是針對這些獨特的操作和維繫機制進行治療。研究證實，相較於其他心理治療，增強型認知行為治療的療效更佳，且具成本效益。[17,18]

家庭為本治療是一種治療飲食障礙的嶄新方式，它最先用

作於治療厭食症，現在已經可以用於治療暴食症。但以家庭為本的治療方式，並不會立時發揮功效，要等到完成治療後 6 至 12 個月，才會發揮療效的優越性。[19] 為何等到完成治療後 6 至 12 個月才發揮效能呢？可能的解釋是接受這種療法的青年人，在治療結束後仍獲得父母的支持。但家庭為本治療的效能，仍未獲足夠證據支持。[4]

其他實證療法還包括：專家支持臨床管理（SSCM）、莫茲利模型成人厭食症治療（MANTRA）、焦點精神動力療法（FPT）。但莫茲利模型厭食症治療，仍未通過實證驗證。

人際心理治療（IPT）也是一種具成本效益、針對一般飲食障礙的另類選擇。[20] 人際心理治療的目的，是針對患者面對的人際問題，這些問題可能是飲食障礙症固着的原因。[21] Miniati 等人[20] 檢視了 15 個厭食症的研究，發現作為單一治療，人際心理治療與認知行為治療的效果分別不大；人際心理治療的效能亦稍遜於認知行為治療。但針對暴食症，加強版的人際心理治療在中期或長期療效上，卻與認知行為治療的療效相若，但人際心理治療的療效會較遲出現，卻發揮長期療效。對於狂食症患者，人際心理治療也具長期療效。

認知行為療法、人際心理治療、辯證行為治療及藥物治療是現今治療成人狂食症的主要方法，但應用於青年人身上，是否具同樣療效，仍有待更多研究證據支持。

除了上述各種心理療法，患者的營養、身體及精神健康共病性也須關注，適宜採用跨專業模式，作出全面介入和處理。跨專業團隊的成員可以包括精神科醫生、營養師及心理學家。

至於藥物治療，臨床測試發現，服用二甲磺酸賴右苯丙胺能（lisdexamfetamine）有效改善病人暴飲暴食的症狀。[22] 但

針對厭食症的藥物治療，仍沒有足夠證據支持。至於奧氮平（olanzapine）對厭食症的療效，臨床測試仍未得出確定結果。[23]

因此，針對飲食障礙的治療，仍需進行更多研究，以證實和改善療效。大部分厭食症、暴食症及狂食症患者，都偏向延誤醫治，或在十年或更長的時間後，才尋求專業治療。患者拒絕治療的原因有很多，其中包括缺乏健康知識、標籤效應、採用減重管理而不去正視飲食障礙、財務能力不足、無法接觸實證為本的治療等。

個案研究

一個 14 歲的女孩聲稱從小欠缺胃口，每天只會進食二至三餐，並不特別關心吃甚麼。她的母親是一個崇尚健康的飲食者，並不容許女兒在家吃零食。女孩由小四開始，每星期都會與母親、哥哥到公園運動 30 至 40 分鐘，因為母親期望女兒能建立良好的生活模式。升上小六後，女孩的體重約 46 公斤，高約 1.51 米（身體質量指數為 19.3）。女孩也參與排球校隊，並且每星期練習二至三次，每節 2.5 小時。其後女孩停止了跑步的習慣。在中二第一個學期，她的身高約 1.58 米，體重約 48 公斤（身體質量指數為 19.2）。

但在 2020 年開始，由於新冠疫情，女孩的生活變得沉悶，於是便增加進食量。她喜歡喝珍珠奶茶，每天都會買一杯珍珠奶茶（約 500 至 700 毫升，100% 甜度），她也喜歡吃麥提莎朱古力，每天都會吃下一大盒。女孩每天也會吃家傭預備的零食。當母親不在家，她會要求家傭給她金錢購買快餐。女孩的體重不斷增加，但朋友與父母都不察覺她出現這

些轉變。此外，女孩與身邊人並不視這些轉變為負面，直至2020 年 11 月，上體育課時，她發現自己的體重增至 58 公斤（身高 1.58 米，身體質量指數增至 23.2），體重可能亮起了紅燈，她於是不想體重再失控。

　　女孩及後被診斷患上狂食症，她呈現出狂食症的種種病徵，例如重複出現暴飲暴食行為（嚥下大量的珍珠奶茶、麥提莎朱古力及零食），對飲食失去控制、秘密進食（當母親不在家時，偷偷購買快餐）。不過，這位女孩最終沒有接受正規治療。

亮點

- 飲食障礙一般在青年階段開始出現。
- 不同因素，包括基因、社會，文化及心理因素，都可引致飲食障礙在青年階段出現。
- 治療飲食障礙，可以採用實證為本的治療方法，但仍須進行更多研究，探討如何鼓勵飲食障礙患者尋求協助。

參考文獻

1. Javaras KN, Laird NM, Reichborn-Kjennerud T, Bulik CM, Pope HG, Hudson JI. Familiality and heritability of binge eating disorder: Results of a case-control family study and a twin study. International Journal of Eating Disorders [Internet]. Wiley; 2008 Mar;41(2):174–9. Available from: http://dx.doi.org/10.1002/eat.20484

2. Lilenfeld LR, Kaye WH, Greeno CG, Merikangas KR, Plotnicov K, Pollice C, et al. A Controlled Family Study of Anorexia Nervosa and Bulimia Nervosa. Archives of General Psychiatry [Internet]. American Medical Association (AMA); 1998 Jul 1;55(7):603. Available from:

http://dx.doi.org/10.1001/archpsyc.55.7.603

3. Nagl M, Jacobi C, Paul M, Beesdo-Baum K, Höfler M, Lieb R, et al. Prevalence, incidence, and natural course of anorexia and bulimia nervosa among adolescents and young adults. European Child & Adolescent Psychiatry [Internet]. Springer Science and Business Media LLC; 2016 Jan 11;25(8):903–18. Available from: http://dx.doi.org/10.1007/s00787-015-0808-z

4. Bohon C. Binge Eating Disorder in Children and Adolescents. Child and Adolescent Psychiatric Clinics of North America [Internet]. Elsevier BV; 2019 Oct;28(4):549–55. Available from: http://dx.doi.org/10.1016/j.chc.2019.05.003

5. American Psychiatric Association. Diagnostic and Statistical Manual of Mental Disorders. American Psychiatric Association; 2013 May 22; Available from: http://dx.doi.org/10.1176/appi.books.9780890425596

6. Bulik CM, Sullivan PF, Tozzi F, Furberg H, Lichtenstein P, Pedersen NL. Prevalence, Heritability, and Prospective Risk Factors for Anorexia Nervosa. Archives of General Psychiatry [Internet]. American Medical Association (AMA); 2006 Mar 1;63(3):305. Available from: http://dx.doi.org/10.1001/archpsyc.63.3.305

7. Klump KL, Burt SA, McGue M, Iacono WG. Changes in Genetic and Environmental Influences on Disordered Eating Across Adolescence. Archives of General Psychiatry [Internet]. American Medical Association (AMA); 2007 Dec 1;64(12):1409. Available from: http://dx.doi.org/10.1001/archpsyc.64.12.1409

8. Culbert KM, Racine SE, Klump KL. Hormonal Factors and Disturbances in Eating Disorders. Current Psychiatry Reports [Internet]. Springer Science and Business Media LLC; 2016 May 25;18(7). Available from: http://dx.doi.org/10.1007/s11920-016-0701-6

9. Lilenfeld LRR, Stein D, Bulik CM, Strober M, Plotnicov K, Pollice C, et al. Personality traits among currently eating disordered, recovered and never ill first-degree female relatives of bulimic and control women. Psychological Medicine [Internet]. Cambridge University Press (CUP); 2000 Nov;30(6):1399–410. Available from: http://dx.doi.org/10.1017/s0033291799002792

10. Boone L, Soenens B, Luyten P. When or why does perfectionism translate into eating disorder pathology? A longitudinal examination of the moderating and mediating role of body dissatisfaction. Journal of Abnormal Psychology [Internet]. American Psychological Association (APA); 2014;123(2):412–8. Available from: http://dx.doi.org/10.1037/a0036254

11. Kaye W, Frank G, Bailer U, Henry S, Meltzer C, Price J, et al. Serotonin

alterations in anorexia and bulimia nervosa: New insights from imaging studies. Physiology & Behavior [Internet]. Elsevier BV; 2005 May 19;85(1):73–81. Available from: http://dx.doi.org/10.1016/j.physbeh.2005.04.013

12. Lee Y, Lin P-Y. Association between serotonin transporter gene polymorphism and eating disorders: A meta-analytic study. International Journal of Eating Disorders [Internet]. Wiley; 2010 Aug 13;43(6):498–504. Available from: http://dx.doi.org/10.1002/eat.20732

13. Stice E. Risk and maintenance factors for eating pathology: A meta-analytic review. Psychological Bulletin [Internet]. American Psychological Association (APA); 2002;128(5):825–48. Available from: http://dx.doi.org/10.1037/0033-2909.128.5.825

14. The McKnight Investigators. Risk Factors for the Onset of Eating Disorders in Adolescent Girls: Results of the McKnight Longitudinal Risk Factor Study. American Journal of Psychiatry [Internet]. American Psychiatric Association Publishing; 2003 Feb;160(2):248–54. Available from: http://dx.doi.org/10.1176/ajp.160.2.248

15. Stice E, Agras WS. Predicting onset and cessation of bulimic behaviors during adolescence: A longitudinal grouping analysis. Behavior Therapy [Internet]. Elsevier BV; 1998;29(2):257–76. Available from: http://dx.doi.org/10.1016/s0005-7894(98)80006-3

16. Alloy LB, Abramson LY. The Adolescent Surge in Depression and Emergence of Gender Differences. Adolescent Psychopathology and the Developing Brain [Internet]. Oxford University Press; 2007 Mar 22;284–312. Available from: http://dx.doi.org/10.1093/acprof:oso/9780195306255.003.0013

17. Fairburn CG, Cooper Z, Shafran R. Cognitive behaviour therapy for eating disorders: a "transdiagnostic" theory and treatment. Behaviour Research and Therapy [Internet]. Elsevier BV; 2003 May;41(5):509–28. Available from: http://dx.doi.org/10.1016/s0005-7967(02)00088-8

18. Poulsen S, Lunn S, Daniel SIF, Folke S, Mathiesen BB, Katznelson H, et al. A Randomized Controlled Trial of Psychoanalytic Psychotherapy or Cognitive-Behavioral Therapy for Bulimia Nervosa. American Journal of Psychiatry [Internet]. American Psychiatric Association Publishing; 2014 Jan;171(1):109–16. Available from: http://dx.doi.org/10.1176/appi.ajp.2013.12121511

19. Couturier J, Kimber M, Szatmari P. Efficacy of family-based treatment for adolescents with eating disorders: A systematic review and meta-analysis. International Journal of Eating Disorders [Internet]. Wiley; 2012 Jul 23;46(1):3–11. Available from: http://dx.doi.org/10.1002/eat.22042

20. Miniati M, Callari A, Maglio A, Calugi S. Interpersonal psychotherapy for eating disorders: current perspectives. Psychology Research and Behavior Management [Internet]. Informa UK Limited; 2018 Sep;Volume 11:353–69. Available from: http://dx.doi.org/10.2147/prbm.s120584

21. Murphy R, Straebler S, Basden S, Cooper Z, Fairburn CG. Interpersonal Psychotherapy for Eating Disorders. Clinical Psychology & Psychotherapy [Internet]. Wiley; 2012 Feb 24;19(2):150–8. Available from: http://dx.doi.org/10.1002/cpp.1780

22. McElroy SL, Hudson JI, Mitchell JE, Wilfley D, Ferreira-Cornwell MC, Gao J, et al. Efficacy and Safety of Lisdexamfetamine for Treatment of Adults With Moderate to Severe Binge-Eating Disorder. JAMA Psychiatry [Internet]. American Medical Association (AMA); 2015 Mar 1;72(3):235. Available from: http://dx.doi.org/10.1001/jamapsychiatry.2014.2162

23. Hay P. Current approach to eating disorders: a clinical update. Internal Medicine Journal [Internet]. Wiley; 2020 Jan;50(1):24–9. Available from: http://dx.doi.org/10.1111/imj.14691

15

藥物與酒精使用

陳啓泰

摘要

物質使用與成癮，在人類歷史中早有紀錄。部分處於青年階段的個體，喜歡從事冒險行為，且容易作出情緒化反應，並會對藥物及酒精進行實驗。本章將探討青年人的物質使用途徑及產生的障礙問題。我們會檢視相關研究文獻，發掘可能的生理、發展、心理及社會風險因素。此外，我們也會探討針對物質使用的保護和預防因素，以及治療方法。最後，我們也會討論到物質濫用與精神障礙的因果與互動關係。一些干擾因素，例如性格因素，也會一一探討。對這些重要元素作出深入了解，有助我們擬定治療計劃，並作出預後。

關鍵字：成癮，物質濫用，物質使用障礙，青年精神健康，大麻，動機式訪談法，青年階段的物質使用

引言

成癮是指個體參與重複的物質使用，對物質強迫使用和依

賴，縱然知道對己對人帶來有害的身體和心理影響，仍繼續沉迷使用。[1]青年屬於脆弱的一群，當他們暴露於藥物與酒精，容易發展成物質使用障礙，且會增加患上愛滋病、過量服用、危險性行為、暴力行為與自殺的風險，亦對精神健康構成嚴重威脅。本章會透過跨學科的角度，重新探討青年成癮的議題，其中包括歷史、流行病學、生理、心理、社會與臨床視角。這些探討可以豐富我們對當今物質使用現象的理解。

　　精神藥物會引發意識、知覺與感覺狀態的改變，產生歡快感覺，並會增進洞察力。飲酒則有助我們放鬆，增進社交關係，以及解除壓抑。物質使用的動機涉及多方面，其中包括尋找快感、逃避、社交聯誼、解除沉悶及麻醉自己等。

　　根據藥物濫用資料中央檔案室的資料，從 2010 年至 2019年，21 歲或以下的濫藥人士數目呈下降趨勢，出現 83% 跌幅。但隱藏的藥物濫用者仍不少，在 12 至 15 歲的青年組群中，32%表示曾嘗試濫藥，這現象值得我們關注。表 1 列出 2010 年與2019 年 21 歲以下青年人濫用藥物的種類。在過去，壓抑中樞神經系統 (CNS) 的藥物較受香港青年人歡迎，但近年則被興奮劑取代，這趨勢的轉移反映出香港青年受着西方文化所影響，會跟隨西方潮流推崇帶來刺激的興奮劑。

	2010	2019
海洛因	2.8%	2.8%
甲基苯丙胺	21.9%	14.0%
可卡因	15.3%	43.8%
大麻	8.0%	49.1%
氯胺酮	80.1%	9.7%

表 1　2010 年及 2019 年 21 歲以下人士的藥物濫用類別

至於酒精使用，2011 至 2012 年藥物使用的統計數字反映，56% 的香港小學生、中學生與高中生曾飲用酒精，18.4% 學生曾表示過去 30 天內曾喝酒。[2] 最近的研究發現，香港的中國籍父母，大多對酒精使用採取減低害處的處理方法，並不會對酒精使用採取零容忍。由此可見，在中國人的社會，酒精飲用是一種集體的社交活動和文化。研究資料顯示，14 至 17 歲的年輕人不會視未成年飲酒為一個問題，他們只會視這些活動為正常的社交聯誼。[3]

為何青年會濫用藥物與酒精

為何青年會濫用藥物與酒精？這涉及生理、發展及心理社會等因素。表 2 列出不同發展階段出現的風險因素和保護因素。

從生物學的角度，物質使用可以逐步改變大腦，令神經元與突觸出現複雜的分子與細胞適應，帶來耐藥、依賴與上癮。長遠來說，物質使用會引致迴路及突觸結構的轉變。Volkow 與 Li[4] 指出，成癮在青年階段出現，可能與這階段的發展特徵有關；處於青春期的青年人，一般喜愛冒險，喜歡尋找新鮮事物，也容易受同儕壓力的影響。這些因素，都增加青年人進行物質實驗的風險。元分析研究發現，與藥物代謝相關的基因，與神經系統（包括獎賞路徑）的基因，存在多態性關係，並獲得研究證據支持。[5]

從發展的角度，由青春期進入成年早期，情緒化反應會大增，並變得容易衝動，且熱衷冒險行為；原因是處於青春期的大腦，前額葉皮層人仍未成熟，皮層下的邊緣系統於是變得特別活

發展階段	出生	兒童	青年	成年早期
風險因素	生物 • 基因（OPRM1, CHRNA, NR2A, CDH13 等，其他精神障礙的基因傾向） • 神經適應性（耐受，依賴，上癮） • 物質豐富的進化	發展 • 家庭傳播（暴露／提供，控制，替代學習，家庭問題） • 文化／社會（文化價值，家庭宴會／社交飲宴） • 性格（衝動，獎賞敏感，尋找感官滿足，壓力／情緒反應）		心理與社會 • 同儕的影響（同儕使用物質，社會化） • 個人內在影響（自尊，自我價值，逃避／麻木，與家人／朋友的關係，現存的精神問題） • 外在影響（社會經濟地位，創傷／受害，壓力來源）
保護因素		• 健康的家庭成長環境／健康的社會影響 • 正面的認知行為，情緒調節能力，壓力管理 • 物質使用的風險教育（THC/CBD 比率） • 公共健康政策（零容忍／減低傷害）		

表 2　青年物質使用障礙的風險因素與保護因素

躍，於是影響了青年人的情緒表現。[6]此外，青年人可能利用物質，克服精神障礙帶來的影響，即所謂的「自我藥療假說」（self-medication hypothesis）。「自我藥療假說」指出，個體可能因為患上精神病，例如抑鬱、焦慮與專注力不足／過度活躍症，於是利用物質，以克服這些精神障礙帶來的影響。[7]簡言之，物質使用障礙與其他精神病存在一定的共病性。家庭環境與物質成癮息息相關，當家庭成員集體使用藥物，會增加其他成員患上藥物障礙的風險。當親人出現原發性或某種物質障礙，家庭成員患上物質障礙的風險會大增 8 倍。[8]此外，社會與替代學習也會強化家庭、社會與文化的情景脈絡，大多孩子或青年在家庭禮儀或家庭聚會中，第一次淺嚐酒精。[3]其次，個人的內在特徵，例如心理與性格特質，都會對上癮行為構成風險。衝動、解除行為抑制、尋求新鮮、尋求感官滿足、對壓力的強烈反應、負面情緒等，都會對上癮行為產生影響。[9,10]

　　心理社會方面，同儕的影響是其中一個重要因素。同儕的影響可取決於內在因素與外在因素，前者涉及個體的自主性、與父母的關係、社會支持，後者則涉及物質依賴的朋友的社會地位。[11]受到衝動與好奇心的驅使[12]，青年人容易對藥物進行實驗；加上青年人對獎賞系統較為敏感（受到獎賞系統的影響，偏向尋找歡樂、衝動，並對獎賞系統作出積極反應），驅使青年人容易對物質與酒精進行實驗。[13]

當今治療物質使用的方法

　　物質使用的治療主要包括：物質禁制、控制心肌梗塞病徵、認知重組及行為改造，但須按着障礙呈現的病理模式設計治

療方案。預後會因人而異，由性格引起的物質濫用，治療效果往往並不理想，原因是內在特質、信念與基模是很難改變的。

　　至於使用抗精神病藥，作為預防與治療由藥物（甲基苯丙胺／安非他命）引致的思覺失調，這仍具一定爭議性。第一，思覺失調症狀的出現往往非常短暫，並不算是充分發展的精神分裂或慢性思覺失調；第二，要分辨和診斷由藥物引致的思覺失調與其他思覺失調的分別，仍非常困難，例如要分辨由甲基苯丙胺引起的思覺失調，與偏執型精神分裂的分別，往往並不容易；第三，需要更多研究為下列問題作出解碼：慢性思覺失調是由長期服用甲基苯丙胺引起，還是因濫用藥物將潛伏的精神分裂展現出來？總體來說，使用抗精神病藥，對不可逆轉的個案的病徵控制，會產生好處；但另一方面，對短暫出現病徵的個案，抗精神病藥會帶來副作用。[14] 對物質使用障礙的個案進行精神藥物治療，在精神醫學界仍具一定爭議性。要評估精神藥物治療對病人的風險與好處，需要精準的精神醫學及精神醫學的進步，才可以針對個體差異作出預後估算及進行跟進治療。[15]

　　物質濫用患者的行為改變模式，Prochaska 與 Diclemente[16] 列出六個互動階段，其中包括：（1）思考前期（沒有改變動機）；（2）思考期（覺察問題）；（3）預備期（打算行動）；（4）行動期（積極的行為改變）；（5）維繫期（持續改變）；（6）復發期（回復昔日習慣）。動機式訪談法是針對上癮行為，最常用的半結構化及當事人為中心的治療方法。動機式訪談法的目標，是希望為病人帶來持續的行為改變，並調解病人不願意作出改變的矛盾心理。動機式訪談法可以提升病人的內在動機，並建立改變的自信。治療方法主要集中對差異的反思，其中包括對價值與行為差異的思考，對自我效能與改變能力的思考，對改變與抗拒改變的思

考。[17] 針對動機式訪談法的元分析發現，動機式訪談法能帶來青年物質使用者的行為改變，縱使這些研究的成效很小。[18]

此外，復發預防亦十分重要。物質成癮的行為改變有時會成功，有時會不成功，而復發預防則可以填補兩者的空隙。青年對衝動行為的控制能力較弱，復發預防顯得更為重要。靜觀為本的復發預防是一種可行的選擇，研究發現，靜觀為本的復發預防計劃，可以有效減低青年人的衝動特質，達致預防果效。[19]

個案研究

Mia 是一個 16 歲、就讀中四的女學生，尋求家庭醫生的協助，是因為膀胱炎及長期吸食氯胺酮，家庭醫生最後將 Mia 轉介至物質濫用診所。Mia 向醫生透露，她童年時曾經歷創傷事件，父母離婚及遭同學欺凌都對她造成打擊。Mia 從小由祖父母照顧長大，很少與父母見面。對父母因離婚而遺棄她，Mia 表達強烈的反感，並認為父母這樣做，是因為她沒有價值。她形容自己容易感到焦慮，年輕時已缺乏自尊。Mia 處理反感與情感痛苦的方法，是與朋友在外消遣至通宵達旦。她開始與朋友一起服食氯胺酮，形成依賴，並掉進濫用的惡性循環中。Mia 因吸食氯胺酮而患上膀胱炎，為了減輕身體痛苦，她增加了氯胺酮的用量，結果造成不由自主的排尿，約 15 分鐘 1 次。Mia 最後被送到戒毒中心，接受心理社會戒毒及復發預防。Mia 的物質濫用問題其後得到改善。透過泌尿科醫生的治療，她的膀胱炎亦得到改善。Mia 最終遠離了氯胺酮，多得醫護人員的及早介入；醫護人員鼓勵 Mia 進行個人發展及融入社群，亦功不可沒。

亮點

- 青年階段是一個發展階段，青年容易涉及一些冒險行為，其中包括物質和酒精濫用。
- 不同神經生理、發展及社會心理因素，都會影響青年人的物質和酒精濫用。
- 要管理好青年人的物質和酒精濫用問題，必須聚焦於及早預防、及早辨識和及早作出行為介入。

參考文獻

1. American Psychiatric Association. Diagnostic and statistical manual of mental disorders 5th ed. 2013.
2. Security Bureau. The 2011/12 Survey of Drug Use among Students. Hong Kong SAR: Narcotics Division, Security Bureau; 2013.
3. Yoon S, Lam WWT, Ho DSY. Underage drinking motivation and contexts in Hong Kong: a qualitative analysis. Hong Kong Med J. 2019;25 Suppl 3(1):16-9.
4. Volkow N, Li TK. The neuroscience of addiction. Nat Neurosci. 2005;8(11):1429-30.
5. Dick DM, Bierut LJ. The genetics of alcohol dependence. Curr Psychiatry Rep. 2006;8(2):151-7.
6. Casey BJ, Jones RM, Hare TA. The adolescent brain. Annals of the New York Academy of Sciences. 2008;1124:111-26.
7. Khantzian EJ. The self-medication hypothesis of substance use disorders: a reconsideration and recent applications. Harv Rev Psychiatry. 1997;4(5):231-44.
8. Merikangas KR, Stolar M, Stevens DE, Goulet J, Preisig MA, Fenton B, et al. Familial transmission of substance use disorders. Arch Gen Psychiatry. 1998;55(11):973-9.
9. Jasinska AJ, Stein EA, Kaiser J, Naumer MJ, Yalachkov Y. Factors modulating neural reactivity to drug cues in addiction: a survey of human neuroimaging studies. Neurosci Biobehav Rev. 2014;38:1-16.
10. Sher KJ, Bartholow BD, Wood MD. Personality and substance use disorders: a prospective study. J Consult Clin Psychol. 2000;68(5):818-29.

11. Allen JP, Chango J, Szwedo D, Schad M, Marston E. Predictors of susceptibility to peer influence regarding substance use in adolescence. Child Dev. 2012;83(1):337-50.

12. Marvin CB, Tedeschi E, Shohamy D. Curiosity as the impulse to know: common behavioral and neural mechanisms underlying curiosity and impulsivity. Current Opinion in Behavioral Sciences. 2020;35:92-8.

13. Urošević S, Collins P, Muetzel R, Schissel A, Lim KO, Luciana M. Effects of reward sensitivity and regional brain volumes on substance use initiation in adolescence. Soc Cogn Affect Neurosci. 2015;10(1):106-13.

14. Glasner-Edwards S, Mooney LJ. Methamphetamine psychosis: epidemiology and management. CNS Drugs. 2014;28(12):1115-26.

15. Volkow ND. Personalizing the Treatment of Substance Use Disorders. Am J Psychiatry. 2020;177(2):113-6.

16. Prochaska JO, DiClemente CC. Stages and processes of self-change of smoking: Toward an integrative model of change. Journal of Consulting and Clinical Psychology. 1983;51(3):390-5.

17. Miller WR, Rollnick S. Motivational interviewing: Preparing people for change, 2nd ed. New York, NY, US: The Guilford Press; 2002.

18. Jensen CD, Cushing CC, Aylward BS, Craig JT, Sorell DM, Steele RG. Effectiveness of motivational interviewing interventions for adolescent substance use behavior change: a meta-analytic review. J Consult Clin Psychol. 2011;79(4):433-40.

19. Davis JP, Barr N, Dworkin ER, Dumas TM, Berey B, DiGuiseppi G, et al. Effect of Mindfulness-Based Relapse Prevention on Impulsivity Trajectories Among Young Adults in Residential Substance Use Disorder Treatment. Mindfulness 2019;10(10):1997-2009.

16

自殺與自殘

葉錫霖　黃清怡　呂世裕

摘要

　　自殺與自殘在青年人中並不罕見。自殺與自殘有很強的關聯性，兩者的風險因素與保護因素十分類似。兩者的風險因素包括：精神病病發率、家庭自殺歷史、自殘或抑鬱、家人的緊張關係等；而保護因素則包括：社會支持、家庭凝聚力等。為危機的群組提供及早辨識、評估與介入，是預防自殺與自殘的第一步。學校為本的自殺預防計劃、家庭介入模式，都可以有效減低青年人的自殺念頭和企圖自殺。此外，線上介入、加強媒介監管亦十分重要。實證的介入方法固然重要，下列障礙因素亦值得關注：青年人對精神健康缺乏認識、自殺的標籤化、香港社會的文化圖景，上述因素都會妨礙預防自殺的推展。本章也會深入探討自殺和自殘的神經生物機制。要有效預防自殺和自殘，需要在策略和研究上，作出更多思考。

關鍵字：自殺，自殘，風險因素，保護因素，青年精神健康

引言

在香港，由至 1980 年至 1990 年，青年自殺率呈現上升趨勢。由 2000 至 2009 年，15 至 24 歲青年的自殺率，由每年 100,000 的 7.7 人，上升至 100,000 的 8.5 人。[1]在過去十年（2011 年至 2021 年），香港青年（年齡 15 至 24 歲）的自殺率，則從每年 100,000 的 6.8 人，上升至 100,000 的 10.4 人。香港青年的自殺率在過去幾個世紀似乎十分穩定，但將過去二十年的數字與前二十年的數字作一比較，便發現前者仍高於前二十年的數字。[1]

自殘與自殺息息相關，自殺是刻意取走生命，而自殘則是刻意對自己造成傷害。傷害可以是身體的傷害，也可以是把自己置於危險處境，或自我忽視。[2]有些個體會利用自殘去釋放壓力與焦慮，或以自殘處理負面感覺，或表達痛楚，或尋求協助，或懲罰自己。

在香港，三種最常見的高中自殘行為是抓傷、防止傷口癒合及割腕[3]，其他常見的自殘方法亦包括：打自己、捏自己、咬自己，燒傷、過量服藥及中毒等。[4]

雖然每個自殘個案的動機、嚴重程度及致命性皆不同，我們仍不可輕看自殘的風險。自殘明顯與自殺相關，自殘與宣稱嘗試結束生命息息相關。[5]在現實中，自殘可引致意外死亡。世界衛生組織估計，在 2016 年，約有 62,000 青年死於自殘。[6]在 2010 年，全球約有多達 883,700 人死於自殘。[7]

為何青年會自殺與自殘

青年人的自殺與自殘，已經引起全球社會人士的關注，並成為公共健康的重要議題。自殘與自殺行為涉及複雜的生理、心

理及社會因素，及各因素的互動。辨別自殘與自殺行為的風險與保護因素，有助我們理解自殘與自殺的現象，並提出解決方案。

　　甚麼是自殺與自殘的風險因素？這些風險因素大多涉及增加個體從事自殺或自殘的機會，例如：患者是否患有精神障礙[8]、患者是否曾非法濫用物質[9]、患者是否曾嘗試自殺[10]、患者的性格特徵、患者的遺傳負荷、來自心理與社會的壓力[11]、暴露於具誘發性的楷模、自殺的可行途徑等[12]。表 1 列出了與自殺及自殘相關的不同風險因素及保護因素。

風險因素	
生理	• 精神病發病率 • 性別 • 遺傳
心理	• 性格 • 不安全依附關係 • 低自我效能與低自尊 • 解決問題的風格
社會	• 家庭 • 生活事件與壓力源 • 社會經濟地位 • 模仿 • 自殺渠道與方法
保護因素	
• 連繫（家庭、友儕、教師，學校提供的支援） • 社交技巧 • 作決定與解決問題的能力 • 正向心理、自尊、感恩、抗逆力、個人能力、自我身份、希望	

表 1　自殺及自殘的風險因素及保護因素

當今預防自殺與自殘的策略

　　自殺與自殘往往是上述各種風險因素匯合的結果。當自殺與自殘行為沒有得到足夠關注，青年人的自殺與自殘行為便會延續至成年階段，不但對青年人的身體與精神健康造成損害，更會對青年人的未來發展構成限制。但單單指出這些風險因素，並不足以降低青年自殺與自殘的比率，還需多個社會分支與社會部門的統籌和協助，例如醫護、教育、法律、媒體及商界，情況才可以得到改善。

　　青年自殺與自殘是一個多元的複雜現象，要在多個層面（全國人口、亞群體及個人層面）實踐預防策略，這並非容易的事。38 個國家曾聯合發表報告，在國家層面一起預防自殺。[6] 事實證明，自殺某程度上是可預防的，已經有適時、實證和具成本效益的介入方法[6]，供我們參考，我們會在下文討論。

限制接觸自殺的途徑

　　顯而易見，限制接觸自殺途徑，可以有效減低自殺率。全球正努力控制或限制人們接觸自殺途徑，例如殺蟲劑、某些類別的藥物及槍枝。[13-15] 在香港，我們也努力限制市民接觸自殺的途徑，例如在某些地區，要購買燒烤用的炭會有所限制；列車站也安裝了幕門，以減低自殺風險。[16] 類似的努力也包括對某些類別的藥物進行管制（例如止痛藥與安眠藥），也限制人們進入自殺熱點（例如天台）。

為高危群組提供早期精神健康介入

要處理青年人的自殺與自殘行為，及早介入非常重要。為危機群組提供高質的精神醫護服務，永不嫌晚。誰屬高風險的青年亞群體？就是那些被診斷患有抑鬱症、專注力不足 / 過度活躍症、不能控制衝動、物質誤用及思覺失調的青年。及早辨別這些危機群組，並作出初步評估，這是重要的第一步；接着是多層次的專業介入、管理和跟進。

藥物介入治療（主要服用氯氮平和鋰）與非藥物介入治療同樣重要。非介入治療是指各種心理治療，例如針對抑鬱症與思覺失調的認知行為治療 [17]、針對人格障礙的辯證行為治療。[18] 雙管齊下，才可以減低青年人企圖自殺的比率。

與家庭和學校建立夥伴關係

在香港社會，家庭與文化對中國青年的影響，有目共睹。家庭介入，特別是針對在貧乏家庭長大的青年進行介入，可以提升青年人的生活技巧，強化他們的家庭關係，這是預防自殺的重要策略和基礎。這等計劃有助抗衡自殺風氣，提升保護因素。預防計劃可以聚焦於情緒、認知、行為與社交能力的培育，也可以強化青年人的抗逆力與連結能力，並建立青年人與社會的和諧連繫。[19-21]

以學校為本的自殺預防計劃，可以有效預防企圖自殺與自殺意念。[22,23] 學校為本的預防自殺策略，目標是提升青年人對自殺的認識及預防意識，糾正對自殺的錯誤觀念，並鼓勵青年人尋求協助。單靠學校為本的介入（目標是全校學生）是不足夠的，可以雙管齊下，針對一些高危組群（這些學生呈現了一些風險因

素，但仍未涉及企圖自殺與自殘行為），為他們提供小組介入亦不可或缺。學校為本的介入，涉及跨專業、多層次的共同協作，其中包括老師（辨識與支援）、學校社工（調解、建立支援網絡、醫療轉介）及家庭醫生（診斷、治療、專科轉介）共同努力。[24]

精神健康檢討報告[25]曾就着香港青年人的精神健康需要，提出了相關政策，其中包括學生健康服務（SHS）、青年健康計劃（AHP）及針對學校的支援。例如對學校提供專業支援及教師培訓，為青年提供綜合社區支援服務。這些不同的服務模式，都是針對香港的處境而設。學生健康服務、青年健康計劃、教師培訓，都有助辨識受精神問題困擾的危機青年。綜合社區支援服務，則有助改善青年人的家庭精神健康狀況。

發展線上介入

年輕人花很多時間參與網上活動，這些網上活動數據極具參考價值，可以反映出青年人是否具自殘傾向。研究發現，喜歡對自己的身體作出自殘的青年人，相較一般青年人，較熱衷使用即時通訊軟件，他們也傾向把內心的不安與網友分享，他們並不習慣面對面的分享模式。[26]但互聯網也可以是壓力的來源，網上欺凌會增加青年人患上抑鬱症或自殘的風險。[27]

由此可見，互聯網對青年人的影響，有些是正面，有些是負面。[28]青年處身互聯網的世界，容易將自己暴露於脆弱的處境，但他們同時會受到互聯網的正面資訊所影響，產生積極反應。

針對自殺與自殘的線上預防服務、線上監控與線上支援計劃，實在有很大需求。這些服務有賴青年工作者、精神健康工

作者攜手發揮槓桿作用，利用社交平台，接觸那些處於危機的青年，並鼓勵他們尋求協助。

與媒體進行建設性互動

一些媒體或會以強烈感官描述的方式，報道自殺個案，這可能會引發更多同類個案的出現。[29]青年人容易受外界影響，容易被挑動；媒體的報道，會誘發青年人跟隨自殺者的腳蹤。這種現象被稱為「傳染效應」，這情況其實早於十八世紀已經發生。1774 年，德國的劇作家、詩人、小說家歌德，出版了名為《少年維特的煩惱》的小說。小說中，維特被所愛的女子拋棄之後，向自己開槍自殺。小說出版後，青年人相繼模仿，不但穿上主角的黃色褲及藍色外衣，有些人更跟隨主角的腳蹤，結束自己的生命，自殺率在歐洲急速上升。《少年維特的煩惱》最後成為了禁書，在歐洲多個國家禁止刊行。這個現象被稱為「維特效應」。所謂「維特效應」，是指人們受到外在模範或媒體報道的影響，仿效自殺。[30]

「維特效應」的近期例子是德國足球守門員羅拔安基的自殺事件，他嘗試自殺，最後被火車撞死，事件被歐洲媒體廣泛報道，其後火車自殺的個案不斷急升。除了德國，自殺風潮其後更在四個歐洲國家蔓延。[31]

本地「維特效應」的例子，則要數著名歌星張國榮在 2003 年自殺，媒體廣泛報道這宗令人震驚的消息後，香港的自殺率亦飆升。[32]雖然事件的影響短暫，但極具標誌性。很多介乎 25 至 39 歲的青年，效法張國榮，從高處跳下，了結自己的生命。除了不成比例的感官報道，不實的報道、偏頗的報道，也會引致悲劇發

生。[33]

一個有關香港與台灣自殺個案的研究發現，對燒炭自殺的偏頗報道，是類似自殺個案急速上升的推手。[34]

因此，一份專業指引，並修訂相關法例，對確保媒體作出準確和負責任的報道，極具裨益，這亦有助防止青年自殺。

邀請本地防止自殺的服務提供者參與

一些本地服務提供者，對預防自殺十分擅長，撒馬利亞防止自殺會便是其中之一。撒馬利亞防止自殺會提供 24 小時情緒支援熱線，並設有自殺危機介入中心、生命教育中心、專業培訓及發展中心。生命熱線是另一間註冊慈善團體，提供 24 小時預防自殺熱線服務。

在香港，企圖自殺的基本比率仍十分低，非政府團體提供的防止自殺服務十分有限；為自殺或自殘個案提供全方位服務，似乎並不可行。由此可見，以整體人口為基礎的自殺篩選方法，未必奏效；反而「公開取用」（open-access）的服務模式，讓處於危機的青年人主動向專業人員求協助，會較為可取。

在支援上，也需要為自殺與自殘人士的家庭提供協助。透過為患者父母提供精神健康教育，透過去標籤化和向高危個體賦能，可以提升高危個體的家庭成員的風險察覺力。只要家庭成員多走一步，可大大減低青年自殺與自殘的風險。

個案研究

個案 1

　　Peter 是一位 14 歲的中學生。Peter 曾因心搏過速而兩度入院，兒童心臟科醫生給他進行診治，24 小時心電圖報告結果屬於負面。Peter 為到兩年後選科而懊惱，父母期望他在科學與技術範圍發展，但他卻偏好語言與歷史，這帶給 Peter 不少壓力。接着三個星期，Peter 感到愈來愈抑鬱，並出現入睡困難、沒有胃口、體重遞減等問題；在動力、動機和集中能力上，Peter 也大不如前。Peter 更經歷驚慌突襲，不停冒汗，以為自己快要沒命。Peter 滿腦子是負面想法，頭痛時，他會問自己，何不服用過量的止痛藥？這些負面想法不斷蔓延，讓他感到絕望與無助。Peter 更想到不如從高處跳下，這樣便不用與父母因選科問題而爭吵。

　　Peter 是家中的獨子，父母來自內地，父親是護衛，母親是清潔工人，雙親對 Peter 照顧有加，並且對 Peter 有很高期望。Peter 在內地出生，小學階段時便移居香港，並遭到本地同學取笑和欺凌。Peter 為人安靜及害羞，不太懂得社交及表達自己。

　　在遞交選修申請表那天，他走到學校天台，並跨過閘口，想一躍而下，最後被老師阻止，把他送到醫院急症室。醫生認為 Peter 具中等自殺風險，屬於重型抑鬱症發作；於是安排 Peter 入院，並接受兒童及青少年精神科跟進。醫生給 Peter 處方抗抑鬱藥（血清素），並接受認知行為治療。

個案 2

　　Mary 今年 17 歲，正預備畢業考試。Mary 一方面要應

付學習，更要適應一位支援教師的離別，這位老師被調到特殊班，與一群問題學生相處。在大考中，Mary 大部分學科都不合格，她服食了 20 粒抗組織胺藥（百利通），睡了一整天。其後三天，她重複服用大量百利通，最後被母親發現，並發覺她在床邊放有百利通的空瓶。

Mary 的父母已經離異，Mary 與母親同住。Mary 有一個比她大 7 歲的姊姊，已經離家獨居。Mary 的母親在餐廳任職洗碗，每天很晚才回家。Mary 非常情緒化，性格內向，且沒有親密的知心友。

Mary 最終被送到急症室，進行 24 小時監察。照顧她的精神科醫生給她進行了評估，認為 Mary 出現了急性壓力反應。醫生指出，Mary 並不是企圖自殺，只想靠睡覺消除不適。事後，Mary 對過量服藥感到後悔，只慶幸藥物沒有危害到她的生命。學校社工也作出介入，給 Mary 設計了一個完整的照護計劃，涵蓋她的學習及情緒需要。在危機發生後，母親及班主任主動給 Mary 提供支援。當 Mary 的情緒變得平穩，再沒有出現明顯自殘的風險，醫院便讓她回家。

亮點

- 要有效預防自殺與自殘，必須從整體人口、亞群與個人層面入手，重點是盡量減低自殺與自殘的風險，並強化保護因素。

- 整體人口的預防計劃應包括：精神健康推廣與教育、提升大眾對精神健康的覺察、去除精神健康污名化、改善媒體

報道、減低大眾接觸自殺方法的途徑。

- 亞群策略應包括：學校為本的裝備守護者、設立危機熱線、提供線上協助、為失能家庭提供教練服務。
- 個人層面關注的是辨識個體在神經生物、發展及社會心理上的脆弱性，以提供跟進介入。

參考文獻

1. Suicide Rate [Internet]. HKJC Centre for Suicide Research and Prevention. 2021. Available from: https://csrp.hku.hk/statistics/

2. Nock MK. Future Directions for the Study of Suicide and Self-Injury. Journal of Clinical Child & Adolescent Psychology. Informa UK Limited; 2012 Mar;41(2):255-9. Available from: http://dx.doi.org/10.1080/15374416.2012.652001

3. Law BMF, Shek DTL. Self-harm and Suicide Attempts among Young Chinese Adolescents in Hong Kong: Prevalence, Correlates, and Changes. Journal of Pediatric and Adolescent Gynecology. Elsevier BV; 2013 Jun;26(3):S26-S32. Available from: http://dx.doi.org/10.1016/j.jpag.2013.03.012

4. Siu, AMH. Self-Harm and Suicide Among Children and Adolescents in Hong Kong: A Review of Prevalence, Risk Factors, and Prevention Strategies. Journal of Adolescent Health. Elsevier BV; 2019 Jun;64(6):S59-S64. Available from: http://dx.doi.org/10.1016/j.jadohealth.2018.10.004

5. Tang J, Yu Y, Wu Y, Du Y, Ma Y, Zhu H, Zhang P, Liu Z. Association between non-suicidal self-injuries and suicide attempts in Chinese adolescents and college students: a cross-section study. PloS one. 2011 Apr 8;6(4):e17977. Available from: https://doi.org/10.1371/journal.pone.0017977

6. Suicide [Internet]. World Health Organization. 2021. Available from: https://www.who.int/news-room/fact-sheets/detail/suicide

7. Lozano R, Naghavi M, Foreman K, Lim S, Shibuya K, Aboyans V, Abraham J, Adair T, Aggarwal R, Ahn SY, AlMazroa MA. Global and regional mortality from 235 causes of death for 20 age groups in 1990 and 2010: a systematic analysis for the Global Burden of Disease Study 2010. The Lancet. 2012 Dec 15;380(9859):2095-128. Available from: https://doi.org/10.1016/S0140-6736(12)61728-0

8. Bridge JA, Goldstein TR, Brent DA. Adolescent suicide and suicidal behavior. Journal of Child Psychology and Psychiatry. Wiley; 2006 Mar;47(3-4):372–94. Available from: http://dx.doi.org/10.1111/j.1469-7610.2006.01615.x

9. Pelkonen M, Marttunen M. Child and adolescent suicide. Pediatric Drugs. 2003 Apr;5(4):243-65. Available from: https://doi.org/10.2165/00128072-200305040-00004

10. Cooper J, Kapur N, Webb R, Lawlor M, Guthrie E, Mackway-Jones K, Appleby L. Suicide after deliberate self-harm: a 4-year cohort study. American Journal of Psychiatry. 2005 Feb 1;162(2):297-303. Available from: https://doi.org/10.1176/appi.ajp.162.2.297

11. Bilsen J. Suicide and youth: risk factors. Frontiers in psychiatry. Frontiers Media SA; 2018 Oct 30;9. Available from: https://doi.org/10.3389/fpsyt.2018.00540

12. Rodgers P. Understanding risk and protective factors for suicide: A primer for preventing suicide. Education Development Center, Inc. Edited by Suicide Prevention Resource Center. 2011.

13. Chen YY, Wu KC, Yip PS. Suicide prevention through restricting access to suicide means and hotspots. In R. C. O'Connor, S. Platt, & J. Gordon (Eds.) International handbook of suicide prevention: Research, policy and practice. Wiley Blackwell; 2007. p.545-560. Available from: https://doi.org/10.1002/9781119998556.ch31

14. Reifels L, Mishara BL, Dargis L, Vijayakumar L, Phillips MR, Pirkis J. Outcomes of Community-Based Suicide Prevention Approaches That Involve Reducing Access to Pesticides: A Systematic Literature Review [published correction appears in Suicide Life Threat Behav. 2020 Dec;50(6):1296]. Suicide Life Threat Behav. 2019;49(4):1019-1031. Available from: https://doi.org/10.1111/sltb.12503

15. Simonetti JA, Rowhani-Rahbar A. Limiting Access to Firearms as a Suicide Prevention Strategy Among Adults: What Should Clinicians Recommend?. JAMA Netw Open. 2019;2(6):e195400. Published 2019 Jun 5. Avaliable from: https://doi.org/10.1001/jamanetworkopen.2019.5400

16. Law CK, Yip PS, Chan WS, Fu KW, Wong PW, Law YW. Evaluating the effectiveness of barrier installation for preventing railway suicides in Hong Kong. J Affect Disord. 2009;114(1-3):254-262. Available from: https://doi.org/10.1016/j.jad.2008.07.021

17. Mewton, Louise, and Gavin Andrews. "Cognitive behavioral therapy for suicidal behaviors: improving patient outcomes." Psychology research and behavior management. 2016 Mar 3;9:21-9. Available from: https://doi.org/10.2147/PRBM.S84589

18. Linehan MM, Korslund KE, Harned MS, Gallop RJ, Lungu A, Neacsiu AD, McDavid J, Comtois KA, Murray-Gregory AM. Dialectical behavior therapy for high suicide risk in individuals with borderline personality disorder: a randomized clinical trial and component analysis. JAMA Psychiatry. 2015 May;72(5):475-82. Available from: https://doi.org/10.1001/jamapsychiatry.2014.3039

19. Chan SSM, Chiu HFK, Chen EYH, Chan WSC, Wong PWC, Chan CLW, et al. Population-Attributable Risk of Suicide Conferred by Axis I Psychiatric Diagnoses in a Hong Kong Chinese Population. Psychiatric Services. American Psychiatric Association Publishing; 2009 Aug;60(8):1135–8. Available from: http://dx.doi.org/10.1176/ps.2009.60.8.1135

20. Shek DTL, Yu L. Longitudinal Impact of the Project PATHS on Adolescent Risk Behavior: What Happened after Five Years? The Scientific World Journal. Hindawi Limited; 2012;2012:1–13. Available from: http://dx.doi.org/10.1100/2012/316029

21. Chen J, Xu D, Wu X. Seeking Help for Mental Health Problems in Hong Kong: The Role of Family. Administration and Policy in Mental Health and Mental Health Services Research. Springer Science and Business Media LLC; 2018 Nov 20;46(2):220–37. Available from: http://dx.doi.org/10.1007/s10488-018-0906-6

22. Zalsman G, Hawton K, Wasserman D, van Heeringen K, Arensman E, Sarchiapone M, Carli V, Höschl C, Barzilay R, Balazs J, Purebl G. Suicide prevention strategies revisited: 10-year systematic review. The Lancet Psychiatry. 2016 Jul 1;3(7):646-59. Available from: https://doi.org/10.1016/S2215-0366(16)30030-X

23. Yip PSF. Towards Evidence-Based Suicide Prevention Programs. Crisis. Hogrefe Publishing Group; 2011 May;32(3):117–20. Available from: http://dx.doi.org/10.1027/0227-5910/a000100

24. Robinson J, Cox G, Malone A, et al. A systematic review of school-based interventions aimed at preventing, treating, and responding to suicide-related behavior in young people. Crisis. 2013;34(3):164-182. Available from: https://doi.org/10.1027/0227-5910/a000168

25. Mental Health Review Report. Food and Health Bureau. 2017.

26. Mitchell KJ, Ybarra ML. Online behavior of youth who engage in self-harm provides clues for preventive intervention. Prev Med. 2007;45(5):392-396. Available from: https://doi.org/10.1016/j.ypmed.2007.05.008

27. Hinduja S, Patchin JW. Bullying, cyberbullying, and suicide. Arch Suicide Res. 2010;14(3):206-221. Available from: https://doi.org/10.1080/13811118.2010.494133

28. Daine K, Hawton K, Singaravelu V, Stewart A, Simkin S, Montgomery P. The power of the web: a systematic review of studies of the influence of the internet on self-harm and suicide in young people. PLoS One. 2013;8(10):e77555. Published 2013 Oct 30. Available from: https://doi.org/10.1371/journal.pone.0077555

29. Sisask M, Värnik A. Media Roles in Suicide Prevention: A Systematic Review. International Journal of Environmental Research and Public Health. MDPI AG; 2012 Jan 4;9(1):123–38. Available from: http://dx.doi.org/10.3390/ijerph9010123

30. Phillips, David P. "The Influence of Suggestion on Suicide: Substantive and Theoretical Implications of the Werther Effect." American Sociological Review, vol. 39, no. 3, [American Sociological Association, Sage Publications, Inc.], 1974, pp. 340–54. Available from: https://doi.org/10.2307/2094294

31. Koburger N, Mergl R, Rummel-Kluge C, Ibelshäuser A, Meise U, Postuvan V, et al. Celebrity suicide on the railway network: Can one case trigger international effects? Journal of Affective Disorders. Elsevier BV; 2015 Oct;185:38–46. Available from: http://dx.doi.org/10.1016/j.jad.2015.06.037

32. Yip PS, Fu KW, Yang KC, et al. The effects of a celebrity suicide on suicide rates in Hong Kong. J Affect Disord. 2006;93(1-3):245-252. Available from: https://doi.org/10.1016/j.jad.2006.03.015

33. Cheng Q, Chen F, Lee EST, Yip PSF. The role of media in preventing student suicides: A Hong Kong experience. J Affect Disord. 2018;227:643-648. Available from: https://doi.org/10.1016/j.jad.2017.11.007

34. Liu KY, Beautrais A, Caine E, Chan K, Chao A, Conwell Y, et al. Charcoal burning suicides in Hong Kong and urban Taiwan: an illustration of the impact of a novel suicide method on overall regional rates. Journal of Epidemiology & Community Health. BMJ; 2007 Mar 1;61(3):248–53. Available from: http://dx.doi.org/10.1136/jech.2006.048553

17

網絡遊戲障礙

黃德興

摘要

網絡遊戲障礙（IGD）在美國精神醫學學會 2013 年出版的精神疾病診斷與統計手冊第五版中被列於附錄中，意思是須作進一步的研究。2018 年出版的國際疾病分類（第十一版）中，則把網絡遊戲障礙確認為一種精神障礙。但至今仍欠缺設計完善的臨床測試，證明某些治療方法對網絡遊戲障礙有效；更沒有足夠證據證明，這些介入方法能夠對網絡遊戲障礙產生長遠的治療作用。因此，網絡遊戲障礙須作進一步的臨床測試，才能建立治療證據。針對網絡遊戲障礙的未來研究方向，須減低研究方法上出現的問題，才能對網絡遊戲障礙的治療成效作出蓋棺定論，這將有助對網絡遊戲障礙成為一種正統的精神障礙達成共識。

關鍵字：網絡遊戲障礙，成癮，青年，風險因素，治療

引言

在 2013 年出版的精神疾病診斷與統計手冊第五版，可以找

到網絡遊戲障礙（IGD）一詞。但到了今天，仍沒有足夠證據證明網絡遊戲障礙是一種獨特的精神障礙。因此，網絡遊戲障礙只是列於附錄中，並建議作進一步的研究。

精神疾病診斷與統計手冊第五版曾列出遊戲的風險，遊戲可以在個體生命的不同範圍構成明顯的損害與困擾[1]，但精神疾病診斷與統計手冊第五版所指的障礙，只局限於遊戲的範圍，並不包括互聯網的一般使用、社交媒體、智能電話或網上賭博。

及至 2018 年，網絡遊戲障礙才被國際疾病分類第十一版（ICD-11）收納。根據國際疾病分類第十一版，網絡遊戲障礙的特徵，是患者出現接續與重複的遊戲行為（包括數碼遊戲或電子遊戲），這些行為可以在線上或線下發生，並會透過下列方式呈現：（1）遊戲控制的損害（例如：發作、頻率、強度、長短及結束）；（2）對遊戲愈來愈重視，並超過其他生活興趣與日常活動；（3）縱使帶來負面影響，仍持續進行，並進一步升級。[2]

按國際疾病分類第十一版的描述，遊戲行為會給患者帶來明顯的困擾，並損害多項重要功能（例如：社會、教育、職業）。上述特徵必須持續十二個月或以上，才能被診斷患上網絡遊戲障礙。但如果能滿足上述所有臨床定義或症狀，時間長度則可以縮短。雖然精神疾病診斷與統計手冊第五版與國際疾病分類第十一版的命名系統不同，但兩者都表明，要滿足網絡遊戲障礙的診斷定義，遊戲必須對患者帶來明顯損害，遊戲的定義可以是線上或線下的電子遊戲。

網絡遊戲障礙的全球發病率為 1.96%[3]，1.6% 屬於青年人。[4]一個台灣研究訪問了 8,110 名青年遊戲玩家，發現網絡遊戲障礙的發病率達 3.1%。[5]另一日本研究訪問了 549 名青年遊戲玩家，發現網絡遊戲障礙的發病率達 1.8%。[6]表 1 列出網絡遊戲障礙的主要特徵。

	網絡遊戲障礙
發病率（%）	1.96%
可能風險因素	自戀人格特質、攻擊性、缺乏自我控制 家庭暴力、缺乏父母照顧 較低整體心理及社會幸福感
病徵	參與遊戲的控制出現損害 把遊戲視為優先事項 逃避 被遊戲和相關意念佔據 縱使出現負面影響，仍持續或進一步參與遊戲
建議的治療	認知行為治療，整合及特殊的網絡遊戲障礙治療（例如：個人信息技術和社區信息計劃（PIPATIC），安非他酮，依他普崙，利他能錠，阿托莫西汀

表 1　網絡遊戲障礙的主要診斷特徵

為何網絡遊戲障礙在青年階段出現

　　青年階段與成年初期一般被視為脆弱的成長階段，容易出現或發展出各種成癮障礙。[7,8] 有些脆弱性屬於神經性質（牽涉前額葉皮層發育，前額葉皮層主要負責決策與衝動控制），有些則屬於發展性質（需要處理社會歸屬及個人身份），有些則屬於文化性質（升上高中及大學後帶來的壓力，要求青年人擁有更大的獨立性）。[9] 國際疾病分類第十一版，網絡遊戲障礙大多出現於青年階段，在一些發展國家，青年大多與父母同住，這讓他們有更大機會接觸遊戲。遊戲也可能由同儕推介，遊戲是群體行為的一部分，與同儕一起玩遊戲，這是一種社交禮儀。

　　研究發現，家庭暴力、缺乏親人照顧是網絡遊戲障礙的其中一些風險因素。[10] 在單親家庭中，由於缺乏另一方的支持，

父母或母親對孩子的監督會變得十分薄弱，Rehbein 與 Baier[11] 發現，父母對孩子的監督愈高，青年出現問題遊戲行為的機會會愈低。其次，當青年缺乏安全的親子關係，他們便會依賴遊戲去滿足安全感與關係的需要。[9] 另一研究發現，溫暖的家庭環境、安全的親子關係，與病態遊戲症狀的出現成反比。[12]

此外，如果個體擁有較低的心理及社會幸福感，他／她亦會較容易出現病態遊戲行為。缺乏社交能力、低自尊、經常感到孤單，這些因素都與病態遊戲行為息息相關。[13] 孤單是病態遊戲行為的結果，把真實世界的社交互動轉移至遊戲世界，只會令現有的社交網絡變差，令孤單的感覺增加，並進一步強化病態遊戲行為。

一些個體的性格特徵，也會催生網絡遊戲障礙的出現。一個研究發現，線上遊戲成癮患者都有一些特別的性格特徵，這些特徵與成癮相關，其中包括自戀型性格特徵、具攻擊性、缺乏自我控制、缺乏人際關係、沒有職業等。[14] 但上述變項只能解釋 20% 的上癮行為。此外，衝動性亦與網絡遊戲障礙有關。

當今治療網絡遊戲障礙的方法

現今最常用於治療網絡遊戲障礙，並被廣泛研究的治療方法，首推認知行為治療。認知行為治療的目的，是幫助個體控制病態遊戲行為。多個研究證實，認知行為治療能有效減低網絡遊戲障礙出現的症狀。[16,17] Kim 等人 [18] 發現，在一個針對一群青年，持續四星期的治療研究計劃中，給參與者服用安非他酮，並加上認知行為治療，能有效提升藥物療效，並有效減低遊戲成癮的時間及症狀。

另一些研究員建議，要治療網絡遊戲障礙，可以採用一些整合性、專門的網絡遊戲障礙治療方法。一般網絡遊戲障礙都具共病性，會與一些個人及心理問題一同出現。Torres-Rodríguez 等人 [16] 的研究發現，採用整合性策略（包括照顧上癮、共病病徵、內在能力、人際能力、家庭關係等），會驅使青年作出行為改變，這比單單採用認知行為治療效果更佳。認知行為治療處理網絡遊戲障礙時，一般只會集中處理網絡遊戲障礙的症狀，但 Muller [4] 指出：「治療策略應嵌入整全的環境中，並要照顧同時出現的問題（例如：包含社交技巧訓練等）。」

有研究發現，服用安非他酮、依他普崙、利他能錠、阿托莫西汀，一般可減低網絡遊戲障礙的症狀。[19,20] 但至今仍沒有對照研究確認，網絡遊戲障礙的藥物治療可以產生長遠效能，治療效果會延續至治療完成之後。

可惜的是，國際疾病分類第十一版對網絡遊戲障礙列出的標準量度定義，並未經過隨機對照研究支持，並測試相關治療方法的效用。因此，研究員針對網絡遊戲障礙在未來的臨床測試，須設計得更加周密，並採用統一病徵驗證指標，這樣才能對現存的治療方法的果效，作出具建設性的結論。

個案研究

一個 21 歲的男孩，經常賦閒在家，他沒有工作，也沒有上大學。在 17 歲時，他已經留在家中玩電子遊戲，並熱衷成為一個專業電玩玩家。一般青年在這年紀，應準備應付中學文憑試，但他卻選擇輟學，醉心電玩。他所認識的朋友，都是網上玩電玩時認識的。

　　他一般早上 11 時起床，一起床便打機直至晚上 3 至 4 時，天天如是。他很少離家，這種生活方式已經維持了三至四年。他與父母的關係不佳，父母經常喝止他打機，並鼓勵他好好找一份工作。但他堅持玩電玩，説這是他的夢想職業，但他從沒有成功找到一份相關工作。他的母親嘗試封鎖對他的金錢資助，希望推動他找工作，但他只是我行我素。他的情況正是香港「隱青」的寫照（日本稱「隱青」為 Hikikomori）。所謂「隱青」，是指年輕人把自己鎖在家中持續三至六個月，過着與世隔絕的生活，並避開任何社交及家庭關係（除了網上的連繫），也不參與任何職業與教育。[21] 研究發現，網絡遊戲障礙與「隱青」的病徵很類似。[21]

　　上述青年欠缺耐性，也容易對任何事物感到反感。他不善於與人溝通，很少與外界的人接觸。但他沒有呈現任何抑鬱症症狀；他只是滿足於遊戲，沉浸於遊戲世界。

　　他的母親最後向「迎風」（參考第二十五章）尋求協助，並轉介至「香港賽馬會平行心間計劃」（參考第二十五章），參與過群體的電競活動與其他青年友好活動，Peter 擴闊了社交圈子。中心更鼓勵 Peter 參加認知行為療法小組，並接受認知行為個人治療，以探索網絡遊戲成癮背後的種種問題，例如欠缺社交技巧、逃避型性格特徵等。Peter 最終明白到他的問題並不是純粹的網絡遊戲成癮，而是與社交焦慮障礙及抑鬱症構成了共病情況，服用選擇性血清素再吸收抑制劑或許對他有幫助，藥物治療是其中一種可行的治療方法。

亮點

- 網絡遊戲障礙在青年階段非常普遍。

- 雖然網絡遊戲障礙羅列於精神疾病診斷與統計手冊第五版及國際疾病分類第十一版，但至今仍欠缺對網絡遊戲障礙治療方法的完善臨床測試。

- 網絡遊戲障礙未來的研究方向，應集中研究如何對網絡遊戲障礙作出介入，並確立網絡遊戲障礙的正式臨床定義。

參考文獻

1. American Psychiatric Association. Diagnostic and statistical manual of mental disorders (DSM-5®). American Psychiatric Pub; 2013 May 22.

2. World Health Organization. International Classification of Diseases 11th Revision ICD-11 Beta Draft. 2017. https://icd.who.int/dev11/l-m/en (accessed 22 June 2021)

3. Stevens MW, Dorstyn D, Delfabbro PH, King DL. Global prevalence of gaming disorder: A systematic review and meta-analysis. Australian & New Zealand Journal of Psychiatry [Internet]. SAGE Publications; 2020 Oct 7;55(6):553–68. Available from: http://dx.doi.org/10.1177/0004867420962851

4. Müller KW, Janikian M, Dreier M, Wölfling K, Beutel ME, Tzavara C, et al. Regular gaming behavior and internet gaming disorder in European adolescents: results from a cross-national representative survey of prevalence, predictors, and psychopathological correlates. European Child & Adolescent Psychiatry [Internet]. Springer Science and Business Media LLC; 2014 Sep 5;24(5):565–74. Available from: http://dx.doi.org/10.1007/s00787-014-0611-2

5. Chiu Y-C, Pan Y-C, Lin Y-H. Chinese adaptation of the Ten-Item Internet Gaming Disorder Test and prevalence estimate of Internet gaming disorder among adolescents in Taiwan. Journal of Behavioral Addictions [Internet]. Akademiai Kiado Zrt.; 2018 Sep;7(3):719–26. Available from: http://dx.doi.org/10.1556/2006.7.2018.92

6. Nakayama H, Matsuzaki T, Mihara S, Kitayuguchi T, Higuchi S. Relationship between problematic gaming and age at the onset of habitual gaming. Pediatrics International [Internet]. Wiley; 2020

Nov;62(11):1275–81. Available from: http://dx.doi.org/10.1111/ped.14290

7. Gentile DA, Bailey K, Bavelier D, Brockmyer JF, Cash H, Coyne SM, et al. Internet Gaming Disorder in Children and Adolescents. Pediatrics [Internet]. American Academy of Pediatrics (AAP); 2017 Nov;140(Supplement 2):S81–S85. Available from: http://dx.doi.org/10.1542/peds.2016-1758h

8. Sussman S, Arnett JJ. Emerging Adulthood. Evaluation & the Health Professions [Internet]. SAGE Publications; 2014 Feb 3;37(2):147–55. Available from: http://dx.doi.org/10.1177/0163278714521812

9. King D, Delfabbro P. Internet gaming disorder: Theory, assessment, treatment, and prevention. Academic Press; 2018 Jul 18.

10. Mößle T, Rehbein F. Predictors of Problematic Video Game Usage in Childhood and Adolescence. SUCHT [Internet]. Hogrefe Publishing Group; 2013 Jan;59(3):153–64. Available from: http://dx.doi.org/10.1024/0939-5911.a000247

11. Rehbein F, Baier D. Family-, Media-, and School-Related Risk Factors of Video Game Addiction. Journal of Media Psychology [Internet]. Hogrefe Publishing Group; 2013 Jan 1;25(3):118–28. Available from: http://dx.doi.org/10.1027/1864-1105/a000093

12. Liau AK, Choo H, Li D, Gentile DA, Sim T, Khoo A. Pathological video-gaming among youth: A prospective study examining dynamic protective factors. Addiction Research & Theory [Internet]. Informa UK Limited; 2014 Dec 19;23(4):301–8. Available from: http://dx.doi.org/10.3109/16066359.2014.987759

13. Lemmens JS, Valkenburg PM, Peter J. Psychosocial causes and consequences of pathological gaming. Computers in Human Behavior [Internet]. Elsevier BV; 2011 Jan;27(1):144–52. Available from: http://dx.doi.org/10.1016/j.chb.2010.07.015

14. Kim EJ, Namkoong K, Ku T, Kim SJ. The Relationship Between Online Game Addiction and Aggression, Self-Control and Narcissistic Personality Traits. European Psychiatry [Internet]. Cambridge University Press (CUP); 2007 Dec 31;23(3):212–8. Available from: http://dx.doi.org/10.1016/j.eurpsy.2007.10.010

15. González-Bueso V, Santamaría JJ, Fernández D, Merino L, Montero E, Jiménez-Murcia S, et al. Internet Gaming Disorder in Adolescents: Personality, Psychopathology and Evaluation of a Psychological Intervention Combined With Parent Psychoeducation. Frontiers in Psychology [Internet]. Frontiers Media SA; 2018 May 28;9. Available from: http://dx.doi.org/10.3389/fpsyg.2018.00787

16. Torres-Rodríguez A, Griffiths MD, Carbonell X, Oberst U. Treatment

efficacy of a specialised psychotherapy program for Internet Gaming Disorder. Journal of Behavioral Addictions [Internet]. Akademiai Kiado Zrt.; 2018 Nov 14;7(4):939–52. Available from: http://dx.doi.org/10.1556/2006.7.2018.111

17. Li W, Garland EL, McGovern P, O'Brien JE, Tronnier C, Howard MO. Mindfulness-oriented recovery enhancement for internet gaming disorder in U.S. adults: A stage I randomized controlled trial. Psychology of Addictive Behaviors [Internet]. American Psychological Association (APA); 2017 Jun;31(4):393–402. Available from: http://dx.doi.org/10.1037/adb0000269

18. Kim SM, Han DH, Lee YS, Renshaw PF. Combined cognitive behavioral therapy and bupropion for the treatment of problematic on-line game play in adolescents with major depressive disorder. Computers in Human Behavior [Internet]. Elsevier BV; 2012 Sep;28(5):1954–9. Available from: http://dx.doi.org/10.1016/j.chb.2012.05.015

19. Nam B, Bae S, Kim SM, Hong JS, Han DH. Comparing the effects of bupropion and escitalopram on excessive internet game play in patients with major depressive disorder. Clinical Psychopharmacology and Neuroscience. 2017 Nov;15(4):361.

20. Park JH, Lee YS, Sohn JH, Han DH. Effectiveness of atomoxetine and methylphenidate for problematic online gaming in adolescents with attention deficit hyperactivity disorder. Human Psychopharmacology: Clinical and Experimental. 2016 Nov;31(6):427-32.

21. Stavropoulos V, Anderson EE, Beard C, Latifi MQ, Kuss D, Griffiths M. A preliminary cross-cultural study of Hikikomori and Internet Gaming Disorder: The moderating effects of game-playing time and living with parents. Addictive Behaviors Reports. 2019 Jun 1;9:100137.

III

介入方法與個案研究

編者話

　　在這一部分，我們會討論針對青年階段的各種介入方法。青年參與（第十八章）、跨專業模式（第十九章）、服務專門化（第二十章）、藥物介入治療（第二十一章）皆不可或缺。我們也會討論到如何向年輕人推廣精神健康（第二十二章）。此外，我們也會從公共健康的角度（第二十三章），討論青年精神健康的實踐，並論及青年精神健康在本土的實踐情況（第二十四章），並附以不同國家和地方的案例。

18

青年參與：線上與線下

陳啓泰

摘要

「參與」是一個重要的概念，對如何改善青年精神健康服務尤為重要。在青年階段，容易出現各種精神障礙的徵兆和病徵，須適時偵測、介入和管理。在這一章，我們會討論青年參與的重要性，並檢視現存精神健康支援系統出現的使用障礙。此外，我們也會檢討如何利用數碼技術增進青年人對精神健康問題的察覺，並鼓勵他們的參與，積極使用精神健康服務。我們會審視一些現存的線上和線下精神健康平台，並聚焦於這些平台如何增進青年人持續的參與，改良使用習慣。最後，我們會討論這些平台又如何與服務使用者建立橋樑，如何打破傳統的照護模式，滿足新一代青年人的精神健康需要。

關鍵字：青年精神健康，參與，數碼介入，求助行為，遠程精神醫學

引言

　　青年階段充滿敏感性與脆弱性，並因大腦出現了重大發育改變，容易出現各種精神障礙。雖然精神病的病徵大多在生命早期出現，但大部分治療卻在成年階段才開始。根據 Bebbington 與同事[1] 所做的研究發現，精神資本（即認知與情緒資源）在青年後期與成年早期會攀上高峰，這反映出精神健康與幸福感在這個階段非常重要，並與整體生命周期的發展息息相關。

　　「參與」是一個多維度的概念，在精神健康的領域中，「參與」建基於治療聯盟的建立，從人本立場建立彼此的連繫。[2]「參與」的基礎是希望、溝通、信任、尊重、同理心及憐憫。「參與」除涉及健康照護者與案主之間的互動關係，更會影響精神健康服務的使用渠道，例如服務使用者是否願意持續接受服務、服務使用者的忠誠度、臨床與自我管理、健康資源的提供、社交媒體的使用等。Bright 等人指出，可以利用兩個互相連繫的向度去詮釋服務使用者的參與：（1）在健康照護者與案主之間逐步建立連繫；（2）一種內心狀態，指涉參與行為。[3]

　　有人認為「參與」的開始，始於案主第一步接觸精神健康服務。[4]「參與」涉及臨床工作者（或健康照護提供者）與案主建立的治療二人組，在參與過程中，雙方會作出主動參與，並委身於參與過程中。

　　「參與」的議題，也可以放在新的文化觀點去理解。文化轉移帶來了新的照護標準，其中包括治療聯盟的建立，個體與康復支持者的連繫；此外，亦須考慮各種情景脈絡因素，其中包括文化、家庭、學校、工作及社區等。這些觀點，大大超越了傳統的醫護觀點，後者只關心病徵、功能改善、病人的遵從性等。[5]

　　對服務使用者來說，對他們構成參與障礙的原因包括：個案負荷過重、輪候時間頗長、擠迫的醫院環境、害怕住院、對污名化的抗拒。污名化對嚴重精神病個案的影響頗為複雜，特別是思覺失調個案（首次病發的思覺失調個案），這往往涉及病人、相關人士及公眾的界線。[6] 此外，健康照護者的服務態度，也會影響病人的參與，常見的現象是健康照護者拒絕採用富創意的方法鼓勵病人參與，太過強調病人的不足，拒絕採用能耐為本的策略；健康照護者對病人和照顧者缺乏尊重，或對規則與條例缺乏實施彈性，並無力給病人帶來復原希望，或無力包容文化差異，都會影響病人的參與。美國精神健康聯盟提出了 12 項原則，其中把參與在不同層面放於精神健康服務的首位，並鼓勵精神健康系統病人的參與，其中包括同儕、家庭、教育系統，加上基層醫療、緊急服務、社工及法律部門，一同攜手參與，可大大消除病人的參與障礙。[5]

　　青年人有不少精神健康的需要，當他們面對精神健康的危機時，卻不容易找到相關的服務。過去給青年人的精神健康服務，主要聚焦於為青年人提供全面的預防方案，例如提升青年人解決問題的技巧，這些方案是基於相對樂觀的立場；針對的是危機發生前或臨床介入前的不適徵兆。這些方案乃基於一個逐步升級模型，並包括三個介入領域：（1）全體性（整體人口，不論精神健康狀況如何，透過公眾教育、健康推廣及維繫）；（2）選擇性 / 針對性（為具有特殊風險的個體提供個案管理）；（3）需要性（為早期出現亞臨床徵兆及病徵的群組提供專家照護）。上述方案都涉及精神健康專業、教育及社區三方，並有賴這三方共同合作。[6] 這等社區精神健康服務，針對的是青年年齡層，並回應他們的獨特需要；重點是服務途徑方便接觸，並透過精神健康工作

者與臨床工作者的交流與溝通，推動青年人的積極參與。[7]

　　談到香港的精神健康線下平台，青少年健康服務計劃是一個針對學校的外展計劃，對象是學童及他們的家庭。醫管局屬下的兒童及青少年精神健康社區支援計劃也提供一系列社區服務，目的是鼓勵及早辨識及精神健康覺察，也針對出現焦慮及情緒問題的青年提供介入及支援服務。[6]

　　青年精神健康服務是精神健康策略與規劃的一個重要部分，Hughes 等人[7]指出，實踐原則涉及併合不同光譜服務，由預防到維繫，可以運用循證方法，並讓青年人容易獲得服務。重點是為青年人提供青年友善的中心，並整合全人策略，充分考慮青年人的發展特徵，做到復原、充權和自決並重。

　　在採用數碼模式為青年提供介入服務時，須考慮青年參與過程中可能遇上的障礙及機遇，這些可能涉及介入模式（適合性、有用性及接受性），有些則與個人層面有關（服務使用者認為服務是否有用、服務使用者的動機、對機構的信任及機遇、服務使用者的壓力源及能力等）。另一些因素也可以提升青年人的參與程度，其中包括數碼服務的互動元素、正面的獎賞系統、提醒機制，當然也涉及用家的主觀體驗。[8]

　　為了滿足香港青年人對精神健康的需求，香港大學啟動了一系列與青年精神健康相關的服務，涵蓋線上與線下平台，目的是為青年人提供貼近時代、青年友善的精神健康服務。這些服務聚焦於推動青年人對精神健康的察覺，並鞏固青年人尋求協助的行為和動機，最終的目標是發展一個跨專業、多層次、學術與臨床並重的青年精神健康服務模型。

青年作為數碼原住民

　　二十一世紀的青年被冠上數碼原住民之名，這些數碼原住民擁有很高的數碼素養。因此，精神健康數碼平台對新一代的青年人具一定吸引力。數碼平台加入認知行為治療元素，會較容易受到青年人接受。這種結合了認知行為治療元素的數碼介入手法，有效減低青年人的焦慮與抑鬱症狀。[9]

　　但採用數碼方式推動精神健康，不是完全沒有障礙和挑戰的。智能電話的應用，常給人詬病欠缺友善的設計，沒有考慮到用家的主觀體驗，也沒有充分考慮私隱問題，此外，在危急情況下，數碼平台往往被視為不可靠和沒有助益的工具。有研究員提出了一些建議，以提升用家的體驗，例如在設計過程邀請用家參與和提供意見。精神健康網上平台可以用作提供朋輩支援及臨床支援，並提供有用的健康資訊。此外，系統的整合也十分重要，這有助使用者與跨專業團隊接觸。至於信息私隱的問題，立法工作會有助益。簡言之，簡短和具互動元素的介入模式，可以推動青年人作出積極的行為改變。[10]

　　McGorry 等人[11]強調，在本世紀為青年人提供精神健康服務，必須考慮青年人的精神病流行病學，亦要顧及二十一世紀新一代的文化發展。因此，針對青年人的需要和文化的線上介入，實在不可或缺。研究發現，青年面對沉重壓力問題時，會偏向透過網上輔導尋求協助。至於出現抑鬱症狀、正面對危機的青年人，則會選擇使用短訊進行溝通。[12]

　　賽馬會平行心間計劃（LevelMind@JC）[13]是一個社區計劃，由香港賽馬會慈善信託基金資助，並由香港大學連同六間非政府機構共同倡議，是香港第一個全港性青年精神健康平台。這平台強調青年友善及去標籤化，對象為 12 至 24 歲的青年人，為他

們提供預防介入及小組活動。至於 2001 年創辦的思覺失調服務計劃（EASY）[14]，成立的目的是要縮減為患者進行評估的輪候時間，並改善介入途徑；這個計劃設有轉介制度和網站，為求助者提供專科照護和管理，並強調及早介入。

針對青年人並未滿足的精神健康需要，一個名為「迎風」（Headwind）的網上諮詢計劃在 2020 年下半年推出。[15] 計劃的主要特色是將精神科醫生的角色定位為「前線」工作者，為有需要人士提供主動及專業水平的精神健康服務。上述服務是免費的，且為大眾提供了一個容易接觸服務的途徑，也為受精神困擾人士提供適時的個案篩選，以分流至合適的管理渠道。「迎風」乃一種非正式的精神健康諮詢服務，方便易用，求助者只要進行簡單的線上登記，並完成簡短問卷（評估現時的精神狀態），便可以與精神科醫生會面。初步的計劃評估成果十分正面，其中一個最讓使用者欣賞的服務特色，是「迎風」提供的精神科醫生諮詢服務，簡單快捷幾個步驟便可以在線上進行精神健康評估。

另一個由香港大學推出的精神健康程式，名稱是「心之流」（Flow Tool）。「心之流」是一個推廣精神健康覺察的線上自助工具，可以幫助使用者理解所受的精神困擾背後的原因，並找到緩解困擾的可行辦法，也列出專業協助的相關連結。「心之流」是一種可行及有用的線上精神健康估算工具，不記名，且有效辨別個體對壓力的反應及風險因素，並提供可行的改變辦法和建議，其中包括加強社交支援、增強抗逆力、鼓勵減少使用智能手機，培養良好睡眠衛生等。對於那些對程式沒有正面反應的個體，他們屬於精神健康高風險群組，須特別注視和照護。

數碼介入

遠程精神醫療並非新鮮事物，這種透過遙距方式提供的精神醫療服務，已累積二十多年經驗，並且證明具一定評估、診斷、療效的功能，其成效與傳統面對面的精神醫療服務相若，且適用於不同年齡層。[16]今天，針對兒童及青年的遠程精神醫療服務的指引已發展起來，令病人的安全、私隱、法律、規條、參與及團照護獲得進一步保障。[17]社區為本及風險為先的遠程精神醫療服務，可以為市民提供全方位的治療模式，在網絡進行即時診斷、評估與治療。遠程精神醫療涉及臨床工作者與非臨床工作員，服務重點是針對青年人的精神健康需要。這種醫療模式可以在診所、學校、基層醫療或家中實踐。世界衛生組織及其餘多間機構，都對遠程醫療推崇備至，並認為這種治療方式具一定成本效益及擴展性，可以填補現有精神健康服務的不足以及作出預防。

數碼精神健康介入的實踐範圍包括網站、穿戴設備及智能電話應用程式，用途包括自我指引、整合的線上和線下照顧。雖然研究發現數碼精神健康介入能產生一定療效，但在執行過程中，往往會碰上不少參與上的困難。一些障礙包括參與者欠缺動機、差劣的用家體驗。此外，不同性格特質的參與者，會選擇不同的介入模式（神經質的用家會選擇減低壓力的應用程式，外向型的用家則會選用以互聯網為基礎的服務）。而病徵的嚴重程度也會影響用家的參與水平。研究員建議，臨床介入應包括數碼模式及面對面模式。[18]「心之流」與「迎風」整合了線上與線下服務模式，為青年人提供彈性的參與渠道。作為數碼原住民，新世代青年往往對線上溝通模式倍感自在。

　　系統性研究發現，雖然數碼健康介入對廣泛傳播及加強青年參與具有極大潛力，但在某些領域上仍須作出改善，例如軟件需要定時更新、要對退出原因作出分析、並讓技術員與用家進行設計上的磨合。此外，多利用研究去驗證數碼健康介入的療效，多考慮青年人的獨特性與類推性，並積極採用機器學習和自然語言加工方法，才可以讓數碼健康介入發揮更大效能。[19]

　　一種稱為「生態瞬間介入」的數碼治療模式，融合了智能電話的數碼技術及心理、社會、健康相關的行為治療模式，在日常生態環境中，為個體提供治療、日常支援、監控與管理。研究發現，「生態瞬間介入」是一種容易被接納及有效的治療介入方法，可以處理多種身體及心理狀況。「生態瞬間介入」可以隨機收集個體日常生活的行為數據，以及與情緒和活動相關的數據，提供生態瞬間評估。透過數據分析，有助用家了解和管理自己的症狀（例如症狀的呈現模式及治療效果）。[20] 但「生態瞬間介入」仍需進行更多研究，才可以確認它的臨床果效。此外，「生態瞬間介入」曾惹來不少批評，並產生一些道德爭議，其中包括：保密性與私隱性，測量的反應性，臨床轉化及應用。因此 Balaskas 等人[21] 建議，可以為「生態瞬間介入」加入「及時介入」元素，在設計上應以「及時」為原則。介入應建基於準確的生態瞬間評估，並按用家身體或內在狀態的轉變，適時提供適合的支援。此外，研究員更建議將生態瞬間介入與生態瞬間評估分開處理，會有助為用家提供全面照護。要提供全面照護，必須提升下列元件：生態瞬間評估技術、傳感器使用、專業參與、機器學習及數據算法分析，才能成功掌握用家的精神健康狀態，並為用家提供適時和度身訂做的介入方法。[22]

　　治療關係是治療的主要成功元素，我們實在有需要在數碼

空間的情景脈絡中，重新檢視治療關係的元素。Tremain 等人[23]指出，在數碼精神健康治療中，也可以與用家建立治療同盟，透過加強對話支援（回饋、讚許、提醒完成目標或事項）、公信力支援（人文或專業的調解）及社交支援（論壇、網絡），這些特質的提升會有助強化治療同盟。相較於面對面的面談，用家的參與度與忠誠度十分重要，這些因素會對數碼介入的效能產生頗大影響。此外，數碼精神健康介入也可以用於促進治療關係、推進治療過程、對治療過程作出跟進（例如跟進減藥的情況），並鞏固共同的治療目標。[24]此外，線下的社區參亦十分重要，範圍可以包括學校、商場及社區中心，例如賽馬會平行心間計劃。在社區層面進行精神健康服務推廣，有助減低污名化，並促進市民對服務提供者的信任，建立治療同盟及加強線上參與。透過「軟性」的接入點，青年可以從不同的線上渠道獲得精神健康服務[11]，這有助建立青年人與社會的連繫，並對自己的精神健康產生掌控感。[18]信任與參與動機，是建立正面治療關係不可或缺的元素。[8]數碼空間強調個人化及互動性，這些元素都有助治療同盟的建立，以及促進青年人的參與。總體來說，精神健康服務的數碼化，可以為精神健康工作者及用家帶來新的學習體驗。

個案研究

　　案主 Jennifer 是一名 18 歲的中學文憑試考生，在 Instagram 被「迎風」的貼文吸引，於是向「迎風」尋求協助。「迎風」是一個香港大學成立的非正式的精神健康專科諮詢平台。Jennifer 向工作員表示，最近出現了焦慮症狀，加上與初戀男友的的關係出現問題，令她倍感徬徨與無助。在初步

的線上面談中，Jennifer 透露自己是一個內斂、容易害羞的人，從小便有焦慮問題。讀高中時，更遭到同學欺凌，對她的自尊造成了負面影響，令她變成容易焦慮的人。Jennifer 其後被轉介至賽馬會平行心間計劃，以改善她的社交適應困難。平行心間計劃屬於全港性的青年精神健康社區倡議，目標是提供去標籤化的青年精神健康服務。其後，賽馬會平行心間計劃社工更安排 Jennifer 參加各類小組，且與臨床心理學家進行定時會面。在賽馬會平行心間計劃的服務中心，Jennifer 學習管理容易焦慮的性格，並學習建立社交技巧。透過掌握鬆弛技巧，Jennifer 漸漸懂得如何應付壓力。Jennifer 表示，經過訓練，她的社交焦慮明顯減少，焦慮也不再成為她的威脅。

亮點

- 香港青年有很多未能滿足的精神健康需要，尋求協助的動機也未達標準。
- 積極主動地提倡青年為本的精神健康服務，無論是線上及線下，都未趕上時代步伐。
- 適當地使用數碼科技，能夠為青年人提供適時的評估與介入，亦有助病情管理。
- 要與青年人建立服務關係，服務設計及傳遞均十分重要，必須依靠不同持份者的共同協作，其中涉及政策制定者及資金提供者，更重要的是青年人自身的參與。

參考文獻

1. Beddington J, Cooper CL, Field J, Goswami U, Huppert FA, Jenkins R, et al. The mental wealth of nations. Nature. 2008;455(7216):1057-60.

2. Rogers CR. The necessary and sufficient conditions of therapeutic personality change. Journal of Consulting Psychology. 1957;21(2):95-103.

3. Bright FA, Kayes NM, Worrall L, McPherson KM. A conceptual review of engagement in healthcare and rehabilitation. Disabil Rehabil. 2015;37(8):643-54.

4. Wright N, Callaghan P, Bartlett P. Mental health service users' and practitioners' experiences of engagement in assertive outreach: a qualitative study. J Psychiatr Ment Health Nurs. 2011;18(9):822-32.

5. National Alliance on Mental Illness. Engagement: A New Standard for Mental Health Care. Arlington, U.S. : NAMI; 2016.

6. Department of Health. Mental Health Review Report Hong Kong SAR: Food and Health Bureau; 2018.

7. Hughes F, Hebel L, Badcock P, Parker AG. Ten guiding principles for youth mental health services. Early Interv Psychiatry. 2018;12(3):513-9.

8. Liverpool S, Mota CP, Sales CMD, Čuš A, Carletto S, Hancheva C, et al. Engaging Children and Young People in Digital Mental Health Interventions: Systematic Review of Modes of Delivery, Facilitators, and Barriers. J Med Internet Res. 2020;22(6):e16317.

9. Pennant ME, Loucas CE, Whittington C, Creswell C, Fonagy P, Fuggle P, et al. Computerised therapies for anxiety and depression in children and young people: a systematic review and meta-analysis. Behav Res Ther. 2015;67:1-18.

10. Torous J, Nicholas J, Larsen ME, Firth J, Christensen H. Clinical review of user engagement with mental health smartphone apps: evidence, theory and improvements. Evid Based Ment Health. 2018;21(3):116-9.

11. McGorry P, Bates T, Birchwood M. Designing youth mental health services for the 21st century: examples from Australia, Ireland and the UK. British Journal of Psychiatry. 2013;202:s30 - s5.

12. Toscos T, Coupe A, Flanagan M, Drouin M, Carpenter M, Reining L, et al. Teens Using Screens for Help: Impact of Suicidal Ideation, Anxiety, and Depression Levels on Youth Preferences for Telemental Health Resources. JMIR Ment Health. 2019;6(6):e13230.

13. LevelMind@JC. LevelMind Hong Kong SAR: LevelMind@JC; 2021. Available from: https://www.levelmind.hk

14. E.A.S.Y. E.A.S.Y. Programme Hong Kong SAR: Hospital Authority. 2021.

Available from: https://www3.ha.org.hk/easy/eng/service.html

15. The University of Hong Kong Department of Psychiatry. Headwind Hong Kong SAR: The University of Hong Kong; 2021. Available from: https://www.youthmentalhealth.hku.hk

16. Hilty DM, Ferrer DC, Parish MB, Johnston B, Callahan EJ, Yellowlees PM. The effectiveness of telemental health: a 2013 review. Telemed J E Health. 2013;19(6):444-54.Myers K, Cain S. Practice parameter for telepsychiatry with children and adolescents. J Am Acad Child Adolesc Psychiatry. 2008;47(12):1468-83.

17. Borghouts J, Eikey E, Mark G, De Leon C, Schueller SM, Schneider M, et al. Barriers to and Facilitators of User Engagement With Digital Mental Health Interventions: Systematic Review. J Med Internet Res. 2021;23(3):e24387.

18. Bergin AD, Vallejos EP, Davies EB, Daley D, Ford T, Harold G, et al. Preventive digital mental health interventions for children and young people: a review of the design and reporting of research. npj Digital Medicine. 2020;3(1):133.

19. Heron KE, Smyth JM. Ecological momentary interventions: incorporating mobile technology into psychosocial and health behaviour treatments. Br J Health Psychol. 2010;15(Pt 1):1-39.

20. Balaskas A, Schueller SM, Cox AL, Doherty G. Ecological momentary interventions for mental health: A scoping review. PLoS One. 2021;16(3):e0248152.

21. Myin-Germeys I, Klippel A, Steinhart H, Reininghaus U. Ecological momentary interventions in psychiatry. Curr Opin Psychiatry. 2016;29(4):258-63.

22. Tremain H, McEnery C, Fletcher K, Murray G. The Therapeutic Alliance in Digital Mental Health Interventions for Serious Mental Illnesses: Narrative Review. JMIR Ment Health. 2020;7(8):e17204.

23. Torous J, Hsin H. Empowering the digital therapeutic relationship: virtual clinics for digital health interventions. npj Digital Medicine. 2018;1(1):16.

19

跨專業模式

李允丰　　呂世裕

摘要

　　隨着社會變得愈來愈複雜，精神健康的治療策略也須同步更新，並向着全面化方向邁進。理想的醫護系統應具高度彈性，並按照不同病人的需要，提供個人化與人性化服務。在青年精神健康照護服務中，採用跨專業模式是需要的，也是本章強調的服務策略。本章會討論兩種主要的治療策略及相關研究。青年精神健康照護的跨專業模式，涉及精神科醫生、心理學家、社工及護士，他們各自發揮所長，為病人提供全面的照護服務。這種跨專業協作模式，超越了醫護系統的部門限制，讓每一個專業人員可以對病人的治療作出貢獻。跨專業協作模式獨特之處，是它的全面性和平衡性，當做治療決定時，可以集思廣益，彌補各部門視野的不足。

關鍵字：青年精神健康，跨專業模式，協作性病人照護

跨專業團隊

　　治療精神障礙是一個非常複雜的過程，需要臨床團隊成員彼此協作。就如其他章節談到，精神健康涉及生理、社會與心理元素，這些元素的互動可以令病情急速惡化；接受治療後，仍會影響着病人病情的進展。採用跨專業團隊策略，有助對精神健康問題作出管理，並確保每一個範疇都獲得充分照顧。一個跨專業團隊一般包括下列成員：

基層醫療醫生

　　在一個健康照護系統中，基層醫療醫生扮演守門員的角色，是跨專業團隊中不可或缺的一員。病人通常不知道應找哪位專家提供協助，基層醫療醫生往往成為第一個接觸的醫護人員。病人會向基層醫療醫生表達他們的問題和訴求。很多病人會透過表達身體的不適來傳遞精神障礙的病徵，例如欠缺胃口、失眠、倦怠等。精神問題其實佔據基層醫護個案一個很大的比例。基層醫療醫生在精神照護上扮演了重要的角色，他們可以協助病人排除是由身體問題引起的症狀。除了意外及緊急部門，基層醫療醫生是公眾人士最容易接觸的公營或私營醫療部門，如果基層醫療醫生認為專科介入對病情的改善能產生作用，便會給病人撰寫轉介信。在英國，當病人處於病情急性階段，接受治療後，稍後更會再轉介到基層醫療醫生再作跟進。

精神科醫生

　　在醫院管理局，精神科醫生除了為病人提供評估、診斷與治療，更擔當病人照護協調員的角色。病人進入醫療系統後，會被委派一位精神科醫生跟進他們的個案，精神科醫生會負責整個

療程，同一精神科醫生會參與病人入院階段的療程和出院階段的跟進，精神科醫生會決定病人需要哪些專職醫療服務，是否需要其他專科醫生作出介入和診斷。

護士

在香港，精神科護士會在護士學校接受不一樣的訓練，精神科護士更是精神治療十分重要的持份者，特別在住院設施的環境，護士是醫護人員中常與病人接觸的團隊成員，他們對病人的觀察會比較全面，可以向團隊成員反映病人的日常狀況。精神科醫生給病人的診斷時間一般非常短，護士的報告對病人整體的評估與治療可以產生補充作用。由於護士與病人的接觸頻繁，護士也可以為病人提供支持性輔導和心理建議。在病房設施，護士負責派藥及跟進藥物治療，例如進行長效藥療注射或清洗傷口。遇到病人嘗試傷害自己或他人，護士須要暫時限制病人的活動，以防病人繼續傷害自己。在一些專科分科團隊中（例如早期介入團隊及物質濫用團隊），護士可以發揮協作者與管理者的角色。事實上，在一些思覺失調的早期介入計劃或物質濫用預防治療服務中，護士都擔當起個案經理的角色。[3-6]

職業治療師

職業治療師在精神健康照護團隊的角色十分重要，他們擔當着促進病人功能康復的角色。患上嚴重精神病的病人，一般很難找工作，他們會出現功能退化，或很難維持受僱狀態。職業治療師其中一個功能角色，是評估病人的能力水平，並作出就業建議（例如公開就業或在庇護工場受訓）。如果支持性就業或庇護工場較適合病人，職業治療師會為病人安排實習配置，並監督病

人的工作與康復進度。如果病人適合公開就業，職業治療師會建議一些求職渠道，以增加病人成功就業的機會。對於一些功能嚴重下降的病人，職業治療師會為病人提供所需訓練，以強化他們日常生活的活動能力。針對一些患有自閉症譜系障礙的兒童，職業治療師會為他們提供體感統合訓練，並針對大肌肉運動技能及精細肌肉運動技能作出評估，發掘可能出現的發育障礙問題。職業治療師也會為有特殊教育需要的兒童提供培練（例如提供社交技巧訓練，以建立他們的社交策略和技巧）。

臨床心理學家與輔導員

臨床心理學家是精神健康系統中另一重要部分，香港醫管局屬下的臨床心理學家大概少於 200 人，另一些臨床心理學家則任職於其他政府部門，例如懲教署、社會福利署、非政府組織（NGO），亦有臨床心理學家以私人執業形式提供服務。截至 2021 年 12 月，香港仍沒有正式的心理學家發牌機構；但有一些組織，例如香港心理學會，會為會員提供註冊服務，並標示所屬專長。在私營市場，也有一些輔導員和心理治療師提供支持性輔導或精神健康介入，採用治療方法不一，較著名的包括針對創傷後遺症（PTSD）的眼動脫敏再處理（EMDR）、接納與承諾治療。

社會工作者

社會福利署屬下的社會工作者，會以醫務社工的身份到不同醫院及診所當值。社會工作者會參與每週舉辦的跨專業團隊會議，並定時向團隊成員匯報住院病人的情況。由於社會工作者熟悉病人的成長背景，社工會為病人提供輔導，亦會為病人安排不同的福利需要，例如申請傷殘津貼、住屋設施，並與其他非政府

組織連繫。很多精神健康的社區服務，例如精神健康綜合社區中心（ICCMW）或戒毒復康中心，都由非政府機構提供，駐守這些機構的社工，會與醫管局的跨專業團隊緊密合作，也陪伴病人到醫院進行覆診。如果病人出現家庭問題，或照護孩童上出現困難，社會福利署的社工，例如綜合家庭服務中心（IFSC）或保護家庭及兒童服務課（FCPSU）的社工，會提供相關協助。

其他協作健康專業人員

　　除了上述醫護人員，跨專業團隊也牽涉其他協作健康專業人員，但他們的參與是有限度的，主要參與照顧病人的特殊需要。一個出現飲食障礙的病人，或需營養師的介入。一個患有自閉症譜系障礙或言語發展遲緩的小孩，或需言語治療師的介入。對步履不穩，例如出現柏金遜症狀或出現腦血管意外的患者，則需要物理治療師的介入。這些協作人員不須每週參與會議，有需要時才會被邀出席。

特別服務團隊

　　醫管局屬下某些單位組成了特別的服務團隊，以照顧患有某種疾病的群組，例如早期思覺失調患者或物質濫用患者。這種安排有助病人接受密集式介入和監控，目的是改善病人的預後進展。研究發現，為思覺失調患者提供早期介入，對患者的功能改善會產生很大裨益；長期來說，可減低病情復發及再次入院的風險。[7] 而物質濫用預防團隊的個案經理，為減低病人進一步誤用物質而提供額外支援，物質濫用預防團隊的其他成員還包括：精神科醫生、護士、職業治療師和社會工作者。

社區精神健康服務

在過去二十至三十年間，精神科治療出現了一股新趨勢，就是從醫院設施轉移至社區。這種轉移乃基於一個信念，就是鼓勵病人留在社區，與其他社會成員一起生活，經歷功能復原。這種整合模式，對病人大有裨益。為病人提供社區精神健康服務的大原則，是確保病人在社區中能夠獲得足夠的支持和監控。社區精神健康服務團隊的成員可以包括護士、職業治療師及社會服務界人士，他們會擔當病人的個案經理角色。雖然接受醫管局精神健康服務的病人，他們一般都擁有個案經理，但精神科醫生會考慮是否需要為病人安排社區精神健康服務，讓個案經理提供額外服務，成為病人與主診醫生的接觸橋樑，向主診醫生匯報病人的復康進程。社區的個案經理也會定時給病人進行家訪，或探訪病人工作的地方，以了解病人的生活情況及自理能力。透過與病人的廣泛接觸，個案經理可以洞察病人的精神狀況及社交情況，這些資訊對於病人的康復及管理尤為重要。

有些精神健康狀況或需要進行危機介入，如果病人對自己或對他人構成即時危機，便須採用危機介入模式。危機介入的團隊成員可以包括：醫生、個案經理、社工，有時也需要紀律部隊的協助，例如警察或消防署。當一個出現精神病嚴重病徵人士，威脅要傷害家中的成員，並構成即時危險，便需要介入團隊即時出動，以化解危機情況，並引導病人接受評估與治療。

如果病人從未接觸過精神健康服務，但懷疑受精神問題困擾，社區中的社工可以為病人及其家人提供社區精神健康服務的有用資訊，並護送病人入院，進行醫學監察。

社區設施

隨着精神健康服務的大方向轉為社區為本的治療,政府成立了不少社區設施提供精神健康服務,精神健康綜合社區中心(ICCMW)屬於由社會福利署啟動、由非政府組織營辦的精神健康服務服務設施。精神健康綜合社區中心為市民提供地區為本的社區支援服務,也對精神康復者提供社區支援,這些中心的服務包括日間訓練、小組服務及公眾教育。日間醫院也是另一重要的精神健康社區設施,這些日間醫院由不同的精神科單位營運,為精神康復者提供額外的評估與支援。如果主診精神科醫生認為病人留在社區對病人更有利,便會將病人轉介至日間醫院跟進。在日間醫院,病人會接受頻密的跟進與復康計劃。另有一些為長者而設的精神科日間中心,為長者提供認知訓練與復康計劃。

一些患有精神病的病人,可能會出現某程度的功能喪失,令他們無法再踏足公開就業市場。有些公司會為這些病人提供支援就業計劃,讓患有精神病的僱員可以縮短上班時間。職業支援涉及跨專業團隊成員,他們攜手為病人作出工作上的特別安排。患上較嚴重精神病的病人,會被安排到庇護工場接受訓練,這些庇護工場由非政府組織營運。至於一些有智障的病人,則會被安排到日間活動中心進行培訓。

某些精神病人或缺乏照顧自己的能力,不適宜獨居,或經常與家人發生磨擦,不適宜與家人同住,或居住的環境過於擠迫。坊間有一些由私人機構營辦的旅舍,專為患有精神障礙的人士和長者而設,提供膳食及住宿服務。政府也有類似的服務,租金較低,由非政府機構營辦。但申請人數眾多,輪候時間經年。

亮點

- 精神障礙的管理，需要跨專業團隊成員的共同參與，並提供意見，才可以確保病人獲得生理、心理及社會方面的全面照顧，並獲得最佳的預後。

- 每個團隊成員都在病人的治療過程中，扮演獨特的專業角色，成員的參與程度會按個案需要而定。

- 隨着精神健康服務的焦點由醫院轉向社區，政府在社區設立了不少精神健康設施，以確保病人得到適當的服務支援，幫助病人邁向復原之路。

參考文獻

1. Barsky AJ: Patients who amplimdily sensations. Ann Intern Med 91:63-70, 1979.

2. Rosen BM, Locke BZ, Goldberg ID: Identification of emotional disturbances in patients seen in general medical clinics. Hosp Community Psychiatry 23364-370, 1972.

3. Beraducci M, Blandford K, Garant CA: The psychiatric liaison nurse in the general hospital. Gen Hosp Psychiatry: 166-72, 1979.

4. Barton D, Kelso M: The nurse as psychiatric consultant team member. Psychiatr Med 2:108-115, 1971.

5. Lewis A, Levy JS: Psychiatric Liaison Nursing: The Theory & Clinical Practice. Reston, Virginia, Reston Publishing, 1982.

6. Nelson J, Schilke D: The evolution of psychiatric liai- son nursing. Perspect Psychiatr Care 14:61-65, 1976.

7. Mcgorry P, Killackey E, Yung A: Early intervention in psychosis: concepts, evidence and future directions. World Psychiatry: 148–156, 2008.

8. https://www.ncbi.nlm.nih.gov/pmc/articles/PMC2559918/

20

專門化的青年精神健康服務

陳喆燁

摘要

　　大部分精神障礙都是在青年階段及成年早期病發，但甚少青年人尋求專業治療，引致這情況的主要原因可能涉及是傳統青年精神健康服務的五個限制：一是缺乏資金；二是青年服務與成人服務的銜接並不流暢；三是精神健康服務污名化；四是青年人對傳統精神健康服務感覺負面；五是缺乏針對青年人需要的整全照護。為了打破這些限制，世界經濟論壇提出了一些框架建議，鼓勵發展更進步的青年精神健康服務，其中包括八個實踐原則：提供快捷、容易及可負擔的服務途徑；針對青年人的需要提供照護；覺察、參與和整合；早期介入；與青年建立夥伴關係；家庭參與和支持；持續改善；預防。上述指引受到全球大部分青年精神服務機構採納，其中包括澳洲的 Headspace、加拿大的 ACCESS Open Mind 及新加坡的 CHAT，這些指引能有效改善青年人的精神健康，並提高青年人尋求治療的比率。

關鍵字：青年精神健康服務，污名化，整全照護，青年參與，以青年為中心的哲學

引言

　　傳統的精神健康服務主要有下列五個限制：一是缺乏資金；二是青年服務與成人服務的銜接並不流暢；三是精神健康服務的污名化；四是青年人對傳統精神健康服務感覺負面；五是缺乏青年人期望的整全照護。世界經濟論壇指出，全球各地政府對精神健康的投資，普遍缺乏積極興趣，長遠的社會經濟發展因此某程度被拖垮。[1] 這種情況不但在缺乏資源的地區發生，資源豐富的地區也出現同樣情況。[2] 由於缺乏資金投放，青年人並不容易獲得合適的精神健康服務，輪候人數不斷增加，令不少青年人打消了求助的意欲，並延誤治療的黃金機會。這種情況在鄉郊地區更為嚴重。[3] 除了缺乏資金，全球大部分地區的精神健康服務，都將 17 歲定為分界線，當個體到了 17 歲，便要從兒童及青年服務，過渡到成人服務。但成人服務並不能滿足青年人的發展階段需要。成人服務提供的治療，對青年人產生的果效並不理想，青年退出服務的比率也很高。[1] 因此，傳統精神健康服務往往令青年人卻步，銜接問題更令情況變得更差。此外，青年尋求服務的意願，也成為了服務的障礙。[4] 精神健康服務被污名化，也對出現精神健康困擾的青年人，尋求服務時產生心理障礙。在一些對精神健康缺乏認識的地區，在一些對精神健康缺乏敏感度的文化圈中，污名化的問題顯得更為嚴重。[5] 污名化的問題，不但令青年人延誤就醫，更令青年人內化負面標籤，對自身的掙扎感到羞恥，並對自己精神問題加以否認。[6] 總的來説，青年人對傳統精神健康服務的感覺普遍負面，他們認為傳統精神健康服務過時、死板和極不吸引。[7] 因此，傳統的精神健康服務並未能滿足當今青年的真正需要。青年人渴望的，其實是整全的精神健康服務，這些服務不但要處理病徵，更要協助青年人面對精神障礙

所帶來的功能性影響，例如失業、社交關係破裂、失去身體健康等。[1]

邁向全球精神健康框架

為了打破傳統精神健康服務的限制，世界經濟論壇成立了「全球精神健康框架」(WEF)，「全球精神健康框架」的成員包括青年人，也有來自不同專業的顧問機構[1]，他們提出了八大主要原則及六個主要特色，以協助不同國家發展出適合他們的文化環境的青年精神健康服務。八大原則如下：

1. 快捷、容易及可負擔的服務途徑：不需轉介，便可以獲得服務；不需忍受漫長的輪候時間；收費也不應帶有歧視成分。

2. 針對青年人獨特需要的照護：服務機構應邀請青年人一同參與，共同設計切合青年人需要的服務；並且要對青年有一份尊重；個案資料亦須嚴格保密，並妥善保存；為青年人提供評估、診斷及治療時，須考慮文化因素，服務要切合青年人的發展階段；治療要實證為本：不應強調個體的缺失，應集中個體的強項及復原目標。

3. 覺察、參與和整合：重點是增強青年人的精神健康素養；增強社區人士對精神健康活動的參與程度；與服務轉介單位維持良好的關係；提升青年工作者的精神健康知識和技巧亦十分重要。

4. 早期介入：服務介入愈早愈好；可以針對不同精神障礙，採用合適的篩選工具；亦需為其他專業提供培訓，有助他們辨別精神障礙的各種徵兆。

5. 與青年人建立夥伴關係：邀請青年人作為服務夥伴，尋

找、填補服務空隙和缺失；可以對青年人進行充權，鼓勵他們在精神健康服務上積極參與；成立青年諮詢小組；邀請青年人成為同儕支援員；機構應與青年人分享和交流決策原則；鼓勵青年人參與中心的空間設計；也可以邀請青年人一起發展研究計劃。

6. 家庭參與和支持：為受精神困擾的青年人的家庭成員提供照護和支持；可以考慮設立家庭支援同工；為家庭進行心理教育；需要時為家庭提供家庭治療；應向家庭成員推廣自我關顧的概念；強調家庭為中心的照護模式。

7. 持續改善：應提供持續的教育培訓；為職員及義工提供所需訓練；在規劃服務計劃前，覺察職員需要的技能；定期進行服務評估；可以向青年及其家庭成員收集意見；並讓回饋成為改善服務的推動力；尋找機會提倡跨專業協作。

8. 預防：可以嘗試與公共機構合作，推行公眾健康計劃，攜手倡議促進健康的活動；定期舉辦預防自殺計劃；定期向公眾進行心理教育；及早辨別精神健康高危群組。

創新的全球青年精神健康服務

全球不少具創新性的精神健康服務機構，都嘗試實踐上述原則和服務特色，其中包括澳洲的 Headspace 及其屬下的 eHeadspace、Headspace 外展服務；澳洲的 Orygen 青年精神健康服務；愛爾蘭的 Jigsaw Headstrong；加拿大的 ACCESS OM；英國的 Youthspace；新加坡的 CHAT 及 Webchat。我們會在下文聚焦討論 Headspace 及其附屬機構、ACCESS OM、CHAT 及其附屬機構。

澳洲的 Headspace

　　澳洲的 Headspace 成立於 2006 年，目的是衝破兒童精神健康服務及成人精神健康服務之間的鴻溝，Headspace 的對象是 12 至 25 歲的青年人，Headspace 為他們提供整合性服務。Headspace 強調早期介入，接觸途徑便捷，並加深青年人對精神健康的認識，亦鼓勵青年人尋求協助。[1,8] Headspace 的服務非常全面。Headspace 成立的目的，並非要取代基層照護服務。[9] 澳洲政府衛生部是 Headspace 主要的資金來源。作為一個革新計劃，Headspace 在過去十年間，共獲得政府資助 1 億 9 千 7 百萬澳幣，用作擴展服務之用。而 Headspace 其中一部分臨床服務，則由澳洲醫療補助系統贊助。Headspace 在澳洲全國已擁有 140 個分支中心，由獨立機構及組織營運。除了澳洲，15 個國家也參考了 Headspace 的營運模式，創辦了類似的服務，其中包括丹麥、愛爾蘭及荷蘭。

　　Headspace 的服務聚焦於下列四方面，分別是精神健康、身體健康、工作學習支援、酒精及藥物控制[3]，特色是滿足青年人的需要及以青年為本。Headspace 採用了軟性的接觸方式，讓青年人輕鬆了解 Headspace 的服務性質。[8] Headspace 為青年人提供去標籤化及容易接觸的服務，範圍包括身體健康及各種心理健康計劃。[9] 很多人認識 Headspace，是因為 Headspace 與青年人建立起有效的溝通橋樑。Headspace 透過主動計劃接觸潛在的服務使用者，也透過不同的宣傳策略推廣服務，例如覺醒計劃、多元化及社區為本的活動。[10,11] 此外，Headspace 也會在同一地點舉行其他服務，以增加曝光率。Headspace 亦積極利用社交平台。自 Headspace 創辦以來，便受到各方嘉許，稱它為青年友善、有效的精神健康介入模式，並成為了澳洲的著名服務品牌，不斷擴

展服務範疇。2015 年，78.5% 居住於 Headspace 中心附近的青年人，表示認識 Headspace 的服務，70.4% 青年知道 Headspace 提供精神健康服務。[8] 其中一個服務評估反映，62% 服務使用者接受服務後，身體健康狀況有所改善，93% 表示滿意 Headspace 的服務。[9] Headspace 不但滿足全球框架的服務原則性，更突破地區界限，把服務推展至澳洲每一角落，並主動觸男性青年，增強他們的參與程度。男性青年是傳統服務難以觸及的受眾。[12]

Headspace 為了進一步改善服務的方便性及遍佈性，Headspace 更進一步發展線上服務，將服務拓展至低資源的澳洲地區。這個服務名為 eHeadspace，eHeadspace 透過線上或手機服務，提供快捷、恆常、容易接觸的精神健康諮詢服務。eHeadspace 的精神健康專業人員一星期七天工作，每天由上午 9 時工作至深宵 1 時，為青年人提供諮詢服務。eHeadspace 深受澳洲青年人的歡迎，單單在 2016 至 2017 年，eHeadspace 的網站瀏覽人次高達 35,000。[13] eHeadspace 適合那些不願面對面進行互動的青年使用。如果 Headspace 只提供親身接觸的服務途徑，這群人是不會主動求助的。eHeadspace 的檢討報告反映，向 eHeadspace 尋求協助的青年人，與使用 Headspace 分支或中心服務的青年人相比，前者往往處於精神困擾的早期階段[14]，反映出 eHeadspace 是一個預防及早期介入的有效渠道。此外 eHeadspace 的外展服務也十分成功，能有效接觸低資源區份的青年人，例如塔斯曼尼亞南部，令鄉郊青年服務的增長率攀升 54%。[3]

加拿大的 ACCESS OM

加拿大的 ACCESS OM 是另一值得注意的成功例子，

ACCESS OM 成立的目的，是透過心理教育，提升社區人士的精神健康素養，並為青年人提供精神健康支援。ACCESS OM 的服務焦點包括五方面，包括早期介入、快捷獲得服務、適切照護、持續照護、青年與家庭參與。ACCESS OM 的一些服務特色包括：查詢後 72 小時內獲得評估；為青年人而設的青年專屬空間，讓青年人容易尋找精神健康相關協助；30 天內轉介至合適照護服務。2016 至 2017 年，相較於去年，透過查塔姆 - 肯特的 ACCESS OM 中心，尋求協助的青年上升了 25%。[4]

新加坡的 CHAT

在新加坡，CHAT 及其屬下機構，為新加坡青年提供高質及有效的服務。CHAT 成立於 2009 年，CHAT 建基於一個簡稱 AAA 的模型，三個 A 分別是 Awareness（覺察你的精神健康問題）、Access（獲得精神健康資源）及 Assessment（個人化的精神健康評估）。CHAT 的服務對象為 16 至 30 歲的青年人。[15] CHAT 提供的服務包括：專科支援；企進公共健康；建立人力資源；鼓勵青年人參與。CHAT 常設於青年人聚集及容易到達的地方。Harish 在一個檢討報告指出，從 2009 年至 2019 年，超過 6,000 名青年人被轉介至 CHAT 接受評估，其中 73.9% 屬青年人主動轉介。[15] 接受服務的青年人中，47% 表示困擾減少 25%；98.7% 的服務使用者對 CHAT 的服務表示高度滿意；90% 服務使用者以接納、容易接觸及合適的形容詞去描述 CHAT 提供的服務。

為了進一步擴展服務的覆蓋率，CHAT 在 2017 年成立了線上平台 Webchat。與 CHAT 的成立目標相類似，Webchat 成立的目的是為青年建立一個支援及照護平台，以便青年人獲得適時及容易接觸的服務。[15] Webchat 的服務包括：線上精神健康檢查服

務（提供匿名、即時約談服務）；線上評估服務（利用評估工具在
網上進行評估）。Webchat 由於重視私隱及容許匿名，於是大受
青年人的歡迎。在 2017 至 2019 年間，Webchat 總共提供了 450
節線上服務，其中 80% 服務使用者表示，他們的精神健康問題
得到正面改善。由此可見，Webchat 的早期介入服務能發揮一定
成效。

亮點

- 傳統精神健康服務主要有五個限制：缺乏資金；由兒童及
  青年服務轉到成人服務的交接不暢順；精神健康服務被污
  名化；青年人對傳統服務感到抗拒；缺乏整全照護模式。

- 世界經濟論壇因此成立全球框架，提出了八大原則，目的
  是推動切合青年文化的精神健康服務。

- 澳洲、加拿大及新加坡的青年精神健康服務，向全球示範
  如何針對自身社區的需要和限制，實踐上述原則。

參考文獻

1. World Economic Forum. A global framework for youth mental health: Investing in future mental capital for individuals, communities and economies [2020]. Available from: https://www3.weforum.org/docs/WEF_Youth_Mental_Health_2020.pdf

2. Hamilton MP, Hetrick SE, Mihalopoulos C, Baker D, Browne V, Chanen AM, et al. Identifying attributes of care that may improve cost-effectiveness in the youth mental health service system. Med J Aust. 2017;207(10), S27–S37.

3. Bridgman H, Ashby M, Sargent C, Marsh P, Barnett T. Implementing an outreach headspace mental health service to increase access for disadvantaged and rural youth in Southern Tasmania. Aust J Rural Health. 2019;27(5), 444–447.

4. Reaume-Zimmer P, Chandrasena R, Malla A, Joober R, Boksa P, Shah JL, et al. Transforming youth mental health care in a semi-urban and rural region of Canada: A service description of ACCESS Open Minds Chatham-Kent. Early Interv Psychiatry. 2019;13(1), 48–55.

5. Mueser KT, Bellack AS, Douglas MS, Wade JH. Prediction of social skill acquisition in schizophrenic and major affective disorder patients from memory and symptomatology. Psychiatry Res. 1991;37(3), 281–296.

6. Stunden C, Zasada J, VanHeerwaarden N, Hollenberg E, Abi-Jaoudé A, Chaim G, et al. Help-seeking behaviors of transition-aged youth for mental health concerns: Qualitative study. J Med Internet Res. 2020;22(10).

7. Wilson J, Clarke T, Lower R, Ugochukwu U, Maxwell S, Hodgekins J, et al. Creating an innovative youth mental health service in the United Kingdom: The Norfolk Youth Service. Early Interv Psychiatry. 2018;12(4), 740–746.

8. Perera S, Hetrick S, Cotton S, Parker A, Rickwood D, Davenport T, et al. Awareness of headspace youth mental health service centres across Australian communities between 2008 and 2015. J Ment Health. 2020;29(4), 410–417.

9. McGorry P, Bates T, Birchwood M. Designing youth mental health services for the 21st century: Examples from Australia, Ireland and the UK. Br J Psychiatry. 2013;202(SUPPL. 54), 30–35.

10. Muir K, Katz I. Is headspace making a difference to young people's lives? Final report of the independent evaluation of the headspace program [2015]. Available from: https://www.sprc.unsw.edu.au/media/SPRCFile/Evaluationofheadspaceprogram_published.pdf

11. Rickwood D, Paraskakis M, Quin D, Hobbs N, Ryall V, Trethowan J, et al. Australia's innovation in youth mental health care: The headspace centre model. Early Interv Psychiatry. 2019;13(1), 159-166.

12. Australian Bureau of Statistics. National survey of mental health and wellbeing: Summary of results [2008]. Available from: https://www.abs.gov.au/statistics/health/mental-health/national-survey-mental-health-and-wellbeing-summary-results/latest-release

13. The National Youth Mental Health Foundation. headspace Annual Report 2016-17 [2017]. Available from: https://headspace.org.au/assets/Uploads/headspace-Annual-Report-for-web2.pdf

14. Rickwood D, Webb M, Kennedy V, Telford N. Who are the young people choosing web-based mental health support? Findings from the implementation of Australia's national web-based youth mental health service, eheadspace. JMIR Ment Health. 2016;3(3).

15. Harish S, Kundadak G, Lee Y, Tang C, Verma S. A decade of influence in the Singapore youth mental health landscape: The Community Health Assessment Team (CHAT). SMJ. 2021;62(5), 225–229.

21

藥物介入治療

黎鎮麟　　呂世裕

摘要

　　針對兒童及青年的精神健康問題而採用藥物介入治療，近十年呈現上升趨勢。一般來說，處理青年人的精神健康障物問題，藥物治療並不會視為第一線的治療方法；但愈來愈多醫生給病人處方精神科藥物，並作為第一線治療。在藥物代謝動力學或藥效動力學上，藥物對兒童、青年及成人的作用及效能有別，臨床工作者須採用「發展角度」以判斷甚麼是適合青年及年輕成年人的處方劑量。當藥物以仿單標示外模式使用時，更須考慮相關指引及使用原則。給青年處方的常見精神科藥物包括：興奮劑，例如用於處理專注力不足 / 過度活躍症的鹽酸甲酯、安非他命、阿托莫西汀及降保適錠；處理精神分裂的第一代抗精神病藥及第二代抗精神病藥；處理抑鬱症的抗抑鬱藥，例如選擇性 5- 羥色胺再吸收抑制劑、三環抗抑鬱藥及新一代抗抑鬱藥；處理躁鬱症的情緒穩定劑，例如鋰及抗癲癇藥。臨床工作者處方這些藥物時，須小心考慮這些藥物產生的副作用。此外，亦須進行更多實證研究，以驗證這些藥物對青年精神障礙產生的效能。

關鍵字：精神科藥物，藥物代謝動力學，發展觀點，仿單標示外使用藥物，藥物效能

引言

　　對兒童及青年進行藥物介入治療，這是一個非常專門的範疇，吸引了不少臨床工作者及研究員的興趣。藥物治療通常不會被視為治療兒童及青年精神障礙的第一線治療，但給兒童及青年處方精神藥物的趨勢卻正在增長，這亦是全球的普遍現象。[1]一些精神病狀況，例如專注力不足／過度活躍症（ADHD）、精神分裂、躁鬱症，在童年、青年或成年早期已經出現，處方藥物是有需要的，並應作為第一線治療方法。

　　向兒童、青年及年輕成年人處方精神科藥物，醫生及臨床工作者須注意一些重要原則。第一，兒童及青年並不是「成人的縮小版」，他們相較於成年人，在藥物代謝動力學與藥效動力學上，會展現不同面貌；考慮向兒童及青年進行藥物處方時，宜採用「發展觀點」。第二，有大量證據顯示，兒童及青年對精神科藥物的反應，往往有別於成人，例如當年幼的病人服用第二代抗精神病藥時，他們較成年患者更容易出現代謝症候群及併發症[2]，而年輕抑鬱症患者對某些抗抑鬱藥的反應也會較差。[3]第三，向兒童及青年處方藥物通常牽涉「仿單標示外使用」（off-label use），對風險及益處要作出小心衡量。第四，向兒童及青年作出藥物處方時，適宜與他們的父母商討，或與他們的家庭成員及照顧者商討。在香港，個人的法定同意年齡是18歲，臨床工作者進行決策時，須考慮兒童及青年的吉利克能力（Gillick-competent），也須考慮監護人的意願和看法。

　　向兒童及青年處方藥物，必須考慮兒童及青年的代謝動力與藥效動力，對「發展觀點」的考慮至關重要。代謝動力學關注的是藥物的吸收、分佈、新陳代謝及清除。當病人達 1 歲時，他／她已經擁有成年人的吸收能力，這是臨床工作者向兒童處方藥物時須留意的事項。此外，向兒童及青年群組處「液態」藥物（例如糖漿藥物，這非常普遍），「液態」藥物會加速藥物的吸收。其次，人體水分與脂肪組織比例，也會對藥物分佈產生影響；處於中童階段（6 至 12 歲）的孩子，他們擁有較多人體水分、較少脂肪組織，所以藥物積聚於體內的機會較微。最後，以體重比率來說，兒童相較於成年人，其肝臟及腎臟薄壁組織會較大，並擁有較快的新陳代謝率與清除速度，藥物停留體內的時間會縮短一半；如果只根據體重去調校藥物份量，會出現不準確的處方，須頻繁給兒童病人服藥，以克服藥物在體內停留一半時間的問題。有研究發現，給兒童及青年處方舍曲林，須每天服用兩次，每日攝取 50 毫克（而非成人每天服用的份量），如果不是這樣，會在兒童及青年身上產生強烈的戒斷症狀。[4] 至於藥效動力方面，精神科藥物會否對兒童、青年及成年產生不同的影響，至今所知甚少。但有研究發現，γ-氨基丁酸 A 型受體（GABA$_A$）的密度會在兒童步入學前達至頂峰，到了青年後期及成年早期便會逐漸下降，並接近成人的水平。[5]

　　所謂「仿單標示外使用」是指：（1）沒有根據藥物的標籤指示處方藥物；（2）處方的份量超出批准範圍；（3）按不同滴定日程處方藥物。缺乏藥物許可證，會給兒童及青年群組處方精神科藥物帶來不少障礙。由於針對兒童及青年群組進行藥物研究涉及不少道德爭議，製藥公司一般並不熱衷對兒童及青年精神科藥物進行研究。兒童及青年屬於較脆弱的群組，製藥公司對這些群組

進行臨床測試，往往會引起監管機構的關注。由於兒童的神經系統正在發育中，藥物是否會對兒童造成長遠的安全隱患，這是監管機構十分關注的事情。此外，對兒童進行研究，除了要遵守一般人體試驗的條例和守則，更要獲得兒童家長同意，這些難題都會對兒童及青年精神科藥物的研究構成附加障礙。

自 2007 年起，美國食品藥品監督管理局及歐洲藥品管理局曾針對脆弱群組的藥物研究，進行立法規管；對兒童及青年群組進行藥物研究，須遵守一定法規。話雖如此，兒童及青年精神科藥物的研究數目不多；一些專利過期的藥物研究，更沒有得到應有的重視。

另一個仿單標示外處方藥物引起的問題，是法律風險的問題，臨床工作者宜徵詢政府與法定組織的相關指引，例如英國心理藥理學協會指引，嚴肅跟從這些機構的建議，才處方仿單標示外藥物。[6]

專注力不足／過度活躍症的藥物治療

興奮劑

針對專注力不足／過度活躍症患者的所有藥物中，興奮劑擁有最長久的使用歷史。1950 年代，Charles Bradley 發現安非他命能夠對過動的孩子產生作用。到了今天，興奮劑已經是對上述群組經常處方的藥物之一。興奮劑有兩種，一種屬於哌甲酯組別，另一種屬於安非他命組別。哌甲酯組別的作用，是充當再攝取抑制劑，抑制多巴胺及去甲腎上腺素的再攝取。而安非他命的作用，則是逆轉多巴胺及去甲腎上腺素這些運送器所產生的活動。哌甲酯組別包括三種本地常用的藥物：立即釋放型利他能、利長

能及專思達。而安非他命組別則包括本地有售的二甲磺酸賴右苯丙胺（Vyvanse）。表 1 羅列出這些藥物的成分，如兩個組別的藥物都產生同樣效能，個人可以選擇服用其中的一種。[7] 研究人員對上述兩個組別的藥物作出評估，發現反應率達 90%[8]：如反應未如理想，可以考慮結合阿托莫西汀及甲型腎上腺受體促效劑的藥物治療。此外，也可以利用「專注力不足 / 過度活躍症症狀與正常行為的優勢與弱點評分量表」（SWAN），與正常行為作出比較，會有助對藥物的滴定作出調校。患有專注力不足 / 過度活躍症的孩子，他們的症狀會隨着年紀消失；在往後的日子，可以考慮停止服藥，或逐步進行測試，評估是否需要繼續服藥，或只是周末或假期服藥。

　　興奮劑的副作用包括減低食慾、失眠、頭痛、腹痛、焦慮增加、高血壓及心搏過速。服藥前宜檢視患者的病史及進行身體檢查，以辨識心血管風險。美國心臟協會建議患有心臟病而正在服藥的專注力不足 / 過度活躍症的兒童及青年患者，定期對心血管狀況進行檢查[9]，如有疑問，最好請教心臟科醫生。[7] 父母對孩子服用興奮劑有所保留，主要的擔心是對孩子發育的影響；研究顯示，服用高劑量的興奮劑會減低身高及增加體重。但這種副作用只會在每天服用多於 2.5 毫克派醋甲酯、並持續服用四年或以上才會出現。[10] 服用興奮劑時，建議經常檢查血壓及脈搏速率，並量度身高與體重，如果身高或體重增長超過 2%，便須格外小心，並告訴醫生，以便作出臨床關注，或調校藥物的劑量。也可以考慮進行營養評估，或轉介至兒科醫生，以排除身體出現變化的其他可能原因。食慾的問題則可以透過改變飲食習慣獲得改善，例如餐後服藥、縮短飲食準備、減低用藥劑量。此外，也可以考慮服用塞浦希他定，以刺激食慾，塞浦希他定獲得測試研

究證實，可以改善食慾。[11] 失眠的問題則可以透過縮短每節的睡眠時間，或服用退黑激素、可樂定得到改善。可樂定可以平衡興奮劑產生的副作用（例如心搏過速、過動與衝動及肌肉抽動）。[12] 出現中等肌肉抽動的患者，仍可以謹慎地繼續服用興奮劑[13]；至於出現了嚴重肌肉抽動的病人，為謹慎起見，則建議停止服用，可以考慮改為服用阿托莫西汀。[14] 興奮劑的不當使用，也是值得關注的課議題，特別是那些擁有物質濫用歷史的患者。服用興奮劑，並不會增加或減少物質使用障礙的風險。[15] 但立即釋放的製劑，則會較容易吸引患者不當使用興奮劑。臨床工作者可以考慮採用興奮劑的長效製劑，但如果經常出現興奮劑補充劑的「藥物遺失」現象，臨床工作者便須注視問題的嚴重性。

阿托莫西汀

阿托莫西汀是一種去甲腎上腺素回收抑制劑，它的功效是選擇性地抑制突觸前甲腎上腺素運送器的運作，其效能已經被隨機對照測試及元分析證實。[16,17] 那些對興奮劑沒有反應的患者，阿托莫西汀是另一種治療選擇。與興奮劑比較，阿托莫西汀的好處是它不會令焦慮、肌肉抽動及睡眠問題惡化。阿托莫西汀能夠產生 24 小時持續療效，但要數個星期才會見效。患有專注力不足 / 過度活躍症的病人及其照顧者，縱然初期效果不太明顯，也須遵從服藥指引繼續服用。與興奮劑相似，阿托莫西汀的副作用是壓抑食慾和發育，亦可能引致嚴重的肝臟受損，以及出現自殺念頭。表 1 列出了阿托莫西汀的建議滴定療程。

可樂定

可樂定是本地唯一可以購買的 α2-受體激動藥，並以仿單

標示外方式，用作治療專注力不足 / 過度活躍症。在香港，同類的釋放劑型胍法辛緩釋片未有上市。可樂定可以啟動藍斑核中去甲腎上腺素神經元的突觸前 α2- 受體，並減低受體興奮。上述機制被認為是可樂定能夠減低過動與衝動的主要原因。可樂定的效能已被隨機對照測試驗證 [12]，但可樂定的效能十分短暫，需多次服用，例如每日服用四次。可樂定的好處是它可以同時治療肌肉抽動及改善服用其他興奮劑所帶來的副作用（例如心搏過速），也可以增進入眠期。可樂定的副作用包括便秘及戒斷現象，例如出現反彈性高血壓及心搏過速等。

抗精神病藥

抗精神病藥可以分為第一代抗精神病藥（簡稱 FGA）及第二代抗精神病藥（簡稱 SGA）。第一代抗精神病藥主要針對 D2 受體，中腦系統中 D2 受體的結合，被認為是抗精神病藥能夠產生抗精神病效的主要原因。黑質紋狀體路徑中，D2 受體的結合被認為是產生錐體外症候群（EPSE）的原因。第二代抗精神病藥則可以針對 5- 羥色胺受體，產生額外的高親和力結合。5- 羥色胺 2A 受體的阻塞，則被認為是減少上述傾向的元兇，並引致錐體外症候群的出現。5- 羥色胺 2C 受體的阻塞，可以引致體重增加。患者亦可能出現其他受體阻塞，其中包括毒蕈鹼受體、a-腎上腺素受體和組胺受體。

第二代抗精神病藥除了用於治療成人群組的精神分裂及躁鬱症，亦會用於兒童及青年自閉群組，針對後者的應激反應產生療效。兒童及青年群組的本地用藥指引，可以參考表 2。其他對成人群組有效的第二代抗精神病藥還包括思樂康錠、奧氮平及帕利哌酮，這些藥物經常以仿單標示外形式使用，也作治療精神分

裂與躁鬱症。其他以仿單標示外形式使用的抗精神病藥，也用於治療專注力不足／過度活躍症患者，也用於治療品行障礙及情緒障礙患者。

雖然第一代抗精神病藥與第二代抗精神病藥對治療精神分裂及相關的思覺失調有效[18]，但第一代抗精神病藥較不受青睞，原因是第一代抗精神病藥存在引發錐體外症候群的風險。當大腦處於發育期間，持續阻塞多巴胺，也不讓人放心。研究顯示，第二代抗精神病藥較第一代抗精神病藥，對治療躁狂或混合發作的效用更為強大。雖然第二代抗精神病藥較少引發錐體外症候群，但仍會產生其他副作用，例如體重增加、糖尿病及高脂血病。某些抗精神病藥，例如奧氮平，會明顯引致體重增加。[19] 第二代抗精神病藥的副作用還包括引發高泌乳激素血症。由此可見，第一代抗精神病藥（例如氟哌啶醇）及第二代抗精神病藥（例如利培酮）都存在一定風險[20]，選擇使用抗精神病藥時，須小心評估藥物的好處與風險。抗精神病藥作為仿單標示外的方式使用時，適宜從小劑量開始，然後慢慢遞增。使用原則是採用產生最小效果的劑量，並對臨床狀況進行定期檢討。當抗精神病藥不是用於治療精神障礙，例如治療自閉症的應激反應，便應考慮進行停藥測試。如需對第二代抗精神病藥產生的新陳代謝副作用進行監控，可以參考加拿大監察兒童抗精神病藥有效性及安全性聯盟（CAMESA）發出的指引。[21] 聯盟提議家長讓孩子接受第二代抗精神病藥後，定期量度血壓、空腹血糖及空腹血脂，與基線進行比較，並每隔半年替孩子重複量度血壓、空腹血糖及空腹血脂，觀察這些指數的變化。

	商品名稱	份量	藥力時間	是否適合吞嚥困難者	兒童及青年的滴定日程
哌甲酯 (Methylphenidate)	利他能 (Ritalin)	10毫克	4小時	適合 (可以打碎)	由5毫克開始,每日1至2次,每星期增量至5至10毫克
	長效利他能 (Ritalin LA)	10毫克/20毫克/30毫克	8小時	適合 (膠囊可以打開)	從10毫克或20毫克開始,最多每公斤體重每日60毫克
	專思達 (Concerta)	18毫克/27毫克/36毫克/54毫克	12小時	不適合	18毫克開始,每星期可以遞增18毫克,最多54毫克(兒童)及72毫克(青年)
賴氨酸安非他命 (Lisdexamfetamine)	Vyvanse	20毫克/30毫克/50毫克	13小時	適合 (膠囊可以打開)	每日1次、每次30毫克,早上服用、可調校,每星期可以遞增10或20毫克,最高服用量為每日70毫克
阿托莫西汀 (Atomoxetine)	斯德瑞 (Strattera)	10毫克/18毫克/25毫克/40毫克/60毫克/80毫克	24小時	不適合	每公斤體重每日0.5毫克開始,每星期調整每日建議每公斤體重1.2毫克,最多每公斤體重每日1.8毫克

表 1　專注力不足/過度活躍症本地提供的藥物治療與指引

	適用範圍（年齡）	份量
阿立哌唑 （Aripiprazole）		由每日 5 毫克開始，建議目標份量：每日 10 毫克
	急性治療狂躁及混合發作（10 至 17 歲）	由每日 2 毫克開始，兩日後調校至每日 5 毫克，再過兩日的目標用量為每日 10 毫克
	與自閉症相關的應激反應（6 至 17 歲）	由每日 2 毫克開始，幾個星期後可調校至每日 10 至 15 毫克
樂途達錠 （Lurasidone）	精神分裂（15 至 17 歲）	由每日 40 毫克開始，用量範圍為每日 40 至 80 毫克
奧氮平 （Olanzapine）	精神分裂（12 至 18 歲）	由每日 5 毫克開始，調校至每日 5 至 20 毫克的正常範圍
帕利哌酮 （Paliperidone）	精神分裂（12 至 17 歲）	每日 3 毫克，每日 1 次，逐步增至每日 3 毫克，多於 5 日間隔
利培酮 （Risperidone）	精神分裂（13 至 17 歲）	由每日 5 毫克開始，每日 1 次，早上或晚間服用，逐步增至每日 0.5 或 1 毫克，多於 24 小時間隔，建議劑量：每日 3 毫克
	急性治療狂躁及混合發作（10 至 17 歲）	由每日 0.5 毫克開始，每日 1 次，早上或晚間服用，逐步增至每日 0.5 或 1 毫克，多於 24 小時間隔，建議劑量：每日 2.5 毫克
	與自閉症相關的應激反應（5 至 16 歲）	由每日 0.5 毫克開始（體重多於 20 公斤）或 0.25 毫克開始（體重少於 20 公斤），4 日後逐步增至每日 1 毫克（體重多於 20 公斤）或 0.5 毫克（體重少於 20 公斤），相隔多於兩星期後，遞增至每日 0.5 毫克（體重多於 20 公斤）或 0.25 毫克（體重少於 20 公斤），最多 1 毫克（體重少於 20 公斤），0.25 毫克（體重相等或多於 20 公斤），3 毫克（體重大於 45 公斤）

表 2　本地批准使用並適合兒童和青年群組的抗精神病藥

抗抑鬱藥

　　抗抑鬱藥包括選擇性血清素再攝取抑制劑（SSRI）、三環抗抑鬱藥（TCA）及新一代抗抑鬱藥，雖然大部分針對本地兒童及青年群組的抗抑鬱藥都是以仿單標示外的形式使用，但抗抑鬱藥仍廣泛用於治療兒童及青年的抑鬱症、焦慮症及強迫症。數據顯示，針對抑鬱症的抗抑鬱藥治療，需要治療的病人數目（NNT）介乎 3 至 10。[22]

選擇性血清素再攝取抑制劑

　　正如藥名所指，選擇性血清素再攝取抑制劑的作用是抑制 5- 羥色胺的再吸收，繼而增加血清素的活動。治療重型抑鬱症，氟西汀是選擇性血清素再攝取抑制劑是其中一個較常用的選擇，原因是它的有效性，售價亦十分便宜。舍曲林、西酞普蘭與艾司西酞普蘭，也具一定療效研究證實它的療效優於安慰劑。治療焦慮症（例如一般焦慮症、社效恐懼症及分離焦慮症）的藥物中，舍曲林、氟伏沙明、氟西汀及帕羅西汀的療效，已在隨機對照測試中被證實。至於治療兒童及青年的強迫症，舍曲林已被批准使用，氟西汀和氟伏沙明的療效也得到一定的研究支持。至於驚恐症，至今仍沒有隨機對照測試，可以證實精神科藥物能產生對青年的正面療效。

　　當我們選擇使用抗抑鬱藥時，除了考慮藥物的療效性，也要顧及藥物與藥物的互動反應，及病人對藥物的先前反應。選擇性血清素再攝取抑制劑大部分是細胞色素的抑制劑，例如氟西汀會對 2A6 與 3A4 產生抑制，氟伏沙明則會對 3A4 產生抑制。當病人同時服用其他藥物時，處方上述藥物須格外小心。避孕藥是 CYP3A4 的受質；氟西汀及帕羅西汀既是 CYP2D6 的受質，也是

CYP2D6 的抑制劑。這反映出產生強代謝者的藥物，也可以成為差劣的代謝藥物，這現象被稱為「表型轉化」(phenoconversion)。

類似於抗精神病藥，針對兒童及青年抑鬱症患者處方抗抑鬱藥，亦須從低劑量開始，並慢慢調校份量。基於代謝動力學的考慮，青年患者或需每日服用兩次，目標份量與成人群組類同。

選擇性血清素再攝取抑制劑一般耐受性良好，但也有副作用，其中包括：腸胃不適(噁心及腹瀉)、睡意、失眠、胃口改變(食慾增加或減少)、性功能障礙(性快感缺失)及行為激活(衝動或應激反應，但行為激活須與躁狂症和輕度躁狂的病徵作出區分)，這些副作用會隨時間消失。血清素症候群會增加流血的風險，也會增加患者的自殺念頭和自殺行為。隨機對照測試及元分析發現，服用抗抑鬱藥引致的自殺風險屬於「低但顯著」。涉及自殺念頭、「需要傷害自己的數目」(NNH) 則介乎 112 至 200。[22] 根據流行病學分析，服用選擇性血清素再攝取抑制劑，或與青年自殺率的降低，存在正面的關係。[23] 作為臨床工作者，當病人接受選擇性血清素再攝取抑制劑治療後首兩個月，須緊密監察他們的病徵及出現的不良反應。

三環抗抑鬱藥

至於重型抑鬱症的治療，研究發現，三環抗抑鬱藥並不比安慰劑優勝，年輕群組更對這些藥物未能產生預期的療效反應[24]，可能原因是青年人的去甲腎上腺素系統較遲成熟。[25] 須注意的是，三環抗抑鬱藥產生的副作用，會廣泛影響病人的日常運作，加上治療門檻狹窄，因此不建議兒童及青年抑鬱症患者服用三環抗抑鬱藥。不過，三環抗抑鬱藥卻被批准用作治療強迫症(氯米帕明)及遺尿(阿米替林)。

新一代抗抑鬱藥

度洛西汀、文拉法辛、米氮平及安非他酮都屬於新一代抗抑鬱藥。度洛西汀及文拉法辛屬於血清素及去甲腎上腺素再攝取抑制劑（SNRI）類別，其副作用類以於血清素及去甲腎上腺素再攝取抑制劑，但後者卻存在心血管病的風險。治療青年抗藥抑鬱症研究計劃（TORDIA）支持使用文拉法辛作為治療抗藥性兒童及青年抑鬱患者的第二線藥物。[26] 度洛西汀亦獲得隨機對照研究支持、可用於廣泛性焦慮症。[27] 米氮平則屬於去甲腎上腺素及特定血清素抗鬱劑（NaSSA），可用於治療抑鬱症、焦慮症、創傷後壓力症，並且獲得雙盲試驗支持。基於米氮平產生的鎮靜作用，米氮平亦經常附帶用於治療精神障礙相關的失眠。安非他酮屬於去甲腎上腺素多巴胺再吸收抑制劑（NDRI）的一種，它對兒童及青年抑鬱症患者的藥效已被研究證實，但它的副作用則包括癲癇發作，對出現酒精及苯二氮平類藥物戒斷風險的患者，服用安非他酮更要格外小心。安非他酮被經常用於治療專注力不足／過度活躍症，其療效獲得雙盲研究證實。

情緒穩定劑

針對兒童及青年狂躁症患者使用情緒穩定劑，相關的研究並不多，大部分根據成人群組研究作出推論。第二代抗精神病藥相較於傳統的情緒穩定劑（例如鋰），前者的療效及耐藥性更為可取。其他情緒穩定劑還包括丙戊酸、卡馬西泮及拉莫三嗪，這些藥物的療效已被雙盲測試證實。[28]

鋰

鋰是一種陽離子鹽，可以被胃腸道迅速吸收。鋰的藥理機

制仍未被確認，但推測與鋰能夠產生神經營養效能（與神經元的生存、成長及發育相關）有關。鋰用於急性躁狂抑鬱的效能，已被雙盲研究證實。[29] 但鋰用於後續階段，其療效仍有待證實。[30] 總體而言，鋰用於治療兒童及青年的躁狂抑鬱的療效，仍未得到充分確立。因為鋰會產生一連串副作用，作為臨床工作者，須小心收集患者的病史及替病人定時進行身體檢查。此外，要為病人進行全血細胞計數、腎功能檢查、甲狀腺功能檢查及心電圖檢查，以確保病人沒有其他潛伏的身體隱患。滴定份量根據不同製劑會有所不同，目標血清水平約為 0.6 至 1.0 毫摩爾 / 升。晚上服用後，宜每隔 10 至 12 小時，量度患者的血清水平；並且在療程啟動後 4 至 5 天，再量度患者的血清水平，以調校適當的服用劑量。

系統	影響
一般系統	• 體重增加 • 金屬味
心血管系統	• 心臟節律不整
胃腸道系統	• 嘔心及嘔吐 • 腹瀉
神經系統	• 認知遲鈍 • 震顫
腎系統	• 多尿與多喝 • 腎病變
內分泌系統	• 甲狀腺機能低下症 • 副甲狀腺亢進

表 3　鋰對身體系統產生的副作用

　　鋰療程開始後，建議每季為患者量度血清鋰濃度水平，並對腎功能及甲狀腺功能進行恆常監察。此外，家人須留意患者可能出現的藥物交互作用，例如抗高血壓劑、第二類是非類固醇消炎止痛藥（NSAID）所產生的交互作用。雖然兒童及青年甚少服用這類藥物，但藥物的交互作用可導致藥物中毒，令患者減少飲水，最後引致脫水，並出現運動後脫水的情況。

抗腦癇藥

　　丙戊酸、卡馬西泮及拉莫三嗪皆屬於抗腦癇藥物，這些藥物已被證實能對成人群組產生情緒穩定作用，至於針對兒童及青年躁鬱症患者處方丙戊酸，其療效已被雙盲測試 [31] 及隨機測試 [32] 證實。卡馬西泮在雙盲測試中，證實具抗躁狂、抗抑鬱及抗思覺失調療效。[33] 拉莫三嗪對於抗躁鬱的療效亦十分顯著，但其藥理機制至今仍不十分清晰。拉莫三嗪與其他藥會產生藥物交互作用，誘導或抑制細胞色素，其副作用包括出現血液惡病質、異質肝炎及皮膚黏膜症候群等。史蒂文 - 強生症候群及毒性表皮溶解症（TEN）與 HLA-B*1502 等位基因有關，這在漢族人口非常普遍。[34] 服用拉莫三嗪前，宜注意上述基因因素，並作出適當篩選。針對躁鬱症患者的藥物治療，國際躁鬱症協會（ISBD）出版了一些指引和安全建議，值得患者及家人參考。[35]

安眠藥

　　苯二氮平類藥物、Z-drugs、抗組織胺藥物及褪黑激素都屬於安眠藥。苯二氮平類藥物可以促進 GABA$_A$ 傳遞，抑制中樞神經系統，繼而產生抗焦慮、抗癲癇及安眠作用。苯二氮平類藥物對治療焦慮症、睡眠障礙與行為問題，其療效已被研究證實。[36]

但苯二氮平類藥物會產生上癮及解除抑制等風險。[37] 對那些出現發展遲緩的兒童及青年，宜謹慎服用，療程應少於四星期。Z-drugs 是 $GABA_A$ 受體的促效劑，作用與苯二氮平類藥物相似。由於 Z-drugs 缺乏針對兒童及青年群組的對照研究，故不建議兒童及青年服用。至於抗組織胺藥物，例如馬來酸氯苯那敏、異丙嗪，對治療失眠也有一定作用 [38]，而且上癮機會頗低，較服用苯二氮平類藥物更為可取。褪黑激素是一種荷爾蒙，由松果腺天然合成，可以產生日夜節律的位移效應。褪黑激素多用於治療慢性失眠，其療效已被隨機對照測試確認。[39] 褪黑激素也可以用於治療專注力不足 / 過度活躍症，可以長期使用，其安全性也受到研究支持。[40]

個案研究

案例 1

X 是一個 6 歲的男孩，並出現了嚴重的行為應激反應。學校社工替 X 進行訪談，小心收集 X 的成長歷史，發現 X 的行為問題及應激反應，可能與他差劣的情緒調節能力有關；此外，X 的衝動與頑固性格，也令問題惡化。X 的母親表示，X 出現了過度活躍、不能專注及社交障礙等特徵。主診精神科醫生最後診斷 X 患上專注力不足 / 過度活躍症及自閉症譜系障礙。醫生可以給 X 處方興奮劑或第二代抗精神病藥，最後選擇了前者，是因為派醋甲酯的副作用較少，醫生給 X 處方的份量是 0.5 毫克 / 公斤體重 / 日。下一個星期，醫生給 X 改為滴定 1 毫克 / 公斤體重 / 日。服用藥物後，X 的過度活躍及衝動症狀減少了，讓他可以接受安靜下來，並

接受臨床心理學家的治療。臨床心理學家主要針對他的自閉症譜系障礙進行治療。經過三個月的派醋甲酯療程，X 的病況終於穩定下來。但藥物令 X 出現眨眼和扭脖子等副作用。針對抽動綜合症症狀，醫生與 X 的母親商量，改變治療策略，建議的方案包括：減低興奮劑的服用劑量、改為服用非興奮劑藥物、針對 X 的抽動綜合症處方甲型腎上腺受體促效劑或第二代抗精神病藥。由於 X 的抽動綜合症症狀十分輕微，加上大多在夜間出現，醫生於是建議 X 繼續服用興奮劑，並給 X 處方甲型腎上腺受體促效劑作為輔助藥物，這有助擴大興奮劑的治療範圍，並減低過度活躍及衝動症狀。

案例 2

　　Y 是一個 15 歲女孩，自從升上中四後便拒絕上課。學校社工於是轉介她往見精神科醫生。精神科醫生收集了 Y 的個案歷史，並替她進行了詳細的精神狀況檢查，結論是 Y 升上中學後，開始變得愈來愈抑鬱，並在建立友誼上出現困難，學習上亦追不上進度，並變得愈來愈退縮，對完成任務倍感吃力。精神科醫生診斷 Y 患上輕微的抑鬱症，由於抑鬱的程度只屬輕徵，醫生於是轉介 Y 與輔導員見面，接受支持性輔導。但其後一個月，Y 仍處於抑鬱及退縮狀態，上課的參與程度也不高。Y 的父母表示，女兒經常哭泣，更出現剝手行為。由於 Y 的情況正在惡化中，醫生於是與 Y 的父母商討，是否需要給 Y 處方抗抑鬱藥，最後選擇了服用氟西汀，每夜服用 10 微克，並安排一星期後覆診。一星期後，醫生檢視了藥物對 Y 的成效及產生的副作用，並詢問 Y 有否出現自殺念頭。Y 的父母表示，Y 的情緒狀態和能量水平都得

到改善，但應激反應卻較之前嚴重。醫生解釋，這些特徵可能是服用抗抑鬱藥引起的藥物反應，只要加以留意便可，不算是狂躁或輕度躁狂的特徵。但過了一星期，Y 的父母卻發現，Y 的情緒出現持續高漲，能量水平也大幅升高，睡眠時數卻減少，這有異於 Y 的平常表現。醫生懷疑 Y 可能是躁狂症發作，便立即停止了氟西汀療程，改為處方情緒穩定劑，讓 Y 每晚服用 50 微克思樂康持續性藥效錠，並同時處方苯二氮平類藥物，處理她的行為障礙，建議她短期服用。

亮點

- 藥物並不是唯一治療青年精神障礙的方法，但藥物的療效與安全大多經過驗證。

- 用藥的份量十分重要，必須考慮青年所處的神經發展階段，並基於藥效動力學及藥物代謝動力學的原則，才可以發揮藥物的最佳效能。

- 臨床工作者處方仿單標示外藥物時，宜思考和評估藥物使用的不同利弊。

參考文獻

1. Steinhausen HC. Recent international trends in psychotropic medication prescriptions for children and adolescents. Eur Child Adolesc Psychiatry. 2015; 24(6), 635-640.

2. Correll CU, Manu P, Olshanskiy V, Napolitano B, Kane JM, Malhotra AK. Cardiometabolic risk of second-generation antipsychotic medications during first-time use in children and adolescents. Jama. 2009;302(16), 1765-1773.

3. Papanikolaou K, Richardson C, Pehlivanidis A, Papadopoulou-Daifoti Z. Efficacy of antidepressants in child and adolescent depression: a meta-analytic study. J Neural Transm. 2006;113(3), 399-415.

4. Alderman J, Wolkow R, Chung M, Johnston HF. Sertraline treatment of children and adolescents with obsessive-compulsive disorder or depression: pharmacokinetics, tolerability, and efficacy. J Am Acad Child Adolesc Psychiatry, 1998;37(4), 386-394.

5. Chugani DC, Muzik O, Juhász C, Janisse JJ, Ager J, Chugani HT. Postnatal maturation of human GABAA receptors measured with positron emission tomography. Ann Neurol. 2001;49(5), 618-626.

6. Sharma AN, Arango C, Coghill D, Gringras P, Nutt DJ, Pratt P, et al. BAP Position Statement: Off-label prescribing of psychotropic medication to children and adolescents. J Psychopharmacol. 2016;30(5), 416-421.

7. Pliszka S. Practice Parameter for the Assessment and Treatment of Children and Adolescents With Attention-Deficit/Hyperactivity Disorder. J Am Acad Child Adolesc Psychiatry. 2007;46(7), 894-921.

8. Arnold LE. Methyiphenidate vs. amphetamine: Comparative review. J Atten Disord. 2000;3(4), 200-211.

9. Vetter VL, Elia J, Erickson C, Berger S, Blum N, Uzark K, et al. Cardiovascular monitoring of children and adolescents with heart disease receiving medications for attention deficit/hyperactivity disorder [corrected]: a scientific statement from the American Heart Association Council on Cardiovascular Disease in the Young Congenital Cardiac Defects Committee and the Council on Cardiovascular Nursing. Circulation. 2008;117(18), 2407-2423.

10. Charach A, Figueroa M, Chen S, Ickowicz A, Schachar R. Stimulant treatment over 5 years: effects on growth. J Am Acad Child Adolesc Psychiatry. 2006;45(4), 415-421.

11. Daviss WB, Scott J. A chart review of cyproheptadine for stimulant-induced weight loss. J Child Adolesc Psychopharmacol. 2004;14(1), 65-73.

12. Tourette's Syndrome Study Group. Treatment of ADHD in children with tics: a randomized controlled trial. Neurology. 2002;58(4), 527-536.

13. Gadow KD, Sverd J, Sprafkin J, Nolan EE, Grossman S. Long-term methylphenidate therapy in children with comorbid attention-deficit hyperactivity disorder and chronic multiple tic disorder. Arch Gen Psychiatry. 1999;56(4), 330-336.

14. Allen AJ, Kurlan RM, Gilbert DL, Coffey BJ, Linder SL, Lewis DW, et al. Atomoxetine treatment in children and adolescents with ADHD and comorbid tic disorders. Neurology. 2005;65(12), 1941-1949.

15. Faraone SV, Upadhyaya HP. The effect of stimulant treatment for ADHD on later substance abuse and the potential for medication misuse, abuse, and diversion. J Clin Psychiatry. 2007;68(11), 28.

16. Newcorn JH, Sutton VK, Weiss MD, Sumner CR. Clinical responses to atomoxetine in attention-deficit/hyperactivity disorder: the Integrated Data Exploratory Analysis (IDEA) study. J Am Acad Child Adolesc Psychiatry. 2009;48(5), 511-518.

17. Wehmeier PM, Schacht A, Escobar R, Savill N, Harpin V. Differences between children and adolescents in treatment response to atomoxetine and the correlation between health-related quality of life and Attention Deficit/Hyperactivity Disorder core symptoms: Meta-analysis of five atomoxetine trials. Child Adolesc Psychiatry Ment Health. 2010;4, 30.

18. Findling RL, Johnson JL, McClellan J, Frazier JA, Vitiello B, Hamer RM, et al. Double-blind maintenance safety and effectiveness findings from the Treatment of Early-Onset Schizophrenia Spectrum (TEOSS) study. J Am Acad Child Adolesc Psychiatry. 2010;49(6), 583-594; quiz 632.

19. Martínez-Ortega JM, Funes-Godoy S, Díaz-Atienza F, Gutiérrez-Rojas L, Pérez-Costillas L, Gurpegui M. Weight gain and increase of body mass index among children and adolescents treated with antipsychotics: a critical review. Eur Child Adolesc Psychiatry. 2013;22(8), 457-479.

20. Rosenbloom AL. Hyperprolactinemia with antipsychotic drugs in children and adolescents. Int J Pediatr Endocrinol. 2010;159402.

21. Pringsheim T, Panagiotopoulos C, Davidson J, Ho J. Evidence-based recommendations for monitoring safety of second-generation antipsychotics in children and youth. J Paediatr Child Health. 2011;16(9), 581-589.

22. Bridge JA, Iyengar S, Salary CB, Barbe RP, Birmaher B, Pincus HA, et al. Clinical response and risk for reported suicidal ideation and suicide attempts in pediatric antidepressant treatment: a meta-analysis of randomized controlled trials. Jama. 2007;297(15), 1683-1696.

23. Gibbons RD, Hur K, Bhaumik DK, Mann JJ. The relationship between antidepressant prescription rates and rate of early adolescent suicide. Am J Psychiatry. 2006;163(11), 1898-1904.

24. Hazell P. Depression in children and adolescents. BMJ Clin Evid.2009.

25. Rosenberg DR, Lewis DA. Postnatal maturation of the dopaminergic innervation of monkey prefrontal cortex is protracted and region-specific. 1995; DOL: 10.1016/0920-9964(95) 95108-L.

26. innervation of monkey prefrontal and motor cortices: A tyrosine hydroxylase immunohistochemical analysis. J Comp Neural. 1995;358(3), 383-400.

27. Brent D, Emslie G, Clarke G, Wagner KD, Asarnow JR, Keller M, et al. Switching to another SSRI or to venlafaxine with or without cognitive behavioral therapy for adolescents with SSRI-resistant depression: the TORDIA randomized controlled trial. Jama. 2008;299(8), 901-913.

28. Strawn JR, Prakash A, Zhang Q, Pangallo BA, Stroud CE, Cai N, et al. A randomized, placebo-controlled study of duloxetine for the treatment of children and adolescents with generalised anxiety disorder. J Am Acad Child Adolesc Psychiatry. 2015;54(4), 283-293.

29. Liu HY, Potter MP, Woodworth KY, Yorks DM, Petty CR, Wozniak JR, et al. Pharmacologic treatments for pediatric bipolar disorder: a review and meta-analysis. J Am Acad Child Adolesc Psychiatry. 2011;50(8), 749-762.e739.

30. Kafantaris V, Coletti D, Dicker R, Padula G, Kane JM. Lithium treatment of acute mania in adolescents: a large open trial. J Am Acad Child Adolesc Psychiatry. 2003;42(9), 1038-1045.

31. Kafantaris V, Coletti DJ, Dicker R, Padula G, Pleak RR, Alvir JM. Lithium treatment of acute mania in adolescents: a placebo-controlled discontinuation study. J Am Acad Child Adolesc Psychiatry. 2004;43(8), 984-993.

32. Pavuluri MN, Henry DB, Carbray JA, Naylor MW, Janicak PG. Divalproex sodium for pediatric mixed mania: a 6-month prospective trial. Bipolar Disord. 2006;7(3), 266-273.

33. Delbello MP, Kowatch RA, Adler CM, Stanford KE, Welge JA, Barzman DH, et al. A double-blind randomized pilot study comparing quetiapine and divalproex for adolescent mania. J Am Acad Child Adolesc Psychiatry. 2006;45(3), 305-313.

34. Joshi G, Wozniak J, Mick E, Doyle R, Hammerness P, Georgiopoulos A, et al. A prospective open-label trial of extended-release carbamazepine monotherapy in children with bipolar disorder. J Child Adolesc Psychopharmacol. 2010;20(1), 7-14.

35. Man CB, Kwan P, Baum L, Yu E, Lau KM, Cheng AS, et al. Association between HLA-B*1502 allele and antiepileptic drug-induced cutaneous reactions in Han Chinese. Epilepsia. 2007;48(5), 1015-1018.

36. Ng F, Mammen OK, Wilting I, Sachs GS, Ferrier IN, Cassidy F, et al. The International Society for Bipolar Disorders (ISBD) consensus guidelines for the safety monitoring of bipolar disorder treatments. Bipolar Disord. 2009;11(6), 559-595.

37. Biederman J. Clonazepam in the treatment of prepubertal children with panic-like symptoms. J Clin Psychiatry. 1987;48 Suppl, 38-42.

38. Aman MG, Werry JS. Methylphenidate and Diazepam in Severe Reading Retardation. J Am Acad Child Adolesc Psychiatry.1982;21(1), 31-37.

39. Russo RM, Gururaj VJ, Allen JE. The effectiveness of diphenhydramine HCI in pediatric sleep disorders. J Clin Pharmacol. 1976;16(5-6), 284-288.

40. Smits MG, Nagtegaal EE, van der Heijden J, Coenen AM, Kerkhof GA. Melatonin for chronic sleep onset insomnia in children: a randomized placebo-controlled trial. J Child Neurol. 2001;16(2), 86-92.

41. Hoebert M, van der Heijden KB, van Geijlswijk IM, Smits MG. Long-term follow-up of melatonin treatment in children with ADHD and chronic sleep onset insomnia. J Pineal Res. 2009;47(1), 1-7.

22

精神健康的推廣

黃德興

摘要

青年階段是多種精神病的主要發病階段。在這個敏感階段，大腦會變得特別脆弱，容易受到環境壓力所影響，誘發各種精神障礙。在這一章，我們會談到一些增加或減少個體患上精神病的環境因素，也會探討精神健康的推廣策略。根據經驗，精神健康推廣的預防方法大致可分為三類，即廣泛預防、選擇性預防及特定預防；我們將根據上述框架，探討預防青年階段出現精神病的各種策略。

關鍵字：青年精神健康，風險因素，保護因素，廣泛預防、選擇性預防，特定預防，精神健康推廣

引言

青年精神健康漸漸受到全球關注，這是不爭的事實。很多精神病（例如抑鬱症、焦慮症與精神分裂），都是在青年階段病發的。[1] 精神健康轉差，更是導致青年人殘障的主要原因。[2] 青

年人屬於高風險精神健康群組，在青年階段，容易出現各種精神
障礙。在青年階段，大腦的神經發育變得更加活躍，神經可塑
性亦大幅提升，令青年人對環境的影響特別敏感。此外，在建
立獨立身份的過程中，人際關係、教育或職業決定等因素，都會
對年輕人構成沉重的壓力。而一些壓力來源（例如貧窮、家庭衝
突、社交孤立等），都會增加青年人患上精神病的風險，或削弱
他們的精神健康。在香港，青年人要面對充滿壓力的學習環境，
很多學生由 6 歲開始，放學後便要參加遊戲小組、學前訓練計劃
及私人補習班。很多學童缺乏充足睡眠時間，亦沒有時間發展個
人興趣。這些壓力來源都會對個人的精神健康構成壞影響，根據
2016 年所做的一項調查[3]（N = 1685），27% 中學生過去六個月曾
出現自殺的念頭或自毀的想法，27% 中學生更表示有心理困擾，
呈現精神障礙的早期病徵（例如無緣無故感到悲傷、失眠等）。

　　青年人的精神健康問題，無論對個人與社會，都付上沉重
的代價。如果能夠有效為青年人提供預防與介入，便可減低演變
成各種精神障礙的風險，意義重大。除了對風險因素的關注，一
些保護因素（例如社交支援、家人支持等），對於預防精神病也
十分重要；有效的預防策略，應涵蓋風險因素與保護因素，顧及
兩者才能增強青年人的抗逆力，以減低青年人出現精神健康問題
的風險。

環境風險因素

　　辨別精神病高風險群組，這是預防策略其中一個重要步
驟。有幾個環境風險因素與青年人的精神健康息息相關，表 1[4]
列出了這些風險因素，並分析這些因素對兒童及青年的精神健康
的影響。

風險因素	精神健康問題的迴歸分析 （單變量勝算比）
社會經濟地位較低	1.6**
家庭衝突	4.9***
父母患有精神病	2.4***
單親父母	2.1***
繼父母	2.4***
缺乏社交支援	2.7***
父母患病	4.7***
父母患有慢性病	1.8***
父母患有精神病	4.0***

表 1　兒童及青年可能出現精神健康問題的風險因素及估算（*** p< 0.001）

　　精神健康的風險因素是累積的，當青年人長期暴露於風險因素，他們的精神健康會容易轉差，表 2[4] 則列出兒童及青年可能出現精神問題的比率，並按風險因素進行歸類。

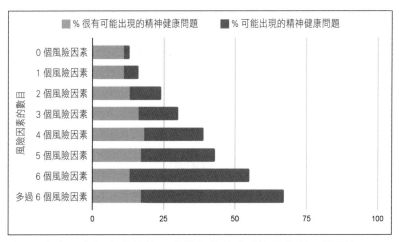

表 2　兒童及青年出現精神健康問題的比率（按風險數目歸類）

保護因素

　　在預防策略上，辨別保護因素十分重要。能辨別這些變項，會有助預防青年精神健康狀況轉差。個人資源、家庭資源及社會資源，皆屬於保護因素。這些資源有助提升青年人的抗逆力，減低精神健康質素變差。個人資源是指個體的性格，例如樂觀、高自尊（self-esteem）等。一個擁有高自尊的人，會相信自己的個人能力；而樂觀的人，則對出現正面結果有所期待，不幸出現負面結果時，也不會自怨自艾。家庭資源則包括父母的支持、權威育兒模式（authoritative child-raising）、穩固的家人關係等。所謂權威育兒模式，是指父母積極參與，表達溫暖、清晰、講理的規則與期望，並支持個體獨立自主。研究發現，採用權威育兒模式的家庭，兒童出現心理與行為失能的機會會較低。[5] 而親人的支持及正面的親子關係，則與青年人的抑鬱水平成反比。[6] 至於為青年人提供足夠社會資源，會讓個體在家庭以外，能夠獲得足夠的社交支援。社會資源可以提升青年人的適應能力及解難能力，並且讓個體對自己的能力水平漸漸建立信心。此外，風險因素對精神健康的影響，也是累積的。隨着個體擁有更多資源，個體精神健康狀況出現轉差的機會會大大減低。表 3[4] 顯示兒童及青年可能出現精神健康問題的比率，並分析精神健康狀況與資源的關係。

精神健康推廣與精神病預防

　　精神健康推廣與精神病的預防息息相關，採用的策略亦有重複之處，但兩者的目標並不相同。精神健康推廣的目的，是幫助人們控制和改善健康；但精神病預防的目的，則是在精神病病

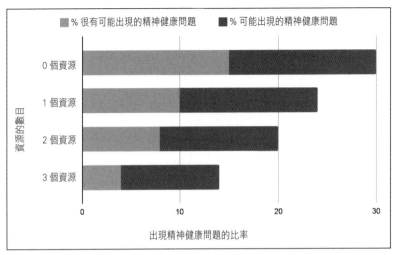

表 3　兒童及青年可能出現或可能發生精神健康問題的比率（按資源
　　　數目分類）

發前，對風險因素作出干預，以防精神病進一步惡化。

　　我們可以參考德國的預防案例，德國一項針對青年人壓力
的預防計劃，是一項非常有效的精神健康推廣策略。[7] 計劃包括
八節網上課堂，每星期一節課。這些課節聚焦於問題解決、認知
重組、尋求社交支援、鬆弛練習及時間管理技巧等。學生被要
求完成所有課節。根據 Fridrici 與 Lohaus 的研究，參與者（N =
904，年齡 12 至 18 歲）被分成四組[7]，第一組（N = 195）在學校
完成網上訓練，第二組（N = 214）在家中完成網上訓練，第三組
（N = 209）在學校接受個人化、面對面的網上訓練，第四組（N
= 286）則不接受任何訓練。Fridrici 與 Lohaus 的研究發現，所有
介入小組都呈現進步態勢，在應對壓力的知識上，更出現明顯進
步。[7] 在第一與第三組中，正向思維會明顯增加，而心理壓力的
症狀則明顯減少。[7] 精神健康推廣的目的，是讓青年人擁有改善
精神健康的能力；上述研究發現，增進參加者有關精神健康的知

識和技巧，可以提升青年人的精神健康水平，並有助改善青年人的精神健康。

預防策略

另一位學者 Gordon[8]，則提出了針對健康問題的強度，及受眾所處的發展階段，提供三層的推廣及預防策略，其中包括廣泛預防（universal prevention）、選擇性預防（selective prevention）及特定預防（indicated prevention）。

	內容	例子
廣泛預防	針對普羅大眾的策略，這些策略會對大眾有所裨益，並減低出現障礙的機會	為中學生設計精神健康課程
選擇性預防	針對高風險群組的策略，這些群組被確認為容易出現障礙的群組	為出現家暴的青年安排支援小組
特定預防	對象為出現症狀（例如出現濫藥與反社會行為）的個體。這些個體擁有出現障礙的生物傾向，但仍未符合障礙的定義	為出現濫藥問題的青年安排導師計劃

表 4 由 Gordon 提出，基於三層分類的預防策略

廣泛預防

廣泛預防的目的，是減低社會出現精神病的概率。教育作為一種廣泛預防精神病的模式，對減低青年精神健康脆弱性，可以產生正面效果。[9]青年人一般抗拒尋求協助，對於社會提供的正規精神健康資源，他們普遍呈現拒絕態度。[10]可能原因是青年人對精神健康欠缺認識，加上對精神病經常被標籤化（例如對思

覺失調患者貼上神經和危險的標籤），令香港青年人不願意尋求
協助。出現抑鬱的青年人，會對自己說：這是正常的悲傷情緒，
應當嚥下去。由於大部分青年人沒有接受過正規的精神健康教
育，他們根本不知自己受到精神障礙的影響。由於對精神健康缺
乏認識，加上標籤文化，成為很多青年人尋求協助的絆腳石。廣
泛預防的目的，是讓普羅大眾多去認識精神健康，幫助青年人除
去精神病的刻板印象，另一方面讓青年人察覺自己的精神健康狀
況，在有需要時，尋求專業協助。[10] 總的來說，精神健康教育十
分重要，可以讓青年人認識精神健康，並減低他們出現精神障礙
的機會。

學校是一處推廣精神健康的重要地點。與精神健康相關的
教育計劃，可以提升青年人對精神健康的覺察。學校是預防精神
病的和推廣精神健康的好地方，推廣計劃可以涵蓋下列元件：第
一，讓學生認識精神障礙的關鍵發病期（青年期至成年早期），
提升學生對自身行為與情緒的察覺；學生應視精神障礙有如身體
疾病，不應對精神障礙感到羞恥，這些教育有助學生減低對精神
障礙的標籤反應。第二，須教導學生如何面對情緒困擾及適當的
調適策略。在成長階段，學生要面對不同的壓力源，如何積極面
對和處理壓力，這是精神健康推廣的重要課題，並有助減低壓力
對學生的精神健康造成損害。第三，計劃須向學生介紹精神健康
相關的資源，例如如何尋求協助；須讓學生掌握求助的途徑，更
要模造學生的求助行為，讓他們有信心向值得信賴的人表達問題
和感受，從而擴闊社交支援。社交支援是減低青年人患上精神病
的其中一個保護因素 [4]，例如美國的學校，便採用了「青年精神
健康醒覺」（YAM）的介入手法。「青年精神健康醒覺」計劃包括
五節活動，每節 50 分鐘，計劃持續三至五個星期。「青年精神健

康醒覺」的內容包括：精神健康覺察，如何處理壓力和危機，抑
鬱及自殺想法，如何幫助受困擾的朋友。導師除了提供自助意
見，更會分享一些有關精神健康服務的資訊。研究發現，「青年
精神健康醒覺」能有效提升學生對精神健康的認識，並減低他們
對精神健康的污名化和標籤化。[10]

標籤和歧視屬於精神健康的風險因素，可以令整體社會的
精神健康情況惡化，這是精神健康推廣及預防須關注的重要課
題。此外，課程亦提升青年人對精神健康的認識，鼓勵他們關
心自己的精神健康，並竭力追求精神健康。「青年精神健康醒覺」
計劃可説是推廣與預防並重。

選擇性預防

至於選擇性預防策略，針對的對象主要是人口中較脆弱的
危機群組。根據研究數字，如果父母患有精神病，他們的子女亦
有較高風險患上精神病。兒童患上精神病的風險，與父母的精神
狀況息息相關。換句話説，只要管理好父母的精神病，便可以減
低兒童發展出精神病的風險。[11] 研究發現，針對患有精神病的父
母，為他們提供預防介入，可減低兒童患上精神病 40% 風險。[12]
嚴厲的親職風格，只會引致更多家庭衝突，令親子關係變差，從
而亦會增加兒童患上精神健康問題的風險。當子女出現品行或行
為問題，如能適時為這些子女的父母提供親職訓練，能有效減低
和改善兒童的品行問題，並避免父母重複出現負面及嚴厲的親職
模式。[13] 由此可見，選擇性預防介入模式可以抵消壓力來源對青
年人的有害影響。

特定預防

　　所謂特定預防策略，是指針對一些出現精神障礙症狀、但症狀仍未達到診斷定義的個體，為他們提供預防服務。愈來愈多證據表明，特定預防具有一定成效，能避免精神失調狀態進入臨介點。[12] 認知行為治療（CBT）及人際治療能有效預防青年人的抑鬱及焦慮，避免抑鬱及焦慮出現臨床病徵。[14,15] 此外，認知行為為本的策略，能幫助經歷創傷事件的個體，避免他們出現急性壓力病徵或患上慢性創傷後壓力症候群（PTSD）。[16] 認知行為為本的策略，對於飲食障礙（EDs）亦能產生預防作用，避免臨介症狀的出現。[17]

　　預防對思覺失調來説十分重要，首次發作的思覺失調，如果沒有得到適當治療，會對日後思覺失調的病情發展，產生持久的破壞性影響。[18] 思覺失調的首次發作，大多發生於青年期及成年早期；為青年提供預防服務，能有效縮減思覺失調的潛伏期，並降低思覺失調的相關症狀。針對「丹麥國家精神分裂計劃」（Danish National Schizophrenia Project）的研究 [19] 發現，如對首次發作的思覺失調患者（N = 139），為他們提供整合治療，相較於接受普通治療的患者（N = 304）或接受支持性心理動力治療的患者（N = 119），在功能或負面症狀的減低上，都明顯較前者進步和突出。整合性治療是一種實證為本的治療方法，對象是患上精神分裂症人士，內容包括：多個家庭組成的心理教育小組、積極性社區治療、反思覺失調藥物治療等。

　　採用特定預防策略，重點是辨別潛伏的個案。因此，那些與兒童或青年有經常接觸的人士，例如兒童或青年的父母和教職員，他們提供的資訊因此十分重要，他們有較大機會在日常生活中偵測出兒童或青年出現異常心理或行為，我們應為這些人士提

供訓練，協助他們辨別兒童及青年的精神健康狀況。[20] 我們可以為他們舉辦一些工作坊或訓練計劃，讓他們掌握精神障礙的相關知識；當青年處於情緒困擾或出現行為問題時，應當如何處理。這些工作坊與計劃，有助社區的持份者及早檢測青年的精神健康問題。適時的特定預防措施，可以避免處於臨介狀態的青年人的精神障礙問題惡化。

亮點

- 青年階段屬於脆弱的階段，容易出現各種精神障礙，年輕人面對困擾時，一般難以啟齒，更不願尋求協助。
- 精神健康推廣及精神病預防十分重要，不但可以培養年輕人的心理發展，更可以建立正面的精神健康。
- 精神健康的推廣策略的焦點，應放在幫助人們維持及改善精神健康，並減低引發精神病的風險因素，防止精神病進一步惡化。
- 愈來愈多文獻證實，預防介入及進行精神健康推廣，能有效改善本地青年人的精神健康。

參考文獻

1. Sayers J. The World Health Report 2001; Mental health: New Understanding, New Hope. (Books & Electronic Media). Bulletin of the World Health Organization. Geneva: World Health Organization; 2001;79(11):1085–1085.
2. New WHO guidelines on promoting mental health among adolescents [Internet]. World Health Organization. 2021 [cited 24 June 2021]. Available from: https://www.who.int/news/item/28-09-2020-new-who-guidelines-on-promoting-mental-health-among-adolescents

3. Wong L, Chan C. Promotion of Adolescent Mental Health in Hong Kong—The Role of a Comprehensive Child Health Policy. Journal of adolescent health. 2019;64(6):S14–S18.

4. Wille N, Bettge S, Ravens-Sieberer U. Risk and protective factors for children's and adolescents' mental health: results of the BELLA study. European child & adolescent psychiatry. 2008;17(S1):133–47.

5. Lamborn SD, Mounts NS, Steinberg L, Dornbusch SM. Patterns of Competence and Adjustment among Adolescents from Authoritative, Authoritarian, Indulgent, and Neglectful Families. Child development. 1991;62(5):1049–65.

6. Forehand R, Wierson M, Thomas AM, Armistead L, Kempton T, Neighbors B. The Role of Family Stressors and Parent Relationships on Adolescent Functioning. Journal of the American Academy of Child and Adolescent Psychiatry. 1991;30(2):316–22.

7. Fridrici M, Lohaus A. Stress-prevention in secondary schools: online-versus face-to-face-training. Health education (Bradford, West Yorkshire, England). 2009;109(4):299–313.

8. Gordon J. An Operational Classification of Disease Prevention. Public health reports (1974). 1983;98(2):107–9.

9. Strong WB, Malina RM, Blimkie CJ., Daniels SR, Dishman RK, Gutin B, et al. Evidence Based Physical Activity for School-age Youth. The Journal of pediatrics. 2005;146(6):732–7.

10. Lindow JC, Hughes JL, South C, Minhajuddin A, Gutierrez L, Bannister E, et al. The Youth Aware of Mental Health Intervention: Impact on Help Seeking, Mental Health Knowledge, and Stigma in U.S. Adolescents. Journal of adolescent health. 2020;67(1):101–7.

11. Arango C, Díaz-Caneja CM, McGorry PD, Rapoport J, Sommer IE, Vorstman JA, et al. Preventive strategies for mental health. The Lancet Psychiatry. 2018;5(7):591–604.

12. Siegenthaler E, Munder T, Egger M. Effect of Preventive Interventions in Mentally Ill Parents on the Mental Health of the Offspring: Systematic Review and Meta-Analysis. Journal of the American Academy of Child and Adolescent Psychiatry. 2012;51(1):8–17.e8.

13. Furlong M, McGilloway S, Bywater T, Hutchings J, Smith SM, Donnelly M, et al. Behavioural and cognitive-behavioural group-based parenting programmes for early-onset conduct problems in children aged 3 to 12 years. Cochrane library. 2012;2012(2):CD008225–CD008225.

14. Hetrick SE, Cox GR, Witt KG, Bir JJ, Merry SN, Hetrick SE. Cognitive behavioural therapy (CBT), third-wave CBT and interpersonal therapy (IPT) based interventions for preventing depression in children and adolescents. Cochrane library. 2016;2016(8):CD003380–CD003380.

15. Cuijpers P, Koole SL, van Dijke A, Roca M, Li J, Reynolds CF. Psychotherapy for subclinical depression: meta-analysis. British journal of psychiatry. 2014;205(4):268–74.

16. Kliem S, Kröger C. Prevention of chronic PTSD with early cognitive behavioral therapy. A meta-analysis using mixed-effects modeling. Behaviour research and therapy. 2013;51(11):753–61.

17. Watson HJ, Joyce T, French E, Willan V, Kane RT, Tanner-Smith EE, et al. Prevention of eating disorders: A systematic review of randomized, controlled trials: EATING DISORDERS PREVENTION REVIEW. The International journal of eating disorders. 2016;49(9):833–62.

18. McFarlane W. Prevention of the First Episode of Psychosis. Psychiatric Clinics of North America. 2011;34(1):95-107.

19. Rosenbaum B, Valbak K, Harder S, Knudsen P, Køster A, Lajer M, et al. Treatment of patients with first-episode psychosis: two-year outcome data from the Danish National Schizophrenia Project. World psychiatry. 2006;5(2):100–3.

20. Costello EJ. Early Detection and Prevention of Mental Health Problems: Developmental Epidemiology and Systems of Support. Journal of clinical child and adolescent psychology. 2016;45(6):710–7.

23

公共健康角度

陳啓泰

摘要

　　青年精神健康議題是複雜的，精神病具持久性及共病性。在這一章，我們會從公共健康角度，探討青年精神健康的重要性。我們會從公共健康領域的成本效益問題開始探討，並論及針對精神困擾提供早期介入產生的長遠效果。此外，我們也會探討青年精神健康的預防策略，並討論上游與下游的介入政策及如何執行。最後，我們會透過兩個青年精神健康機構（英國與加拿大）的成功案例，探討它們的目標、動機與成本效益，在青年精神健康上產生的長遠成效。

關鍵字：公共健康，早期介入，Youthspace，ACCESS

引言

　　由兒童階段過渡到成人早期階段，在這轉接階段，青年人容易出現精神健康問題，亦構成了個人與社會長遠的社會、經濟及健康負擔。[1]在公共健康領域，青年精神健康議題往往受到忽

視。精神障礙帶來了不少苦難，令青年人出現功能損害，標籤、歧視及自殺風險與日俱增。[2] 在過去數十年，青年人的自殺率不斷上升，這與青年精神病發病率上升不無關係，特別是青年人的抑鬱症及物質使用比率不斷攀升[1]。據估計，在 2009 年，精神病帶來的經濟損失達 106 億[3]，部分成本來自生產力的消失、社會福利開支、稅務損失、直接的健康醫療支出。精神病相較於身體健康問題會更早發病[1]，如果發病時欠缺適當治療，便會引致日後出現失能與殘障，精神障礙佔青年人的「失能調整生命年」（DALYs）達 60%，也導致不少青年失去教育與就業機會。[1]

患有精神障礙的個體，較沒有精神障礙的個體，其壽命會較短，並增加與其他身體健康問題的共病風險。[1]青年精神健康問題與吸煙、物質濫用、性傳染病、飲食失調問題相關[1]；患有精神健康問題的青年，出現上述健康問題的比率也會較高。青年精神健康問題與長期身體健康問題會呈現共病性，特別是糖尿病、心血管問題、呼吸問題、癌症及失智症等。[1]

在公共服務領域中，青年精神健康服務的資源十分匱乏，受精神困擾的青年人不容易獲得相關治療，讓精神健康障礙變成長期病患。[1]根據 Kessler 的研究報告，有 75% 的精神病個案在 24 歲前病發[4]，因此早期介入十分重要。如果輕微的障礙或病徵得不到適時介入，精神障礙問題會變得愈來愈複雜，並會演變成嚴重的健康問題，其中包括功能缺損、與物質濫用產生共病等問題。[1]延遲求醫會帶來嚴重的影響，例如自殺、失去工作及教育機會、捲入罪惡或差劣的身體健康。延遲介入的原因有很多，其中包括缺乏機構提供的服務，青年接受服務後未能與機構建立關係，家庭的參與較弱也是部分原因。[1]

Patel 等人[2]曾進行了一個關於全球公共健康的研究，探討

青年人的精神健康議題，並點出了幾項重要的挑戰，其中包括精神健康專業人才的短缺、非專業的公共健康工作者對提供青年精神健康服務欠缺動力、圍繞精神障礙的污名化等。其他研究報告指出，精神健康服務一向以成人為對象，卻忽視了青年人的精神健康需要，這些服務並不適合發育中的青年人。[5]青年精神健康問題是複雜的，服務缺乏是明顯的問題，服務也未能回應青年人的需要。Malla 等人[1]建議，可以針對青年人的獨特需要，並考慮青年人的病發情況，提供早期介入服務。

Bebbington 提出了青年精神財富的概念，呼籲國家將思維資源、精神資源及精神幸福量化為金錢，為個人或社會累積精神財富，這或有助國家邁向財富昌盛與社會昌盛。[6]甚麼是精神財富？精神財富是指個人的認知能力、彈性、學習效率、情緒智能、面對壓力時的抗逆力。[6]而精神幸福則是另一精神健康概念，精神幸福聚焦於個人潛能，關心個人有沒有能力從事有效率和具創意的工作，重點是潛能發展，與人連繫，並對社區作出貢獻。[6]Bebbington 指出，作為決策者，須考慮精神健康和精神幸福等概念；如果國民的精神資本豐盛，經濟也會欣欣向榮，人民會更加團結，國家亦會從中受益。[6]McGorry 強調為年輕人提供適合的早期介入十分重要，服務必須實證為本，採用錯誤的理由去支持精神健康服務，只會令問題惡化及變得複雜。[7]

預防及早期介入

在公共領域中，成本往往是人們關心的議題。無論是個人的負擔能力，是否容易獲得治療，還是公共照護的財政預算，都引起了持續的討論，更是青年精神健康服務的改革重點。忽視青

年人的需要，治療服務不足，會對全球經濟和職場帶來破壞。[1,2] 世界經濟論壇曾進行一項研究，評估精神障礙對全球的影響，估計過去二十年相關的經濟損失高達 16 萬億美元。[8] 對青年精神健康問題作出早期介入，這是良好的投資，不但可以改善青年人的生活質素，更可以減低福利與刑事司法系統的支出[9]；為青年人提供不同形式的社交及情緒學習介入，到了他們長大後，罪案相關的國家開支亦會大幅減少。[10]

　　精神障礙出現的病徵會帶給青年人不適與困惱，當青年人不了解這些病徵的意義，問題會更為嚴重。患有精神障礙的青年人，例如患有抑鬱症與思覺失調的青年，就算他們願意接受治療，過程也會令人十分沮喪，會帶給患者不少困惱。患者需要聯絡多個醫護單位，才能獲得合適和有效的治療，這往往令青年人卻步。[11] 提供支持的環境，願意提供支持的精神健康專業人員，可以減低污名化問題，亦有助鼓勵青年人接受有效的早期介入服務，並對康復產生盼望。

　　為患者提供早期介入，不但可以減低政府開支，長遠來説更可以改善患者的生活質素，接受教育和就業機會。早期介入更可以減低其他問題的形成，例如物質濫用、健康變差、學業表現轉差、自殘等。更重要的是，到了患者進入成人階段，他們出現嚴重精神問題的機會也會減低。[11] 以思覺失調為例，首次發作後，如能為患者提供早期介入，可以減低患者再次入院的機會，更可以達致更快和完備的痊癒，並且可以減低患者對治療的抗拒，復發率也會降低。[11] 早期介入的目的，是鼓勵青年人與他們的家人，盡早接受介入治療，以減低早期壓力的影響，建立適應能力。[11]

政策：從上游到下游

　　關於青年精神健康的介入與政策，我們建議從上游走到下游。上游的對象是普羅大眾，旨在預防。上游策略強調社區資源，並透過改變社會規範，帶來社會改變。這種介入方式，可以在公共健康層面、社區層面或數碼層面進行。[12] 要在公共健康領域推動精神健康改革，策略是為青年人提供專門和跨專業的照護。青年友好的家庭醫生、青年友好的基層醫護人員也不可或缺。精神健康專業人員與物質濫用專業人員緊密協作，為青年人的住屋、教育及就業，提供介入服務。這些服務必須針對青年人各種健康需要，無論是身體健康、性健康或精神健康，也要關注。青年人是否出現物質濫用，或出現精神障礙的徵兆，也要全面顧及。[2] 學校為本的介入，目的是向青年人推廣社交、情緒及精神健康，鼓勵正向青年發展。學校可以透過預防自殺計劃，或尋解導向治療，推動基本的預防計劃。[12] 此外，也可以透過社區為本的介入，或數碼平台，提升青年人對精神健康的覺察和重視。數碼平台是一個十分有用的渠道，向家長提供親職訓練，向兒童提供社交技巧訓練。[12] 數碼平台的好處，是讓青年人更容易接觸和參與社區計劃。這些不同形式的上游策略，都有助大眾擺脫精神健康的負面標籤，讓青年人以正面的態度面對自己的精神健康，而不把自己的問題貼上標籤，視自己的困擾為不正常。這些策略能鼓勵青年人勇於面對問題，並尋求治療。[13]

　　至於下游活動，主要集中於個體層面，介入時強調社交技巧及行為改變。下游策略的目的是鼓勵青年人發展自助策略，其中包括靜觀、放鬆、運動、良好的睡眠習慣、解決問題技巧等。[14] 下游策略的對象是出現輕微至中等精神健康障礙的青年人，讓他們掌握日常生活解決問題的技巧，並邁向復原和獨立的

方向。[14] 此外，年輕人較喜歡非正式的支援，亦偏向依賴自己、不向別人求助。尋求醫護幫助常常被坊間人士污名化，往往令青年人不願意向專業醫護尋求協助。因此，為個體度身訂造治療計劃十分重要，治療計劃可以聚焦於培養個體的前瞻性習慣與技巧，在日常生活中操練這些正面技巧，並締造適合自己的治療計劃。

英國伯明翰的 Youthspace

　　Youthspace 是英國一個協作計劃，由英國伯明翰大學及國民保健署屬下的索利哈爾精神健康基金聯合推行，目的是向青年人推廣精神健康。計劃強調青年人的參與與覺醒，亦重視社會融合及青年就業。[17] 計劃成立的目的，是針對出現精神健康問題的青年人，給他們締造生命改變，並防止他們長期處於社會失能狀態，被拒於就業與教育的門外。[18] Youthspace 服務的主要特色，是服務方便易達，讓青年人容易獲得相關服務，並提倡早期介入與早期檢測。Youthspace 也為患有思覺失調、專注力不足／過度活躍症、飲食障礙及捲入司法精神健康問題的青年人，提供深入的照護。[18] Youthspace 在學校積極推廣精神健康，提升青年人對精神健康的覺察，並在高危群組中提倡建立抗逆力。

　　Youthspace 的研究及服務經費，主要來自英國國家衛生研究院（NIHR），其餘一些研究與創新項目，則以自負盈虧方式進行。[19] Youthspace 獲得英國伯明翰大學及華威大學的支持，委派英格蘭中部的精神健康研究網絡（NIHR）進行全國性及地區性研究，探索如何改善英國的精神健康服務質素。[19] Youthspace 的長遠目標，是透過高級研究課程（科學碩士程度），推動精神健康服務的臨床革新。Youthspace 亦與英國的自願團體、宗教團體

及使用者組織合作，為青年人提供文化合適的照護。[19]

加拿大的 ACCESS

　　加拿大的 ACCESS，又名 ACCESS Open Minds（OM），主要為 12 至 25 歲的加拿大青年人提供精神健康服務。ACCESS 的服務，主要集中下列五個範疇：早期辨識、適時接觸、適當照護、持續照護（18 歲以後）、青年與家庭參與。[20] ACCESS 的活動範圍包括：在司法系統中篩選出出現精神障礙的青年人；聚焦於那些失學但沒有進入就業市場的年輕一群（這一群人屬於比較脆弱的群組）；鞏固醫院與學校的夥伴關係，並攜手支援青年人。[21]

　　青年精神健康是加拿大精神照護系統中重要的一環，2017年，加拿大聯邦政府投放於青年精神健康服務的資金高達 50 億加幣。[22] ACCESS 接受加拿大衛生研究院及格雷厄姆・博克基金會的資助，金額介乎 $290,000 至 $320,000 加幣，資金用作持續的研究項目，及進行服務革新。[22] ACCESS 成功改善加拿大原住民的精神健康服務，讓當地的青年人更容易獲得相關服務。ACCESS 亦為這些青年提供整合性青年服務，涵蓋物質成癮、住屋、身體健康、教育、職業及同儕關係等範疇。[23]

亮點

- 面對青年及年輕成年的高精神病發病率及引致的失能，必須從青年精神健康公共政策入手，才能抗衡精神障礙對整體人口的健康和財富的影響。
- 有效的策略必須包括上游的預防及下游的介入。

- 要成功執行上述策略，有賴不同持份者的共同協作，其中
包括政府、醫療及健康服務機構、學術團體、非政府組
織、青年及照顧者的攜手合作。

參考文獻

1. Malla, A, Shah, J, Iyer, S, Boksa, P., Joober, R, Andersson, N., Lal, S., Fuhrer R. Youth mental health should be a top priority for health care in Canada. The Canadian Journal of Psychiatry. 2018; 63(4):216-222. Doi: 10.1177/0706743718758968. Sage Pub.

2. Patel V, Flisher AJ, Hetrick S, McGorry P. Mental health of young people: a global public-health challenge. Lancet. 2007 Apr 14;369(9569):1302-1313. doi: 10.1016/S0140-6736(07)60368-7. PMID: 17434406.

3. Mihalopoulos, C. The Economics of Youth Mental Health. Available from https://www.ranzcp.org/RANZCP/media/Conference-presentations/YMH%202012/Youth2012_Mihalopoulos.pdf

4. Kessler, R.C., Amminger, G.P., Aguilar-Gaxiola, S., Alonso, J., Lee, S., Ustun, T.B. Age of onset of mental disorders: A review of recent literature. Curr Opin Psychiatry. 2007 Jul; 20(4): 359-364. doi: 10.1097/YCO.0b013e32816ebc8c.

5. McGorry, PD, Mei, C. Early intervention in youth mental health: progress and future directions. Evid Based Mental Health. 2018 Nov; 21(4):182-184. doi: 10.1136/ebmental-2018-300060. PMID: 30352884.

6. Beddington, J., Cooper, C.L., Field, J., Goswami, U., Hupert, F.A., Jenkins, R., Jones, H.S., Kirkwood, T.B.L., Sahakian, B.J., Thomas, S.M. The Mental Wealth of Nations. Nature. 2008 Oct; 455: 1057-1060. doi: 10.1038/4551057a.

7. McGorry, P. Youth mental health and mental wealth: reaping the rewards. Australian Psychiatry. 2017; 25(2): 101-104. doi: 10.1177/1039856217694768.

8. Whiteford HA, Degenhardt L, Rehm J, Baxter AJ, Ferrari AJ, Erskine HE, Charlson FJ, Norman RE, Flaxman AD, Johns N, Burstein R, Murray CJ, Vos T. Global burden of disease attributable to mental and substance use disorders: findings from the Global Burden of Disease Study 2010. Lancet. 2013 Nov 9;382(9904):1575-86. doi: 10.1016/S0140-6736(13)61611-6. Epub 2013 Aug 29. PMID: 23993280.

9. National Institute for Health Care and Excellence. Social and emotional wellbeing: early years. 2021.

10. Knapp, M, McDaid, D, Parsonage, M. Mental health promotion and mental illness prevention: The economic case. London: Department of Health; 2011.

11. Raphael, B. Getting in Early - A framework for early intervention and prevention in mental health for young people in NSW. Sydney: NSW Health Department; 2001. Available from https://www.nasmhpd.org/sites/default/files/Getting-In-early.pdf

12. Das, JK, Salam, RA, Lassi, ZS, Khan, MN, Mahmood, W, Patel, V, Bhutta, ZA. Interventions for Adolescent Mental Health: An Overview of Systematic Reviews. Journal of Adolescent Health. 2016; 59(4):540-560. doi: 10.1016/j.jadohealth.2016.06.020. Elsevier. PMID: 27664596.

13. Janoušková, M., Weissová, A., Trančík, P., Pasz, J., Evans-Lacko, S., Winkler, P. Can video interventions be used to effectively destigmatise mental illness among young people? A systematic review. European Psychiatry. 2017; 41: 1-9. doi: 10.1016/j.eurpsy.2016.09.008.

14. McCarthy A, Purcell, R, Crlenjak, C. Brief psychological interventions for young people with mental health conditions. Melbourne: Orygen. Available from https://www.orygen.org.au/Training/Resources/General-resources/Evidence-summary/Brief-psychological-interventions-for-young-people/Orygen-brief-psychological-interventions-evidence

15. Hilferty, F., Cassells, R., Muir, K., Duncan, A., Christensen, D., Mitrou, F., Gao, G., Mavisakalyan, A., Hafekost, K., Tarverdi, Y., Nguyen, H., Wingrove, C. and Katz, I. Is headspace making a difference to young people's lives? Final report of the independent evaluation of the headspace program. Sydney: Social Policy Research Centre, UNSW Australia. 2015. Available from https://headspace.org.au/assets/Uploads/Evaluation-of-headspace-program.pdf

16. Headspace. Annual report 2019-2020 - Helping young people face life's challenges. Available from https://headspace.org.au/assets/HSP10755_Annual-Report-2020_FA02_DIGI.pdfMalla, A., Iyer, S., McGorry P., Cannon, M., Coughlan, H., Singh, S., Jones, P., Joober, R. From early intervention in psychosis to youth mental health reform: a review of the evolution and transformation of mental health services for young people. Soc Psychiatry Psychiatr Epidemiol. 2016; 51:319-326. doi: 10.1007/s00127-015-1165-4.

17. McGorry, P, Bates, T, Birchwood, M. Designing youth mental health services for the 21st century: examples from Australia, Ireland and the UK. The British Journal of Psychiatry. 2013; 202:s30-s35. doi: 10.1192/bjp.bp.112.119214.

18. Birmingham and Solihull Mental Health NHS Foundation Trust. Research & Innovation Strategy Annual Report. November 2012.

19. Canadian Institutes of Health Research. Building Strength: Transformational research in adolescent mental health. Ottawa: The Institute; 2020. Available from https://cihr-irsc.gc.ca/e/52203.html

20. Graham Boeckh Foundation. Project ACCESS-Canada (2014-2019). Montreal: Graham Boeckh Foundation; 2019. Available from https://grahamboeckhfoundation.org/wp-content/uploads/2019/04/ACCESS_Executive_Summary_Proposal_FINAL_2014-08-03.pdf

21. Malla, A., Iyer, S., Shah, J., Joober, R., Boksa, P., Lal, S., Fuhrer, R., Andersson, N., Abdel-Baki, A., Hutt-MacLeod, D., Beaton, A., Reaume-Zimmer, P., Chisholm-Nelson, J., Rousseau, C., Levasseur, MA.,Winkelmann, I., Etter, M., Kelland, J., Tait, C., Torrie, J., Vallianatos, H, ACCESS Open Minds Youth Mental Health Network. Canadian response to need for transformation of youth mental health services: ACCESS Open Minds. Early Interv Psychiatry. 2019; 13(3):697-706. doi: 10.1111/eip.12772.

22. ACCESS Open Minds. Research Overview. 2021. Available from https://accessopenminds.ca/research-overview/

24

青年精神健康的實踐：香港故事

陳啓泰

摘要

隨着科技進步，加上新冠肺炎疫情的影響，讓我們有一個機會去發展嶄新的介入手法。這些手法並不是要取代傳統的面對面治療，而是為精神健康專業提供了一個另類選擇。在這一章，我們會檢視這些創新介入手法，及在香港的實踐情況。年輕人對精神健康服務需求殷切，他們渴望獲得適時的服務，這些嶄新服務有助跨越需求的鴻溝。當我們追求介入模式的創新，也要關注它介入模式的系統性及可靠性。在設計介入模式的過程中，青年人的參與亦十分重要；這樣才能回應青年人真正的需要，切合他們的特質及數碼原住民的身份。

關鍵字：創新介入，數碼介入，青年精神健康，遠程醫療，任務轉移，社交媒體，線上介入，迎風，香港大學，網絡療法，數碼原住民

引言

在第一至第五章，我們討論到精神健康服務的發展方向，應把焦點放在青年精神健康服務的拓展上，特別是在後疫情時期，更需要探索新的治療和服務模式。雖然有所限制，但這實在是一個機會，讓我們把精神健康服務推廣到更闊的社群，唯有採用新的青年精神健康介入模式，才可以應對當前的難題。

遠程醫療

所謂遠程醫療，是病人透過熒幕或線上途徑，從健康照護供應商獲得服務。由於手機與移動醫療手機應用程式具服務彈性，亦容易進入服務系統，不但受到數碼世代歡迎，更在醫療界被廣泛推廣。[1] 移動醫療手機應用程式是一種遠程醫療模式，採用流動及無線技術，支援及達至健康目的。[2] 不同的應用程式，在界面與功能上都存在差異，例如有些程式會提供療程監控，會主動記錄病人的治療日誌。[1] 由於手提電話在香港擁有很高的滲透率，採用移動醫療手機應用程式，可以接觸到很多潛在受眾。移動醫療手機應用程式也可以為社會大眾提供疫情資訊，監察使用者的健康狀況與症狀，為個人提供行為介入與治療。[2] 研究證實，移動醫療手機應用程式能為病人提供遠程幫助，並且具一定的可靠性及應用性。[1]

研究亦發現，在新冠肺炎疫情期間，那些受疫情影響，並出現心理困擾的個體，他們對使用移動醫療手機應用程式態度正面。[4] 由此可見，移動醫療手機應用程式是一種低門檻及方便的服務模式，讓普羅大眾方便接觸精神健康照護。但現存的移動醫療手機應用程式，其可靠性和實用性仍有待改善，並有急切需要

建立實證為本的數碼介入模式。[5]

任務轉移

　　傳統的精神健康服務模式，大多停留在與專業人員與患者一對一的面談模式，大大限制了專業服務人員 (例如精神科醫生、心理學家) 的數目。近年香港的精神病患者人數不斷上升，現存的精神健康專業人員不能完全滿足這些服務需求。透過數碼程式及數碼技術的幫助，一些接受過基本精神健康培訓的人員，也可以編配和協助受輕微精神困擾的普羅市民，處理他們出現的精神健康問題。這便是任務轉移的概念，一些過去需要高學歷的專業工作，現在可以轉移至較低學歷的人員，只要給他們特別訓練，這些基層人員也可擔當一定角色，讓緊絀的人力資源得以擴展。[6]

　　為一般精神健康工作者提供認證及專業培訓，可以裝備他們為低風險及精神健康問題較不嚴重的案主，提供實證為本的精神健康照護服務。這種運作模式已被研究證實，能產生令人滿意的成果，特別是針對抑鬱症、飲食障礙、精神分裂及物質濫用的個案。[7]如對象是兒童及青年人，邀請他們的家長一同參與治療，這種精神健康照護模式被證實更具療效。[7]可以考慮為患者的父母提供培訓，例如自閉症譜系障礙患者的父母，讓他們掌握行為分析的技巧，有助他們為子女提供適時的介入。任務轉移也可以應用於有經濟困難及害怕被社會標籤的青年群組。任務轉移的最大好處，是讓精神健康照顧工作者的數目得以大幅提升，這對於推動精神健康的推廣與預防大有裨益。

　　此外，培訓和質素的認證也值得關注。一些具信譽的組

織，應該為自願精神健康服務單位提供認證和監督，以確保它們的定位清晰、介入手法合適。此外，也可以考慮引入遠程醫療技術，並確保有需要時，獲得行業中的專家及專業人員的協助。[8]遠程醫療的服務對象，較適合一些低風險群組，應採納階梯式進路 (step-care approach)，一步步提升至複雜個案的照護層次。

社交媒體

過去十年，社交媒體成為了深受人們愛戴的工具，並廣泛地使用於溝通、社交、思想表達及分享資訊。年輕人特別熱愛及使用社交媒體，根據 2018 年香港的統計數字，95% 介乎 10 至 24 歲的青年人使用社交媒體，數字並逐年上升。[3]今天的香港，在社交平台上，可以找到數以千計關注健康問題的支持小組，這些社交平台為人們提供支援及分享疾病資訊的角色。[9]社交媒體是一個良好的溝通工具，讓臨床工作者容易接觸那些可能患上精神障礙的高危青年，為他們提供介入。隨着大數據技術的應用，社交媒體可以分析和掌握用家的喜好和想法，辨別需要精神健康服務的潛在青年群組，採取跟進行動。[7]由此可見，社交媒體是一個推廣精神健康的理想平台。

線上介入

線上介入可以為青年人提供實時介入服務，讓青年人掌握鬆弛技巧、認知技巧及自我管理技巧。這些線上介入手法，可以產生出與治療師一對一親身接觸的類以果效，並有效辨別患者的認知扭曲模式，挑戰患者的認知習慣，達到認知行為治療產生的核心治療作用。[7]線上介入的好處，是可以捕捉病人的即時反

應，專業人員便可以決定採取何種介入手法。一般青年人可能
不習慣接受專業介入，但青年人一般對線上精神健康服務不會抗
拒。[10] 不少線上介入服務已被研究證實對治療各種精神障礙能產
生一定效用，特別是創傷後壓力症、失眠、抑鬱症患者 [11]，對兒
童和青年的焦慮症 [12] 也有幫助。

邀請青年人參與設計介入方案

「共同設計」（co-design）是指在設計療程過程中，與青年人
一起集體創造。[13] 在設計精神健康服務時，可以盡量邀請兒童及
青年人參與。研究發現，與青年人共同設計治療計劃，有助增強
青年參與者的投入感，增加參加者的滿足感，以及更富成效。[13]
香港大學精神醫療學系推出了一系列治療計劃，在設計的上游和
下游邀請青年人參與，其中包括「心之流」及「迎風」。

「心之流」是一個評估青年精神狀況的工具，這工具可以評
估青年人一般的精神健康狀況，並回應他們的狀況。[14] 這個工具
是免費的，可以評估參加者的保護因素及風險因素，並預測他們
的精神健康發展軌跡。「心之流」也可以為個人提供度身訂造的
精神健康提升計劃，以及作出意見反饋。

至於「迎風」諮詢服務，則是一個線上精神健康平台，針對
的是社區的精神健康需要，並確保參加者獲得私隱保障。[15] 計劃
主要向有需要的青年人提供一般性及免費的精神健康意見，在有
需要時幫助使用者接受正式服務。基於相關指引，「迎風」只能
提供非正式精神健康服務。「迎風」有助青年人監察自己的精神
健康狀況，並減低精神健康的財務開支及時間，更重要的是加強
他們求助的意願。[15] 對於那些只需尋求基本精神健康服務（例如

想獲得預防精神疾病的資訊、管理可被診斷的精神健康狀況），都能產生裨益，並具成本效益。[15]

至於「賽馬會平行心間計劃」，則是由香港賽馬會慈善基金資助、為期 4.5 年的計劃，目的是為個人提供評估與諮詢服務，亦為青年精神健康工作者提供線上和線下的學習平台。計劃的特色是發展低成本和溫和的介入策略，並建立跨專業青年精神健康的早期介入模型。[14]「賽馬會平行心間計劃」是一個嶄新的全港性倡議，把現有青年中心的空間改造成青年人的「第三空間」，並為 12 至 24 歲的青年人，提供低至中等的精神健康預防服務，並強調青年友好的服務精神。[14]

至於「思動計劃」，它成立的目的是建立全港性中學網絡，在中學倡導正向精神健康及精神病知識，去除污名，為全港青年人提供精神健康支援。[14]「思動計劃」建立的中學網絡有助參與中學校分享精神健康的資源，也推動經驗分享。計劃會定期舉辦講座及工作坊，幫助參與學校推行精神健康計劃，以提升中學生對精神健康的察覺，以及倡議相關精神健康政策。[14]過去幾年，已經有超過 40 間中學參與「思動計劃」。

「呢一代 Teen 青研究」（YES）是一項詳盡及廣泛的社區流行病學縱向調查計劃，對象是 15 至 24 歲的青年人，目的是了解新一代青年人的精神健康狀況。[14]「呢一代 Teen 青研究」的研究範圍包括：青年人的生活形態、青年人的數碼參與、青年人的精神健康狀況、青年人精神健康服務的成本、青年精神問題的病發率及代際轉變等。[14]「呢一代 Teen 青研究」採用了症狀維度方法（symptom dimension approach），觀察參加者在臨床病理學與亞臨床的病理學上精神病理演化。

上述一連串計劃，都是青年為本，並重視青年人在過程中

的反饋，且持續作出改善。在設計過程中，青年人的參與十分廣泛。無論是上游計劃或下游計劃，都有青年人的參與。對那些並未患上精神病的青年人，這些服務可以提升他們對精神健康的覺察；對那些受精神病困擾的青年人，可以鼓勵他們盡早尋求協助。

網絡療法

　　網絡療法採用的是先進的科技，例如擴增實境 (AR) 與虛擬實境（VR），為患者創造心理經驗，繼而產生臨床影響。虛擬實境的技術，是在電腦中製造虛擬環境，刺激虛擬現實，從而讓參與者產生幻覺，以為自己與真實的客體互動。[16] 在虛擬實境出現之前，想像治療（想像化）及實境暴露法治療已經在治療界中被廣泛應用。但須留意的是，超過 80% 的參與者未能在過程中有效發揮想像能力；此外，不是所有暴露於創傷刺激的參與者會感到自在。[16] 但虛擬實境確實可以為病人創造出一個安全的虛擬世界，讓病人在新環境中進行探索，並一步步增加刺激的強度。

　　至於擴增實境，則是一種混合現實的治療模式，它混合了虛擬與真實世界的元素，把虛擬客體與真實生活的場景融合一起。[17] 初步研究發現，擴增實境對昆蟲恐懼症能產生療效，對其他心理障礙也具一定緩解作用。[17] 當今的精神健康治療中，擴增實境的應用並不普及，且需要進行更多研究以確定它的療效。但毫無疑問，網絡療法可以補足現有療法的不足。治療師透過網絡療法，可以控制呈現在病人眼前的場景，並根據療程進展，逐步增加難度。[17]

　　網絡療法可以大大增加治療的效能，隨着科技發展漸趨成熟，在未來具有無限發展潛能。

優點	缺點
• 可以透過遠程提供服務 • 可以透過手機應用程式或互聯網即時獲得服務 • 減低病人地域距離的限制及時間成本 • 吸引一些屬於數碼原住民的年輕人在線上分享他們的想法和情感 • 對青年人來說這些服務屬於用家友善，可以匿名接受服務，容許專業人員自由地接觸處於高精神病風險的年輕人，可避免傳統模型經常出現的權力不平衡	• 病人與服務提供者之間的互動與介入不太精準，或採用了一些無效的行為介入模式 [18] • 增加了建立治療同盟的難度 [2]，例如受助者對服務評價較低，治療師會出現負面反移情（negative countertransference），治療師對病人的同理心較低，以及出現不同類型的問題 [19] • 難以全面保障病人的數碼安全及私隱性，年輕人不容易信任數碼平台，以及出現其他個人數據問題 • 難以為處於精神危機的病人提供即時介入，容易令精神問題惡化

表 1　在香港推行數碼介入的優點與缺點

　　總括而言，一對一的精神健康照護服務，確實不足以滿足和適應不斷湧現的精神健康服務需求。表 1 列出在香港推行數碼介入的優點與缺點。針對青年人的精神健康需要，一些新穎的介入模式，確實擁有一定的發展潛力。縱使這些介入模式仍有明顯的限制，也不能完全取代面對面的諮詢服務，但在整體服務上，這些線上介入模式仍可以扮演一定角色。但我們必須正視這些服務的安全問題，也要嚴守醫學法律的要求。

亮點

• 隨着科技的進步，公共健康危機日益嚴峻，加上青年人對數碼平台非常受落，驅使青年精神健康服務出現改變，並發展出創新的精神健康介入手法。

- 心之流、迎風、思動計劃、賽馬會平行心間計劃及一些網絡療法是一些本土啟動創新的精神健康服務。
- 這些介入方法有它的好處，也有它的缺點，例如醫學法律與安全上的考慮；但這些介入方法具青年友好的特點，並成為提供青年精神健康服務的可取模式。

參考文獻

1. Rauschenberg C, Schick A, Goetzl C, Roehr S, Riedel-Heller SG, Koppe G, Durstewitz D, Krumm S, Reininghaus U (2021). Social isolation, mental health, and use of digital interventions in youth during the COVID-19 pandemic: A nationally representative survey. European Psychiatry, 64(1), e20, 1–16 https://doi.org/10.1192/j.eurpsy.2021.17

2. Strudwick G, Sockalingam S, Kassam I, et al. Digital Interventions to Support Population Mental Health in Canada During the COVID-19 Pandemic: Rapid Review. JMIR Ment Health. 2021;8(3):e26550. Published 2021 Mar 2. doi:10.2196/26550.

3. Social media Usage in Hong Kong – Statistics and Trends [Internet]. GO-Globe Hong Kong. 2021 [cited 1 July 2021]. Available from: https://www.go-globe.hk/social-media-hong-kong/

4. Patel S, Mehrotra A, Huskamp H, Uscher-Pines L, Ganguli I, Barnett M. Variation In Telemedicine Use And Outpatient Care During The COVID-19 Pandemic In The United States. Health Affairs. 2021;40(2):349-358.

5. Ryu S. Book Review: mHealth: New Horizons for Health through Mobile Technologies: Based on the Findings of the Second Global Survey on eHealth (Global Observatory for eHealth Series, Volume 3). Healthcare Informatics Research. 2011;18(3):231.

6. Joint WHO/OGAC Technical Consultation on Task Shifting: Key Elements of a Regulatory Framework in Support of In-country Implementation of Task Shifting. [Internet]. WHO. 2007 [cited 29 September 2021]. Available from: https://www.who.int/healthsystems/TTR-TaskShifting.pdf

7. Kazdin A. Annual Research Review: Expanding mental health services through novel models of intervention delivery. Journal of Child Psychology and Psychiatry. 2018;60(4):455-472.

8. Javadi D, Feldhaus I, Mancuso A, Ghaffar A. Applying systems thinking

to task shifting for mental health using lay providers: a review of the evidence. Global Mental Health. 2017;4.

9. Chiang, W, Cheng, P, Su, M, Chen, H, Wu, S, Lin, J. Socio-health with personal mental health records: Suicidal-tendency observation system on Facebook. International Conference on e-Health Networking, Applications, and Services. 2011.

10. Ryan M, Shochet I, Stallman H. Universal online interventions might engage psychologically distressed university students who are unlikely to seek formal help. Advances in Mental Health. 2010;9(1):73-83.

11. Belleville G, Lebel J, Ouellet M, Békés V, Morin C, Bergeron N et al. Resilient - An online multidimensional treatment to promote resilience and better sleep: a randomized controlled trial. Sleep Medicine. 2019;64:S214-S215.

12. Moor S, Williman J, Drummond S, Fulton C, Mayes W, Ward N et al. 'E' therapy in the community: Examination of the uptake and effectiveness of BRAVE (a self-help computer programme for anxiety in children and adolescents) in primary care. Internet Interventions. 2019;18(100249).

13. Thabrew H, Fleming T, Hetrick S, Merry S. Co-design of eHealth Interventions With Children and Young People. Front Psychiatry. 2018;9:481. Published 2018 Oct 18. doi:10.3389/fpsyt.2018.00481.

14. Youth Mental Health in Hong Kong: Challenges - Department of Psychiatry - HKU [Internet]. Psychiatry.hku.hk. 2021 [cited 1 July 2021]. Available from: https://www.psychiatry.hku.hk/flow.html

15. Headwind [Internet]. Youthmentalhealth.hku.hk. 2021 [cited 1 July 2021]. Available from: https://www.youthmentalhealth.hku.hk

16. Cristina B, Amanda D, Rosa B, Quero, Soledad Q. Cybertherapy: Advantages, Limitations, and Ethical Issues. PsychNology Journal. 2009;7(1):77-100.

17. Ventura S, Baños R, Botella C. Virtual and Augmented Reality: New Frontiers for Clinical Psychology. State of the Art Virtual Reality and Augmented Reality Knowhow. 2018.

18. Michie S, Yardley L, West R, Patrick K, Greaves F. Developing and Evaluating Digital Interventions to Promote Behavior Change in Health and Health Care: Recommendations Resulting From an International Workshop. Journal of Medical Internet Research [Internet]. 2017;19(6):e232. Available from: https://www.jmir.org/2017/6/e2

19. Steel C, Macdonald J, Schroder T. A Systematic Review of the Effect of Therapists' Internalised Models of Relationships on the Quality of the Therapeutic Relationship. Journal of Clinical Psychology. 2017;74(1):5-42.

IV

未來的挑戰

編者話

在這一部分,我們會聚焦於未來青年精神健康服務面對的挑戰。要讓青年精神健康服務向前邁進,我們須緊貼青年人的步伐和文化(第二十五章),為他們提供貼近需要、青年友好的精神健康服務。要達致這個目標,青年精神健康工作須朝着專業化的方向發展(第二十六章)。此外,服務質素固然重要,服務的延續性也不可忽視,以確保青春期至成年早期的需要,都得到充分照顧。

25

全球及本地青年文化：改革步伐

陳啓泰

摘要

　　受着數碼化大趨勢的影響，加上新世代的文化更替，千禧世代經歷着前所未有的衝擊。新冠肺炎疫情帶來的打擊，加上一些系統因素與個人因素，青年人的精神問題變得愈來愈嚴重，問題亦變得愈來愈複雜。當今為青年人提供的服務與介入，顯得嚴重不足。為青年人提供精神健康服務，需要與他們建立連繫，這有別於給成人的精神健康服務，評估方法與治療方法亦有不同。因此有需要進行服務革新，一方面滿足新世代青年人的精神健康需要，另一方面填補現有服務的空隙。是時候作出策略上的改變，跟上時代的步伐，以確保面對精神健康危機的青年人，得到適時和適合的介入服務。

關鍵字：青年精神健康，本土文化，數碼化，新冠肺炎，空隙與障礙，改變的步伐

引言

　　數碼化讓這一代的青年人透過互聯網認識生命。這些文化轉變，讓這世代的青年人的文化面貌有別於過去世代青年人的文化面貌。[1] 當今的精神健康服務，並沒為青年人而設的專有服務，這些服務空隙，令青年人與年輕成年人未能獲得適時和合適的介入治療。過去十年，精神健康專業人員與研究員嘗試針對青年人的精神健康需要，作出服務變革[2]；他們參考了早期思覺失調患者的介入模式，把上述模式應用到情緒、性格及不同精神障礙範疇，為青年人開發全面及具策略性的照護系統。[2] 此外，社會文化的世代轉變，也締造了大好機會，讓新穎的介入模式和創新的解決方案得以開展。

　　新冠肺炎疫情也改變了新一代的生活模式，並對社會和文化脈絡產生深遠影響。青年人透過數碼平台在家上課，面對面的人際接觸卻減到最少。很多日常活動都由線下轉移到線上。作為臨床工作人員，應把握這個機會，衝破地域界限，發展和推廣精神健康遙距服務。青年正值人生的發展及社交期，研究發現，新冠肺炎疫情增加了香港青年人的精神病發病率，並干擾他們的學習與學業，日常生活與社交接觸也大受影響，焦慮感也大增。[3] 疫情大大增加了青年人的精神健康需要，當面對面的精神健康服務被迫暫停，遙距精神健康服務更顯得難能可貴；可以讓平時不接觸精神健康服務的青年人，接觸和認識精神健康服務。線上介入具匿名性與方便性，這對新世代的青年人及年輕成年人十分吸引。[3] 新冠肺炎疫情加速了精神健康問題的惡化，但也帶來機遇，讓更多青年人透過線上渠道接觸精神健康服務。

　　數碼化對青年人帶來了文化衝擊，亦帶來負面的影響（例如手機成癮）。數碼設施的使用，在青年圈子十分普遍。手機成癮

可能與孤單及壓力有關，並與精神病的發病率升高有關。[4] 一個來自經濟合作暨發展組織（OECD）的報告指出，青年人經常使用數碼科技，容易出現各種精神問題，例如焦慮症、抑鬱症、睡眠習慣改變、網絡欺凌、扭曲的身體形象等。[5] 青年階段是一個關鍵階段，無論在神經發育與認知發展上，都出現了重大改變[6]；在青年階段沉溺於數碼科技，只會令問題邊緣化，令問題變得愈來愈嚴重。

數碼媒體鼓吹資訊多方面流動，間接令青年培養同一時間處理多個任務的習慣，不停轉移焦點，這會影響青年人的專注能力。[7] 此外，頻繁地更新資訊，會超出大腦交互系統的負荷，影響內在記憶的運算。無論接收、儲存與衡量知識價值，都會出現位移現象。[7] 社交媒體也會影響青年人線下的社交能力；當虛擬世界與線下世界並行，兩者在下意識混雜一起，會影響青年人自尊的建立，對青年人自我身份的建立也會受到影響。[7] 社交媒體帶來的神經認知衝擊，其實不限於虛擬世界，對青年人的大腦發展及社交認知也會產生深遠的影響。數碼化帶來的影響，可能比我們想像更廣更深，需要更多研究作分析和驗證。[7]

但數碼化同時帶來了機遇，讓臨床工作者可以嘗試採用嶄新方法，處理青年人的精神健康問題。很多青年人受着精神健康問題所困擾，但很少青年人願意向專業人員求助。數碼精神健康服務為這些數碼原住民提供了另類的選擇，讓他們透過線上渠道，獲得有用的精神健康資訊，以及有關自我管理的網上指引，或參加網上精神健康支援服務。[8] 透過電子版的認知行為療法，青年人也可以與治療師在網上即時互動。[8] 這些服務價格廉宜、使用方便，因此吸引了不少青年社群使用。近年，網上精神健康照護服務如雨後春筍，「迎風」便是其中一個好的例子（可參考下列網址：www.youthmentalhealth.hku.hk）。

世代因素

要探索當代青年人的精神健康面貌，必須了解這一代年輕人的文化特徵。所謂 Z 世代或千禧世代的青年人，是指出生於 1995 年至 2009 年的年輕人，他們身處的世界與我們的世界並不相同。Z 世代或千禧世代的文化特徵包括：數碼化、全球化及社會化。[9]

千禧世代屬於全球化的一代，他們只要手機在手，便可以從世界各地接收資訊。全球的社會趨勢，全世界的食物及潮流服飾，也會對他們產生影響。[9]透過線上溝通渠道（例如數碼媒體），青年人可以與任何人接觸。新一代青年人習慣透過短訊或網上電話與別人進行溝通。數碼原住民成長的世界，數碼科技可說無處不在，他們習慣置身於數碼環境中。線上精神健康服務對新一代青年人來說，會更受落、更容易被接受、更容易發揮成效。

系統因素

正如前文談到，對青年人提供的精神健康服務很不足夠。在學術界，投放於研究青年精神健康議題的資金也相當缺乏。資金不足令全球相關的研究計劃難以開展。[10]猶幸，近年有些社會人士開始察覺青年精神健康的重要性，對這議題不斷加強關注，並推動社會大眾對青年人的精神健康需要作出積極回應。

傳統上，精神健康服務大致分為兩個群組：一是為兒童提供服務的群組，年齡上限是 16 至 18 歲；另一群組的服務對象是 18 歲以上的成年人。[18]當病人由青年階段過渡至成人階段，在轉接期便不能獲得精神健康專科服務。[10]這不單是發展中國家出現

的問題，就算擁有完善精神健康照護系統的發達國家，也遇上上述系統性問題。因此，為青年人設計一個獨特的照護計劃，看來刻不容緩（請參考第二十三章）。

個人因素

除了系統因素，個人因素也會對青年精神健康服務產生負面影響。青年群組相較於其他群組，較不喜歡尋求專業協助。他們寧願採用非藥物的介入方法（例如向家人與朋友尋求幫助），也不願意接受青年精神健康服務。此外，青年人一般對抗抑鬱藥存有誤解，認為抗抑鬱藥對身體健康有害，反而誤以為飲酒可以改善精神狀況。[11] 這些錯誤觀念引致青年與年輕成年接受精神健康服務的數字長期處於低水平。因此，除了為青年提供全面的精神健康服務（例如「賽馬會平行心間計劃」，參考下文），更需要與青年人建立緊密連繫，鼓勵他們積極尋求協助。[12] 有證據顯示，服務接觸渠道、地理環境、地理位置、氣氛、品牌及同儕影響，都對青年是否願意尋求協助產生影響。數碼介入可以為青年人提供方便、容易獲得的線上服務，而且可以衝破地域界限，讓青年人在輕鬆的環境和氣氛下，就像在虛擬世界溝通般自在。總的來說，線上介入可以吸引更多青年人參與，鼓勵他們向專業人員尋求協助。

本土青年精神健康：召喚與回應

過去幾年，香港青年的自殺率上升超過兩倍，40% 香港初中生存在自殺風險。[13] 受到社會事件和新冠肺炎疫情的衝擊，青年人的精神健康出現轉差現象，這確實令人擔憂。研究數字顯

示，香港罹患抑鬱症的比率由 2001 年至 2014 年的 1.9%，上升
至 2017 年的 6.5%，2019 年更上升至 11.2%。[14] 新冠肺炎疫情亦
帶來了沉重的打擊，本地一項研究發現，25.4% 的受訪者表示，
他們的精神健康狀況因此而轉差，這是 2003 年 SARS 疫情沒有
出現過的情況。很多受訪者表示害怕被感染，也擔心沒有足夠口
罩，亦抗拒在家工作，且出現了焦慮症症狀。[15] 這些情況確需在
精神健康範圍作出緊急的回應。

　　青年精神健康問題的最大挑戰，是青年人的精神健康需要
仍未得到充分照顧。本地大部分精神健康專科服務，都是為兒童
及成人而設，並沒有針對青年人需要的服務，於是出現了服務空
隙，未能做到階段性的無縫銜接。全面的青年精神健康服務計
劃，應針對青年人的精神健康需要，提供及早介入，以免青年人
初期的精神困擾演變成為嚴重的慢性精神病。可以預視不久的將
來，青年人的精神健康問題只會變得愈來愈嚴重。今天的青年人
大部分是數碼原住民，他們習慣在線上與人互動，並不習慣尋求
線下的照護服務；因此，精神健康服務應往線上方向發展，這有
助鼓勵青年人克服心理障礙，勇於尋求專業精神健康服務。數碼
化加上新冠肺炎疫情，正好給我們一個大好機會，對傳統的精神
照護服務進行改革，令更多有需要的年輕人受惠。我們預期青年
精神健康問題在未來會惡化，精神健康服務需求會有增無減，現
在便是起步的時候。

　　針對本地青年人的精神健康情況，香港大學提出了一系列
倡議，目的是建立跨專業、多層次的服務模型，做到學術與臨床
並重。「賽馬會平行心間計劃」是香港大學與香港賽馬會慈善信
託基金攜手推出的青年精神健康計劃，目的是將傳統的青年中心
改造成青年精神健康中心，為 12 至 24 歲青年提供預防及早期介

入服務。[16] 至於「心之流」，則是一個為青年人度身訂造的自我評估工具，能有效辨識年輕人的強項及所面對的精神健康風險，從而評估青年人的精神健康狀況。「迎風」是一個線上平台，為青年人提供網上精神健康諮詢服務，青年人可以在線上與精神科醫生直接討論他們的精神健康問題，並獲得免費和非正式的專業意見。[16] 至於「思動計劃」成立的目的，是為中學生建立精神健康網絡，彼此分享與精神健康相關的資源，並向中學生推廣正向精神健康教育，以及讓精神健康除去污名化。[16] 上述計劃在設計過程中，會邀請青年人參與，並盡量回應青年人的需要。

亮點

- 在世代層面、系統層面及個人層面，全球及本土青年文化都出現了急速轉變，並為青年精神健康服務帶來具大挑戰。
- 現存的青年精神健康服務，無論在資源或資金上，都未能應付上述挑戰，亦欠缺青年友善的元素。
- 為了回應青年人的需要，香港大學精神醫學系提出了一系列倡議，其中包括「迎風」（線上與精神科醫生對談）、「思動計劃」（向中學生推廣精神健康）及「賽馬會平行心間計劃」（與非政府機構合作、在社區提供早期辨識及早期介入精神健康服務）。

參考文獻

1. McAlister A, N.C.T.M. Teaching the Millennial Generation. The American Music Teacher 2009 Aug;59(1):13-15.
2. Colizzi, Marco, Lasalvia, Antonio, and Ruggeri, Mirella. "Prevention and Early Intervention in Youth Mental Health: Is It Time for a

Multidisciplinary and Trans-diagnostic Model for Care?" International Journal of Mental Health Systems 14, no. 1 (2020): 23.

3. Li T, Leung C. Exploring student mental health and intention to use online counseling in Hong Kong during the COVID-19 pandemic. Psychiatry and Clinical Neurosciences. 2020;74(10):564-565.

4. Kim, Ji-Youngng. 디지털 시대 청소년의 외로움, 스트레스, 스마트폰 중독의 영향관계. 디지털융복합연구 [Internet]. 2017 Sep 28;15(9):335-43. Available from: https://doi.org/10.14400/JDC.2017.15.9.335

5. Children & Young People's Mental Health in the Digital Age [Internet]. 2018 [cited 11 July 2021]. Available from: https://www.oecd.org/els/health-systems/Children-and-Young-People-Mental-Health-in-the-Digital-Age.pdf

6. Rapuano K. Marketing to the Adolescent Brain: Neurobiological Vulnerability to Naturalistic Reward Cues Influences Health-Risk Outcomes in Youth. Ann Arbor: ProQuest Dissertations & Theses.; 2018.

7. Firth J, Torous J, Stubbs B, Firth J, Steiner G, Smith L et al. The "online brain": how the Internet may be changing our cognition. World Psychiatry. 2019;18(2):119-129.

8. Digital mental health [Internet]. Mental Health Foundation. 2021 [cited 11 July 2021]. Available from: https://www.mentalhealth.org.uk/a-to-z/d/digital-mental-health

9. 5 factors defining Generation Z - McCrindle [Internet]. McCrindle. 2021 [cited 11 July 2021]. Available from: https://mccrindle.com.au/insights/blog/five-factors-defining-generation-z/

10. Coughlan H, Cannon M, Shiers D, Power P, Barry C, Bates T et al. Towards a new paradigm of care: the International Declaration on Youth Mental Health. Early Intervention in Psychiatry. 2013;7(2):103-108.

11. Burns J, Birrell E. Enhancing early engagement with mental health services by young people. Psychol Res Behav Manag. 2014;7:303-312. Published 2014 Nov 25. doi:10.2147/PRBM.S49151.

12. Garcia I, Vasiliou C & Penketh, K Listen Up: person-centred approaches to help young people experiencing mental health and emotional problems London: Mental Health Foundation, 2007.

13. Yau C. One in three primary school students in city at risk of suicide [Internet]. South China Morning Post. 2017 [cited 13 July 2021]. Available from: https://www.scmp.com/news/hong-kong/education-community/article/2094561/one-three-primary-school-students-hong-kong-risk

14. Ni M, Yao X, Leung K, Yau C, Leung C, Lun P et al. Depression and post-traumatic stress during major social unrest in Hong Kong: a 10-year prospective cohort study. The Lancet. 2020;395(10220):273-284.

15. Choi E, Hui B, Wan E. Depression and Anxiety in Hong Kong during COVID-19. International Journal of Environmental Research and Public Health. 2020;17(10):3740.

16. Youth Mental Health in Hong Kong: Challenges - Department of Psychiatry - HKU [Internet]. Psychiatry.hku.hk. 2021 [cited 1 July 2021]. Available from: https://www.psychiatry.hku.hk/flow.html

青年精神健康專業化

陳喆燁

摘要

　　本章旨在提出青年精神健康的重要性，並提倡青年精神健康服務應朝向專業化的方向邁進。很多研究反映，精神健康障礙在青年群組中十分普遍，精神健康障礙更是導致青年人失能的主要原因。因此，實在有需要建立完備的精神健康服務系統。此外，在不少發展中國家，兒童及青年精神醫學尚未完備發展，接觸這些服務的途徑亦十分有限，資源分配極不公平。就算在發展國家，接觸服務的途經並不普及，因此有需要推動青年精神健康服務邁向專業化。

關鍵字：青年精神健康，精神健康障礙，兒童及青年精神醫學，專業化培訓

引言

　　為了回應青年人的精神健康照護需要，專業人員的需求十分殷切，特別是精神醫學的專家。兒童與青年精神醫學 (CAP)

屬於醫學界的新範疇，只有五十年歷史，在二十世紀初才被確立為專科。兒童與青年精神醫學最初聚焦於兒童的發展階段，其中一位先驅 Johannes Truper，他於 1892 年在德國科蓬成立了學校，提供兒童精神醫學培訓。兒童與青年精神醫學其他先驅還包括：Theodor Ziehen，Wilhelm Strohmayer 及 Hermann Emminghaus，他們都是與 Truper 同期的德國人。第一本兒童精神醫學的學術期刊（《兒童精神醫學學報》）由瑞士精神科醫生 Moritz Tramer 於 1934 年創辦。[1] 第一個兒童精神醫學學系則由 Leo Kanner 於 1930 年創辦，地點是美國約翰斯・霍普金斯醫院。此外，Kanner 也在約翰斯・霍普金斯醫院成立了正規的兒童精神醫學選修科。大約在 1920 至 1930 年間，不同西方國家都成立了兒童精神科單位或部門，其中包括 1923 年成立的英國莫茲利兒童精神醫學部，這間坐落於倫敦的精神病院為研究生提供學習與研究兒童精神醫學的機會。直至 1950 年，兒童及青年醫學才被認證和頒授醫學專科資格，由美國兒童與青少年精神醫學會認證及發出。

　　兒童及青年精神醫學專科植根於西方世界，在西方社會擁有一定的根基；超過 90% 歐洲國家，擁有自己的兒童及青年精神醫學全國代表組織。[2] 在東方社會或發展中國家，情況仍十分矛盾。兒童與青少年精神醫學遠東聯盟（CACAP-FE）的研究發現，在遠東地區，10 個區域或國家不承認兒童及青年精神醫學作為專科，13 個區域或國家沒有提供兒童及青年精神醫學的全國性培訓。[3] 臨床專業與臨床服務息息相關，在 80% 的發展國家中，它們擁有自身的兒童及青年精神健康政策，但很多發展中國家卻欠缺相關政策。[4] 根據兒童與青少年精神醫學遠東聯盟的研究，在 18 個區域中，有高達 11 個區域或國家沒有全國性兒童及

青年精神健康政策指引[3]；就算是發展國家，兒童及青年精神醫學的服務資源也十分匱乏，並出現了資源分配不均現象，成為了服務的主要障礙，難以滿足新世代青年的精神健康需要。

青年精神健康服務邁向專業化

兒童及青年精神醫學在近年突飛猛進，成為醫療專科，相關的專科培訓十分殷切；這不但出現於發展中國家與區域，在發展國家情況亦一樣。[2] 大多數兒童及青年精神醫學服務以 18 歲為限，這對出現精神健康問題的青年構成了尋求服務的障礙。因此，建立兒童及青年精神醫學和成人精神醫學的橋樑，顯得格外重要。處於發展階段的年輕人，也急需這類服務。[5] 雖然青年人的精神病發病率相當高，但大部分青年人都不願意尋求協助，原因是服務欠缺彈性及精神科服務標籤化，都令青年人卻步。[6] 面對青年人殷切的服務需求，世界各地積極提倡社區為本、跨專業的青年精神健康服務。[7] 這些服務針對的，是處於獨特的神經發展階段和心理社會階段的青年群組。要提供適合青年人的服務，青年精神健康服務必須邁向專業化，並為工作人員提供專業培訓。

二十一世紀的兒童及青年精神醫學培訓應涵蓋生理、心理及社會各個層面，並讓臨床工作者掌握醫藥及心理治療技巧。[5] 重點是實證為本，醫藥與數碼科技並重。培訓的內容應包括：青年人獨特的神經發展階段；青年人與環境的互動（例如文化與社會轉變）；如何與青年人建立獨特的關係；針對青年受眾的介入技巧；跨專業團隊的工作模式、彈性的工作態度、與其他照護服務的整合等。此外，也應探討二十一世紀的公共健康政策，如何

預防精神問題的出現，如何及早介入等。對象包括一般精神科醫生、兒童及青年精神科醫生，也應包括其他相關醫療專業人員，讓前線醫護人員也可以在精神健康支援上扮演一定角色。在急速轉變的現代世界，建立起專業化的青年精神健康服務尤為重要。

亮點

- 青年人的精神健康需要十分殷切，需要發展出專業化的青年精神健康服務。

- 無論是發展中國家或發達國家，兒童及青年精神醫學的專家仍供不應求。

- 有需要為一般精神科醫生、兒童及青年精神科醫生、相關的醫療專業人員提供培訓，建立起專業的青年精神健康服務系統。

參考文獻

1. Eliasberg WG. IN MEMORIAM: MORITZ TRAMER, MD (1882-1963). The American Journal of Psychiatry. 1964 Jul;121(1):103-4.

2. Mian AI, Milavić G, Skokauskas N. Child and Adolescent Psychiatry Training: A Global Perspective. Child and Adolescent Psychiatric Clinics. 2015 Oct 1;24(4):699-714.

3. Hirota T, Guerrero A, Sartorius N, Fung D, Leventhal B, Ong SH, et al. Child and adolescent psychiatry in the Far East: A 5-year follow up on the Consortium on Academic Child and Adolescent Psychiatry in the Far East (CACAP-FE) study. Psychiatry and Clinical Neurosciences. 2019 Feb;73(2):84-9.

4. Patel V, Flisher AJ, Hetrick S, McGorry P. Mental health of young people: a global public-health challenge. The Lancet. 2007 Apr 14;369(9569):1302-13.

5. Deschamps P, Hebebrand J, Jacobs B, Robertson P, Anagnostopoulos DC, Banaschewski T, et al. Training for child and adolescent psychiatry

in the twenty-first century. European Child & Adolescent Psychiatry. 2020 Jan;29(1):3-9.

6. Velasco AA, Santa Cruz IS, Billings J, Jimenez M, Rowe S. What are the barriers, facilitators and interventions targeting help-seeking behaviours for common mental health problems in adolescents? A systematic review. BMC Psychiatry. 2020 Dec;20(1):1-22.

7. McGorry PD. The specialist youth mental health model: strengthening the weakest link in the public mental health system. Medical Journal of Australia. 2007 Oct;187(S7):S53-6.

索引

M

N

Neurodevelopment 神經發展　2, 25, 56, 65-70, 72, 108, 258, 309

O

Outcome　成效　50, 65, 70, 81-83, 99, 105, 110, 112, 115, 131, 142, 144, 146, 179, 197, 215, 238, 257, 271, 275, 289

P

Personality 性格　34-35, 85, 100, 111, 139-140, 144-146, 165, 173, 176-178, 185, 192, 200, 202, 215, 218, 256, 266, 298

Pharmacological interventions 藥物介入　81, 85, 187, 208, 241-242

　ADHD medications 專注力不足 / 過度活躍症藥物治療　244

　Antidepressants　抗抑鬱藥　81, 84, 119, 145, 191, 241-242, 251-253, 257-258, 301

　Anti-epileptics 抗腦癇藥　255

　Antipsychotics 抗精神病藥　69, 81, 178, 241-242, 247-248, 250, 252-253, 257

　Hypnotics 安眠藥　150, 157, 186, 255

　Mood stabilisers 情緒穩定劑　69, 81, 85, 241, 253, 258

Plasticity 可塑性　5, 19-23, 28

Prevention 預防　2, 38, 53, 56, 77, 82-86, 91, 128, 130, 139, 143, 146, 152, 173, 178-179, 180, 183, 186-188, 190, 192, 211-212, 214, 223, 226, 231, 234, 236, 263-264, 266-272, 275, 277, 279, 281, 287, 290, 302, 310

Protective factors 保護因素　44-45, 91, 96, 97, 99, 125, 128, 176, 183, 185, 187, 263-264, 266, 269, 289

Psychosocial transitions 心理社會轉變　33

R

Risk factors 風險因素　8-9, 12, 33, 39, 44-45, 47, 67-68, 79, 81, 91, 96-97, 100, 108, 115, 117, 125, 127-130, 139, 142, 149, 151-152, 173, 175-176, 183, 185-186, 197, 199, 214, 263-267, 270, 272, 289

責任編輯：羅國洪

文稿編輯：陸志文

封面設計：Constance Chung

青年精神醫學

陳友凱　黃德興　主編

策　　劃：香港大學李嘉誠醫學院臨床醫學學院精神醫學系

香港薄扶林道102號瑪麗醫院新教授樓222室

電話：2255 4486　　傳真：2855 1345

網址：http://www.psychiatry.hku.hk

出　　版：匯智出版有限公司

香港九龍尖沙咀赫德道2A首邦行8樓803室

電話：2390 0605　　傳真：2142 3161

網址：http://www.ip.com.hk

發　　行：聯合新零售 (香港) 有限公司

香港新界荃灣德士古道220-248號荃灣工業中心16樓

電話：2150 2100　　傳真：2407 3062

印　　刷：陽光 (彩美) 印刷有限公司

版　　次：2022年11月初版

國際書號：978-988-76156-5-1